工商管理实验教材系列

# 运筹学上机指南与案例导航

## 用Excel工具

王桂强　编著



格致出版社　上海人民出版社

## 【内容简介】

本书是配套于运筹学教学的实验教材，介绍了在Excel平台下“规划求解”的操作及其方法。全书涉及运筹学的主要分支及多个有代表性的管理实践问题，所有知识点均依托生动的案例逐一展开，图文并茂，为读者提供完整的建模原理和求解过程。

本书可用于普通高等院校本科运筹学课程上机实验部分的教学，实验环节建议在4至8个机时。如教师以本书案例串讲，建议16至32个课时。本书也可以作为工商管理硕士（MBA）和公共管理硕士（MPA）“数据模型与决策”、“经济数学”、“管理科学”等课程案例教学的补充材料。本书亦可作为管理决策人员案头常备的操作指南。

## 【作者简介】

王桂强，中国矿业大学管理学院讲师，工学和管理学双学士，管理学硕士，工程管理专业博士在读。1995年本科毕业后在生产一线工作8年，先后从事工程技术、运输调度、行政管理多个岗位，熟悉规划生产实务。2002年至今一直从事管理运筹领域的理论教学与实践工作。

# 前言

运筹学是一门理论性很强的基础课程，能解决现实中的大量规划问题，具有很强的应用性。在教学中，我们发现最大的挑战并不在于“如何掌握理论”，而是“如何让掌握理论的人去解决实际问题”。相信不少学习过或者正在学习运筹学的读者会有这么一种分离感——虽然经过了千辛万苦的运筹学理论学习，但是遇到实际问题时仍旧是无从下手。如果要消除这种理论与实践之间的分离，那么将计算机工具应用到实际工作中的技能训练环节必不可少。

本书作为一本运筹学实验指导手册，力求通俗易懂，语言简洁平实，突出“指南”和“导航”的实际操作特色，适合已经初步掌握了运筹学基础理论的管理类专业的本科生和普通研究生。建议此类读者将本书作为进一步巩固运筹学知识的辅助材料和实验指导，经过逐章的上机操作和实际演练，对比教材上理论数学模型与电子表格模型之间的区别，达到理论与实践相结合的直接目的。教师选用本书独立开设运筹学实验课程，约需16~32学时。本书也可以配合运筹学课程分章节随堂使用，并建议在全部课程结束后集中约4~8课时开展上机实验环节教学。

另外，本书也可以为MBA学员案例教学提供一个运筹学案例素材库。对于其他非管理专业的读者以及生产管理一线的决策者，本书可以作为一本运筹学的初级入门教程，暂时放下繁缛的数学理论和公式推导，带领读者直接使用运筹学在规划求解和决策建模应用中的方法。

读者学习过程中的建议和意见，对规划求解和决策建模方面的问题探讨，以及相关电子文档支持,欢迎点击进入作者个人网页 http://wgq1995.blog.163.com。

教材中的部分案例原型源自以下作者的成果:案例 1～7、9、11～13、18、23 和 28 可参见文献[1]和[2];案例 14 可参见文献[3];案例 25 可参见文献[4];案例 15、17、27 可参见文献[5];案例 10、20、26 可参见文献[6];案例 16 可参见文献[7]。本教材还参考了大量同类教材和相关文献,以及互联网上的丰富内容。在此谨向上述作者表示感谢。

正是在中国矿业大学运筹学优秀教学团队良好氛围和管理学院加大实验室基础建设进程的共同推动下,我终于鼓起勇气将实验教学环节的教案整理成了这本教材。教案稿曾得到中国矿业大学管理学院教改项目资金资助。编写过程中得到了宋学锋教授、魏晓平教授、张晓强高级工程师的指导和鼓励。上海世纪出版集团格致出版社的麻俊生先生和忻雁翔女士为本书的出版作出了努力。在此,请允许我一并致谢。

请读者相信,我们已尽最大的努力去减少书中可能会给您带来的阅读障碍之处。疏漏甚至错误,因作者局限的视角和有限的水平而如影相随。如果您第一发现它们,请给我们一个改进的机会,我们将及时在作者个人主页上更新反馈。

谢谢你们。

作　者

2010 年 3 月

# 目录

# 第1章 绪 论

西蒙(H. Simon)曾说“管理即是决策”。在经济管理实践中,总会遇到形形色色的决策问题。如何进行科学的决策,尤其是借助计算机为决策活动提供有效的依据并确定定量化的最优决策方案,都是运筹学所要解决的问题。因此,建立完备的规划系统,熟练运用运筹学的相关知识,对决策问题进行分析、建模和求解,已经成为现代经营管理人士的必备技能之一。

运筹学的发展与计算机技术的进步密不可分。多数运筹学算法模型是建立在大规模迭代循环结构之上的,这个技术思路势必对计算机在规划领域内的角色不断地提出新的要求。比如丹捷格(B. Danzig)在20世纪60年代提出的单纯形理论,如果没有随后出现的计算机技术,这种支撑运筹学体系的重要理论也许仅会停留在纸上谈兵的阶段。又如,被西方学术界称为“结构程序设计之父”的荷兰计算机专家迪吉克斯特雷(E. W. Dijkstra),开发了被普遍认为图论中求最短路径最佳方法的标号算法,其本人就是一位编程大师。再如,提出割平面法从而高效解决整数规划问题的柯莫瑞(E. Gomory)博士,其本人除了在运筹学领域内作出突出贡献以外,还长期活跃在计算机技术研发领域,先后在IBM公司的多个部门担任负责人。随着社会经济的发展,各行业所涉及的规划问题——大到国家资源配置、国防建设、交通规划,小到项目管理、企业经营、个人理财等,这些问题越来越复杂,涉及变量越来越繁多,模型规模越来越庞大,计算机已经成为运筹学不可或缺的“助手”。借助计算机的帮助,现代管理运筹学已经成为了广大管理者和决策者的基础工具之一。若想在实用和发展上具备规划求解和决策建模的综合理论能力,不仅需要掌握扎实的理论知识，更要努力培养利用计算机解决规划问题的实际操作技能。

## 1.1 运筹学对计算机应用能力的要求

在运筹规划领域，计算机应用能力的要求可以由高到低依次分成以下五个层面：

### 1.1.1 决策能力——如何艺术地实现科学决策

决策能力是管理者对所辖对象的解决问题的能力。决策能力要求管理者对特定的决策问题进行科学和系统的分析，综合方方面面的信息和数据，对备选方案进行比对、甄别、判断、协调和预测等，并指导相关组织或者个人采取相应的有效行动。决策能力是管理者的最高层面的能力。按照“决策者有限理性”的观点，决策可以分成结构化和非结构化两个大类。结构化决策问题的计算机实现手段相对成熟；将非结构化决策问题结构化，则是决策理论的前沿领域，也是包括运筹学在内的管理学科研究的热点所在。按照目前的计算机技术水平和发展趋势，人类的思维活动和决策行为尚不能完全被计算机所代替。尤其是管理现实中的大量非结构化问题，必须介入人类的智慧和经验，并最终由“人”来决定。由于决策能力的范畴相当广泛，运筹学涉及的规划求解方面的延伸技能，仅仅是其冰山一角。因此必须承认，完善的决策能力绝不能仅仅依靠有限的课堂理论教学而实现，而是理论和实践共同培育的一朵奇葩。

### 1.1.2 辅助决策能力——如何提供支持决策行为的信息

决策行为是艺术和科学的结合，因此在决策信息上争论“是定量还是定性”是没有意义的。然而，以“规划求解”为核心的辅助决策则是精密的定量化研究过程，也就是说，本书给读者介绍的规划求解工作，基本上回避了定性的成分。虽然对某个特定管理问题的优化和求解，表象上非常类似在实践当中的某种决策行为，但是需要提醒读者的是："决策能力"不应与"辅助决策能力"相混淆。通过规划求解的方式得到的最优解决方案以及最优目标值，并不是完整的决策过程，而是决策过程的必备阶段之一——辅助决策过程。某种程度上，运筹学的主要功能在于辅助决策，而决策则属于管理学科的更为宽泛的内容。"决策"承载了太多的内涵，超出了本书所能阐述的范围。辅助决策能力可以通过课堂理论教学和案例模拟训练，得到逐步的培养和建立，而决策能力必须结合生产管理实践，假以时日方可掌握。

市面上目前已经商业化的辅助决策软件琳琅满目，诸如决策支持系统(DSS)、智能系统(IS)、管理信息系统(MIS)等这类软件的核心功能就是为使用者提供决策辅助信息。作为这些系统的使用者，如何科学地理解和运用这些决策支持信息，其重要性仅次于决策能力。对待同样的一组决策支持数据，不同的使用者挖掘得到的进一步信息往往是不同的，这就需要使用者针对自身在决策过程中所处的情境，权变地处理这个问题。通常认为，决策者在使用决策支持信息时，更多地偏重自身的主观能动性，而作为辅助决策角色的参谋者在这个过程中，则更为重视决策支持信息的客观性和真实性。不论利用何种方式或者软件，得到以最优形式展现的决策支持信息(注意：不是决策信息)往往是明确和简洁的，而进一步解读和利用这些信息则需要启用管理者的决策支持能力。

因此，对于处于参谋位置的管理者，对于辅助决策能力的掌握则显得至关重要。一般而言，运筹学教学的很大部分内容，是辅助决策能力的培养。例如读者在本书中的"灵敏度分析"章节中，将体会到这种细微差别：在规划模型明确的前提下，利用规划求解软件得到问题的最优解也许并不困难，而对这个最优解的敏感度变化却是需要花些工夫来分析的(请读者随后参考本书案例 1 和案例 3)。

### 1.1.3 建立模型能力——如何构建获取决策支持信息的桥梁

当组织或者个人出现决策需求时，通常首先会寻求辅助决策信息的支持。然而，在很多情况下，辅助决策信息并不能轻易获得。组织和个人面对的往往是相对粗糙的一手资料和原始数据，而这些资料和数据往往是以文字描述的形式存在，更多时候仅仅是会议记录、文件精神、上级目标、定性描述等等。在这些情境下，对管理者建立模型能力的要求就凸显出来了。由此可见，模型是辅助决策信息和原始问题之间的桥梁和纽带，也是将问题进一步结构化和定量化的有效工具。如果单从模型的角度上考虑，现有的运筹学体系的结构，在很大程度上是按照模型以及与模型配套的算法之间的区别来划分的。

建模方面的研究，是管理学科体系中的一个重要组成部分。虽然其他学科，诸如物理学、生物学、社会学等，也非常重视模型建立的问题，但是管理科学范畴内的模型有自身独特之处。可以这样说，模型的建立是将管理科学化的一个重要标志之一。如果利用相关软件开展的人机交流过程比较顺利，那么模型建立之后的工作，可以交付计算机软件处理。有关建模方面的综合知识介绍，本章随后将展开阐述。

### 1.1.4 算法设计能力——如何精确和高效地计算出决策所需要的数据

算法设计是指在完成了模型构建工作之后的进一步工作。算法设计通常需要算法语言的支持，最常见的算法语言当然是各种计算机语言。算法设计是数学研究领域的一个分支，不同的算法与诸多学科有着密切联系。良好的数学基础肯定有利于算法设计能力的提高。算法设计能力其实是变量关系和逻辑层面的设计问题。算法设计造就了很多经典的运筹学模型的最终实现。培养算法能力没有捷径！算法设计内容是运筹学和计算机科学交汇最多的领域，对于运筹学的算法能力训练，必须扎实掌握各种运筹学分支的理论基础、清楚理论推导和演算过程。很多运筹学算法凝聚了开发者的智慧。一个优秀的算法，对提高模型的运算速度和精确程度的贡献，并不逊于在硬件方面的升级换代。

传统上以理论教学为中心任务的运筹学，是围绕模型和算法展开的。规划软件的相当大的一部分工作，其实就是代替人工承担了算法的任务。本书无意过多讲述基础算法设计方面的内容，本书的诸多案例或许会涉及不同的运筹算法，那么也仅仅是在利用电子表格解决实际问题之前进行必要的简明介绍。本书读者应当把注意力集中在：如何顺利开展人机对话，为已经做好各种算法准备的计算机和千变万化的实际规划问题之间建立科学规范的联系。因此，对算法设计感兴趣的读者，请参考高级运筹学以及其他相关教程。

### 1.1.5 编程实现能力——如何将算法付诸实施

“编程实现”是个实践性很强的操作性工作，不但包括编制程序(programme)，还包括反编译程序(decompile)以及调试程序(debug)。编程实现能力的专业性很强，对于工作重心在规划求解等方面的管理人员而言，编程实现过程可以“外包”给专业程序设计人员。对于给定问题，如果已经设计完成了(或者找到已有的)算法，程序实现过程完全可以当作一个“黑箱”对待。由于近年来计算机语言越来越结构化，编程实现能力与算法设计能力几乎可以在分工上实现分离。

本书将围绕 Excel 的“规划求解”功能开展介绍。显然，很大一部分算法和编程的工作，已经由这个属于 Office 家族的优秀软件代劳了。但是一般认为，管理专业的相关人员掌握一定的算法设计和编程能力是十分必要的。原因有三：其一，运筹学的理论框架是建立在模型和算法之上的，掌握运筹学的精髓必须学习各种模型和算法的基本原理。如果在实践中过多地依赖各种规划软件的黑箱性质，那么可能会在解决实际规划问题时遭遇盲目求解的可能，甚至会产生无法解读计算结果的尴尬。其二，并不是所有的通用商业软件均能从容应对千差万别的生产实践问题，一些大型的规划问题仍旧需要企业进行特(自)有软件的开发和设计。可以预见的是，在变化万千的规划领域中总会遇到很多的机会和场合，需要管理者直接指导甚至参与到新算法的设计、修改、更新的工作中。掌握必要的算法设计和程序编制能力，一定会在这些情况下发挥“锦上添花”的作用。其三，运筹学学科发展的路径告诉我们，这个学科的突破多数集中在模型算法方面。如果读者希望在掌握规划实际操作能力之上，进一步在运筹思维突破和理论创新上有所造诣的话，算法设计和编程实现能力的培养必不可少。

上述五个层面的能力如果比拟为一个研究作战地图的会议场合，细心的读者会区分出以下差别：“决策能力”是指挥员对作战方案的最终制定和组织实施；“辅助决策能力”是参谋人员从抽象的地图中获取有用的信息，支持(或者质疑)指挥员提出的备选作战方案；“建模能力”是参谋人员和侦察人员共同将搜集到的种种具体情报，以抽象的特定符号描绘到地图中；“算法设计能力”是技术人员确定以何种技术手段和标准，清晰地描绘这张地图，而这些技术手段完全可以脱离当前的战争态势提前制定出来；而“编程实现能力"则是具体的制图工作,虽然这些人员可能缺席这个会议,但是其"场外"的重要作用也是不可忽视的。

## 1.2 具有规划功能的常用软件简介

### 1.2.1 计算机软件发展概况

1. 通用软件的共同特点

随着计算机硬件成本的下降和应用技术的普及,计算机进入到了各行各业,并在不同的场合发挥着巨大的作用。计算机软件主要履行科学计算的功能。科学计算可分为两类:一类是纯数值的计算,例如求函数的值或方程数值解;另一类计算是代数计算,又称符号运算。代数运算是一种智能化的计算,符号可以代表整数、有理数、实数和复数,也可以代表多项式、函数,还可以代表数学结构如群、集合等等。对于具有规划求解功能的软件,大多利用了其符号运算方面的功能。

从计算机发明到现在的近 70 年的时间里,用计算机进行的科学计算主要是数值计算,如天气预报、仿真模拟、航空航天等领域的大规模数值计算。早在 20 世纪 50 年代末,人们就开始了对符号计算的计算机系统的研究。进入 80 年代后,随着计算机的普及和人工智能的发展,用计算机进行代数运算的研究发展非常迅速,涉及领域也在不断扩大,相继出现了多种功能齐全的计算机系统,这些系统可以分为专用系统和通用系统:专用系统主要是为解决物理、数学和其他科学分支的某些计算问题而设计的,专用系统在符号和数据结构上都适用于相应的领域,而且多数是用低级语言写成的,使用方便,计算速度快,在专业问题的研究中起着重要的作用;通用系统具有多种数据结构和丰富的数学函数,应用领域广泛,其中,SAS、SPSS、Mathematica、MATLAB、Maple 和 Excel 等均是通用的软件系统。尽管不同的计算机软件之间有较大的差别,但也有一些共同的特点:

(1) 具有高效的可编程功能,可以进行符号运算、数值计算和图形显示。这也是通用数学软件包的三大基本功能。

(2) 突出了交互式的特点，允许通过键盘或者其他设备输入命令，经过计算机计算后显示结果。优秀的系统大都有 Windows 操作系统下的版本，人机界面友好，命令输入方便灵活，很容易寻求帮助，输出结果形式多样。另外，通行的数学软件都尽力提供人们习惯的数学符号表达形式。

(3) 数学软件的实质是数学方法及其算法在计算机上的实现，这些方法是无数人的工作与智慧的结晶。各个系统都在持续地成长完善，不断地更新换代，向着智能化、自动化方向发展。

(4) 软件的开发不再只是软件开发者的事情，同时也期待着广大用户的参与。介入软件开发和应用的人员数量在不断增加，尤其是随着互联网的普及，软件用户可以很方便地与软件开发者进行沟通，反映软件中存在的问题，也把新的应用需求和改进意见反馈给软件的开发者，从而实现良性的循环改进。

2. 计算机软件的优势和局限

计算机实现规划求解的优越性主要在于其能够进行大规模的复杂运算。通常我们用笔和纸进行代数运算只能处理符号较少的算式，当算式的符号上升到百位数后，人工计算便成为可望而不可即的事。主要原因是在做大量符号运算时，人工过程很容易出错，并且缺乏足够的耐心。当算式的符号个数以千计后，人工计算便成为不可能的事，这时用计算机系统进行运算就可以做到准确、快捷、有效。人工计算过单纯形表的读者一定有深刻体会，当变量超过 20 个，约束条件超过 10 个的时候，依靠人工几乎不可能顺利地计算出正确的结果。

任何数学软件都有一定的局限性。首先，尽管计算机在代替人脑进行繁琐的符号运算上有着无比的优越性，但是计算机毕竟是机器——它只能“毫无思想”地执行人们给它实现安排的指令。一些人工计算的简单问题或者人类思维中看似极其普通的过程，计算机代数系统却很难甚至无法处理。其次，多数计算机代数系统对计算机硬件有较高的要求，在进行符号运算时，通常需要很大的内存和较长的计算时间，而精确的代数运算是以时间和空间为代价的。用计算机代数系统进行数值计算，虽然计算精度可以到任意位，但由于计算机代数系统是用软件本身浮点运算代替硬件算术运算，所以在速度上要比用低级计算机语言计算同样的问题慢千百倍甚至更多。数学软件的第三个问题是计算结果往往很“教条”，导致人们很难从软件给出的结果中看到问题的要害。比如考察一个投资规模数亿元的工程项目，决策者很难判断一个收益 4 501 万元的方案一定优于 4 500 万元的替代方案，而计算机软件会毫不犹豫地排除第二个可能极有潜在价值的次优替代方案。另外，虽然计算机代数系统包含大量的数学知识，但这仅仅是庞大的数学体系中的一小部分，目前有许多数学领域计算机代数系统还未能涉及，等待着新的突破。

## 1.2.2 优化求解工作中经常使用的软件简介

1. MATLAB 的概况

MATLAB 是矩阵实验室(Matrix Laboratory)之意。除具备卓越的数值计算能力外，它还提供了专业水平的符号计算、文字处理、可视化建模仿真和实时控制等功能。MATLAB 的基本数据单位是矩阵，它的指令表达式与数学和工程中常用的形式十分相似，故用 MATLAB 来解算问题要比用 C、FORTRAN 等语言完成相同的事情简捷得多。时至今日，MATLAB 已经成为线性代数、自动控制理论、数理统计、数字信号处理、时间序列分析、动态系统仿真等高级课程的基本教学工具。

MATLAB 包括拥有数百个内部函数的主包和几十种工具包(Toolbox)。除内部函数外，所有 MATLAB 主包文件和各种工具包都是可读、可修改的开放型文件，用户通过对源程序的修改或加入自己编写的程序构造新的专用工具包。工具包又可以分为功能工具包和学科工具包：功能工具包用来扩充 MATLAB 的符号计算、可视化建模仿真、文字处理及实时控制等功能；学科工具包是专业性比较强的工具包，控制工具包、信号处理工具包、通信工具包等都属于此类。其中的 Optimization Tools 是专门为规划求解设计的学科工具包。

MATLAB 的主要特点包括：

(1) 语言简洁紧凑，使用方便灵活，库函数极其丰富。

(2) 运算符丰富。由于 MATLAB 是用 C 语言编写的，MATLAB 提供了和 C 语言几乎一样多的运算符，灵活使用 MATLAB 的运算符将使程序变得极为简捷和高效。

(3) MATLAB 既具有结构化的控制语句(如 for 循环、while 循环、break 语句和 if 语句)，又具有面向对象编程的特性。

(4) 程序限制不严格,程序设计自由度大。

(5) 图形功能强大,具有较强的编辑图形界面的能力。

(6) 程序的可移植性很好,源程序具有开放性。

2. SAS 的概况

SAS 是目前国际上最为流行的一种大型统计分析系统,被誉为统计分析的标准软件。SAS 为"Statistical Analysis System"的缩写,意为统计分析系统。SAS 集数据存取、管理、分析和展现于一体,为不同的应用领域提供了卓越的数据处理功能。SAS 被广泛应用于政府行政管理、科研、教育、生产和金融等不同领域,并且发挥着愈来愈重要的作用。在我国,国家信息中心、国家统计局、卫生部、中国科学院等都是 SAS 系统的用户。它独特的"多硬件厂商结构"(MVA)支持多种硬件平台,在大、中、小与微型计算机和多种操作系统(如 UNIX、MS-Windows 和 DOS 等)下皆可运行。SAS 采用模块式设计,用户可根据需要选择不同的模块组合。SAS 适用于具有不同水平和经验的用户,初学者可以较快掌握其基本操作,熟练者可用于完成各种复杂的数据处理。SAS 的"OR 模块"提供了丰富的运筹学计算功能。

SAS 的特点包括:

(1) SAS 目前是国际上公认的权威软件,很多科技研究工作将 SAS 作为标准处理工具。

(2) 使用简便,操作灵活,使用者只要告诉 SAS"做什么",而不必告诉其"怎么做"。

(3) 功能强大,统计方法齐、全、新,把数据存取、管理、分析和展现有机地融为一体。

3. Mathematica 的概况

Mathematica 是美国 Wolfram Research 公司开发的数学软件。它的主要使用者是从事理论研究的数学工作者和其他科学工作者,以及从事实际工作的工程技术人员。Mathematica 可以用于解决各种领域的涉及复杂的符号计算和数值计算问题。它代替了许多以前仅仅只能靠纸和笔解决的工作,这种思维和工具上的双重革新可能对各种研究领域和工程领域产生深远的影响。

Mathematica 的特点包括:

(1) 拥有强大的数值计算和符号计算能力,在这一方面与另一个著名软件 Maple 类似。对于输入形式有比较严格的规定,用户必须按照系统规定格式输入,系统才能正确地处理。

（2）基本系统主要是用C语言开发的，提供了一套描述方法，相当于一个编程语言，用这个语言可以编写程序，解决各种特殊问题。因此，Mathematica可以比较容易地移植到多种平台上，扩充和修改都可以方便完成。

（3）作为一个交互式的计算系统，运算工作在用户和Mathematica互相交换、传递信息数据的过程中完成。

4. SPSS的概况

SPSS是该软件英文名称的首字母缩写，原意为"Statistical Package for the Social Sciences"，即"社会科学统计软件包"。但是随着SPSS产品服务领域的扩大和服务深度的增加，SPSS公司已于2000年正式将英文全称更改为"Statistical Product and Service Solutions"，意为"统计产品与服务解决方案"。SPSS是世界上最早的统计分析软件，应用于自然科学、技术科学、社会科学的各个领域，分布于通讯、医疗、银行、证券、保险、制造、商业、市场研究、科研教育等多个领域和行业，迄今SPSS软件已有30余年的成长历史，成为世界上应用最广泛的专业统计软件。在国际学术界有条不成文的规定，即在国际学术交流中，凡是用SPSS软件完成的计算和统计分析，可以不必说明算法。由此可见SPSS产品影响之大和信誉之高。

SPSS的特点包括：

（1）与SAS类似，SPSS也由多个模块构成。采用类似Excel表格的方式输入与管理数据，数据接口较为通用，能方便地从其他数据库中读入数据。

（2）是世界上最早采用图形菜单驱动界面的统计软件，它最突出的特点就是操作界面极为友好，输出结果清晰、美观。

（3）使用Windows的窗口风格展示各种管理和分析数据方法的功能，使用对话框展示出各种功能选择项。

（4）设计了语法生成窗口，用户只需在菜单中选好各个选项，然后按"粘贴"按钮就可以自动生成标准的SPSS程序。

5. Lindo/Lingo的概况

Lindo和Lingo是美国Lindo（Linear Interactive and Discrete Optimizer）系统公司开发的一套专门用于求解最优化问题的软件包。Lindo用于求解线性规划和二次规划问题，Lingo除了具有Lindo的全部功能外，还可以用于求解非线性规划问题，也可以用于一些线性和非线性方程（组）的求解等等。Lindo和Lingo软件的最大特色在于可以允许优化模型中的决策变量是整数(即整数规划),而且执行速度很快。Lingo实际上还是最优化问题的一种建模语言,包括许多常用函数可供使用者建立优化模型时调用,并提供与其他数据文件(如文本文件、Excel电子表格文件、数据库文件等)的接口,易于方便地输入、求解和分析大规模最优化问题。由于这些特点,Lindo系统公司的线性、非线性和整数规划求解程序已经被广泛应用在生产规划、交通运输、财务金融、投资分配、资本预算、混合排程、库存管理、资源配置等领域。由于Lingo已经能够完全替代Lindo的功能,所以Lindo在6.1版本后已不再发行。

Lingo的特点包括:

(1) 是建立和求解线性、非线性和整数最佳化模型的更快、更简单、更有效率的综合工具,提供了强大的语言和快速的求解引擎,来阐述和求解最优化模型。

(2) 可以将线性、非线性和整数问题迅速地予以公式表示,并且容易阅读、分析和修改。

(3) 建立的模型可以直接从数据库或工作表获取资料。同样地,Lingo可以将求解结果直接输出到数据库或工作表。

(4) 内建的线性、非线性、二次、二次约束、整数等问题的最优化求解引擎,会自动选择合适的求解器。

(5) 提供完全互动的环境供用户建立、求解和分析模型。

6. GAMS的概况

GAMS是一般性代数模型系统(General Algebraic Modeling System)的缩写,最早是由世界银行的Meeraus和Brooke所开发。事实上,GAMS并不代表任何最佳化数值算法,而只是一个高级语言的使用者接口,利用GAMS可以很容易建立和修改规划模型输入文件,经过编译后成为较低阶的最佳化数值算法程序所能接受的格式,再加以执行并输出结果。

数值算法方面,对线性与非线性规划问题,GAMS使用由新南韦尔斯大学的Murtagh及史坦福大学的Gill、Marray、Saunders、Wright等人所发展的MINOS算法。MINOS是“Modular In-core Non-linear Optimization System”的缩写,这个算法综合了缩减梯度法和准牛顿法,是专门为大型、复杂的线性与非线性问题设计的算法。对混合整数规划问题,则采用亚利桑那大学的Marsten及巴尔的摩大学的Singhal共同开发的ZOOM(Zero/One Optimization Method)算法。GAMS是针对数学规划的高阶建模系统，GAMS包含了编译器和高效能的求解引擎。GAMS是针对大型、复杂的建立模型应用而量身定做的，可让使用者迅速建立模型且容易修改。GAMS让使用者可以专注于代数、修改模型的方程、更换求解引擎或将线性模型转变为非线性模型等核心工作。GAMS的语言和一般常用的语言类似，因此有程序语言编写经验的人都很容易上手使用GAMS。

GAMS的特点包括：

(1) GAMS可以使用户从处理纯数学问题中解脱出来，让使用者有更多的时间来思考问题、建立模型和分析计算结果。GAMS的模型是简捷的代数叙述，不论是人或机器都很容易解读GAMS模型。

(2) GAMS以功能强大和具有弹性著称。模型可以完全由一个平台移植至另一个平台。使用者可以建立一个模型来求解，然后GAMS会产生求解后的报告。

(3) GAMS具有丰富的规划模型求解引擎。

7. WinQSB的概况

QSB是"Quantitative Systems for Business"的缩写，早期的版本在DOS操作系统下运行。QSB经过多次升级，现在已经能在Windows操作系统下运行。WinQSB软件是基于模块化设计的一款专业运筹规划和决策辅助软件，用户可以根据不同的实际需要选择子模块程序功能。该款软件不但基本包括了常规的运筹学规划功能，还涉及了计划编制、抽样分析、进度安排、物料需求计划(MRP)、质量控制、马尔可夫过程、回归预测、场地布置、决策分析等丰富功能。对于一般的中小型问题均能提供令人满意的解决方案，因此WinQSB在生产经营部门得到了广泛应用。另外，由于WinQSB简单易学和上手迅速的特点，软件包中为每个子模块程序提供了典型的案例数据文件，还可以对某些问题演示中间运算过程，因此该软件还经常被选为学习运筹学的教学软件。

8. Excel的概况

作为Microsoft Office的主要成员之一，Excel几乎普及到每一台个人电脑中，成为计算机商业软件中的翘楚。这是一个用于建立与使用电子报表的实用程序，也是一种数据库软件，用于按表格的形式来处理数据记录。Excel用于处理大量的数据信息，特别适用于数字统计，而且能快速制定表格；作为一个电子报表的专业软件，"规划求解"等加载宏功能将其扩展成为一个优化求解的强大工具。本书将集中随后的篇幅，对"规划求解"功能展开细致的介绍。

9. 其他

事实上，几乎所有的符号运算型软件均或多或少地带有规划求解的功能。国内外先后开发了不同风格、不同规模的专门规划软件，例如 AIMMS、Visual Decision、Crystal Ball、Expert Choice、SQP、Decision Explore、DPS、ORS、TreeAge、Visual Decision、What's best 以及大量的 CAI 软件等。近年来，越来越多的专用计算机管理系统也逐步将优化求解的功能包含在内。这些软件结合各自的服务对象，将规划求解模块（或功能）融合在整个系统当中。比如大型的物流管理系统、交通运输管理系统、物资配送系统，全部或部分实现了优化决策的功能。未来规划软件的发展，其趋势将是越来越智能化、图形化和人性化，成为研究者和管理者的常用辅助决策工具。

## 1.3 建立数学模型的思路和方法

### 1.3.1 模型概述

建立模型是科学探索工作的重要研究方法之一。无论是规范研究、实证研究、案例研究，还是情景研究、现场调研，大多数科学研究工作以及生产管理实践最终都会具体落实在“模型”研究之上。各界对“模型”如此重视，无非是成本压缩和技术实现两个主要的原因。模型的科学建立可以有效地压缩对原始问题的研究成本（包括时间成本），甚至可以实现当前技术上无法付诸实践的前期工作。比如风洞实验中的飞机模型，通过测量模型在不同飞行模式下的气流情况，可以用较小的成本得到实验数据。而这些数据显然比真实样机的实际飞行实验要经济和安全得多。再如 20 世纪 70 年代克莱因（Klein）开发的多国联接模型计划，从开始只有 8 个国家和地区，发展到目前已经包括了 70 多个国家和地区的模型，变量数目达 30 000 多个，方程数目已达 10 000 条以上。即便如此规模庞大的模型，也仅仅是对实际情况的局部模拟。幻想将现实世界的所有经济因素考虑在模型之内，无论在成本方面，还是在技术方面，都是不可行的。

事实上，任何研究对象在经过人类的实验或者思维抽象以后，都已经被研究者不由自主地“模型化”了。科学研究领域中的“模型”概念，通常可以大致分成形象模型、模拟模型和数学模型三类。“数学模型”是众多“模型”中的一种。由于研究者或者建模者站在不同的角度可以有不同的理解，现在理论界对“数学模型”还没有一个统一的定义。不过我们可以给出如下一般化的叙述：“数学模型是关于部分现实世界和为一种特殊目的而形成的一个抽象的、简化的数学结构。”具体来说，数学模型就是为了某种（简化、模拟、类比等）目的，用文字、数学、语言及其他抽象符号建立起来的映射关系以及图表、图像、框图等描述客观事物的主要特征及其内在联系的结构表达工具。

建立数学模型是一项十分复杂的创造性工作。面对形形色色的分析对象，几乎不可能用一个通用的方法指导如何建立具体模型，这里只是大致归纳一下数学建模的一般步骤和原则：

（1）模型准备：首先要了解问题实际背景，明确解决方案要求，收集各种必要的信息。

（2）模型假设：为了利用数学方法，通常要对问题做必要和合理假设，使问题的主要特征凸显出来，同时合理忽略掉问题的次要方面。

（3）模型构成：根据所做的假设以及事物之间的联系，构造各种量之间的关系，把问题数量化、逻辑化和公式化。

（4）模型求解：利用数学方法来求解上一步所得到的数学问题，此时往往还要做出进一步的简化或假设，同时注意要尽量采用已知的、常用的、简单的数学工具。

（5）模型分析：对所得到的解答进行分析，特别要注意当数据变化时所得结果是否稳定。

（6）模型检验：分析所得结果的实际意义，与实际情况进行比较，评价结果是否符合实际。如果不够理想，应该修改、补充假设或重新建模。

（7）模型应用：注意所建立的模型在实际应用中效益产出以及不足之处。一个有生命力的模型应当在应用中不断改进和完善，因此并不存在一成不变的模型。

### 1.3.2 建模思路

建立模型能力的实现需要明确的思路指导。对于规划求解问题，大致的思路如下：

1. 明确决策问题的目标

在拿到问题之后，首先要明确待决策问题的目标是什么。是成本问题，还是效率问题，或者是其他问题？目标是否能够量化，量纲是什么？不能量化怎么处理？目标结果是单目标决策，还是多目标决策？是动态决策问题，还是静态决策问题？在单目标决策的情况下，是寻求问题的最大值，还是最小值，或者是某个特定的值域？目标的大致逻辑表达式是什么？影响目标的因素有哪些？特别需要注意的是：对于决策或者规划问题中无法定量化的部分，应当进行定性的分析描述，并从问题中分离出来，形成单独定性分析报告。

2. 明确影响目标的决策变量

这是建立模型最重要的工作。一个数学规划模型是建立在逻辑关系和变量定义基础之上的，而没有了变量，逻辑关系也随之消失。因此，正确的定义规划模型的变量，是建立模型的基础工作。定义决策变量的原则是“宁缺毋滥”，努力控制变量的规模，尽量用已有的变量组合“新”变量，避免不必要的变量冗余，以减少模型计算时的压力。

确定模型变量的一个有效的切入点是：通常情况下，决策者在问题中所能左右和修改的决策值，往往可以作为模型的决策变量。然而这个判断是不牢靠的，在一些时候，模型还可能会涉及一些中间变量，这些变量内生于问题的系统内部，起到逻辑的约束和传递作用，并不以决策值的形式出现。在有些特殊的问题中，决策变量同时还担任了约束条件的功能。无论决策变量的形式如何，在规划模型中的统一特点是：决策变量终究是“变量”，存储在计算机可变存储单元中，每次在模型上机“加电”前，这些决策变量的系统默认值是“0”或者逻辑“非—False”。

3. 明确影响目标的约束条件

通常而言，规划求解的对象会面临一个或者一个以上的约束条件。但是，并不是所有的无约束问题不能用规划求解的思路来解决。例如本书第 12 章中的重心法选址等案例，就是无约束的“规划问题”。事实上，无论有无约束，很多求最优结果的规划问题，都可以借助“规划求解”的方法来解决。当然在现实中，没有约束的规划问题毕竟是比较少见的。在明确了目标的种种考虑以后，进一步考察实现或者影响这个目标的种种限制条件。建立约束条件的原则与定义决策变量时相反，应当遵守“宁多毋漏”的原则。在这个原则下，纵使某些约束条件出现了冗余甚至重复，但是在模型计算过程中会自动简化掉。但是如果某项约束条件一旦遗漏，往往可能会导致模型产生建模者无法察觉到的致命错误。

约束条件往往存在四种形式：

一种是数量约束关系，往往可以表示成“＝”、“≥”或者“≤”的（不）等式形式。这种类型的约束通常源自实际问题中的上限、下限以及平衡关系等。这类约束是最常见的规划问题的约束。注意：通常应当避免“＜”和“＞”形式的约束关系。

一种是逻辑约束关系，往往出现在相对复杂的规划问题中，以“If—Then”的形式存在。这种类型的约束通常需要定义逻辑变量配合使用。

一种是变量本身的约束，往往与定义变量同时决定。比如实际问题中变量的非负前提条件、整数规划中对变量的整数要求、逻辑问题中对变量的二进制规定等等。

还有一个比较特别的约束，是优先级别约束。这类约束实质上是“约束的约束”，表达了上述其他三种约束条件实现的优先次序和重要程度，可以赋予权重值表示，也可以通过其他形式表示。在本书第 6 章的目标规划部分，详细阐述了这种约束的原理和应用。

4. 明确人机对话的方法

在目标、变量和约束都明确以后，接续下来的一项工作是把它们“翻译”成机器能识别的“语言”。人机对话是计算机操作者或用户与计算机之间，通过交互设备（比如鼠标、键盘等）以类似对话方式进行的工作。操作者可用命令或命令过程“告诉”计算机感知某种信息或者执行某一任务。在对话过程中，计算机也可能要求回答一些问题，给定某些参数或确定选择项。通过人机对话，操作者对计算机的工作给以引导或限定，监督任务的执行。良好的人机对话能力需要使用者对具体的规划软件熟悉掌握，才能灵活应用这种软件的各种内部函数以及输入输出手段。这项工作类似编程，但是在 Excel 环境下，人机对话更接近“窗口式”，对话的重心显然是将模型结构和规划意图“告诉”计算机。

5. 明确计算结果的含义

在上述“人机”对话结束后，软件将进行规划运算，将得出所有变量、约束和目标的最终值。我们常常将软件的“计算结果”与规划的“最优解”混淆。注意，这组包含变量、约束和目标的最终结果值可能仅仅是软件按照事先规定的规则终止运算的当前值，并不一定是最优解和最优值。因此，必须要读懂软件运算结果的含义，对真正的最优值进行确认，对非最优值要查找原因，进行合理的解释。

另外，由于规划问题的特殊要求，往往还要对最优解以及相关参数的敏感性等进行另外的研究。本书第 5 章专门阐述这个问题。

### 1.3.3 建立规划模型的流程

建立规划模型的工作既是一门科学，又是一门艺术。不存在一个唯一的标准流程用以建立模型。在通常情况下，图 1.1 的流程图对解决大多数实际问题的计算机建模工作具有指导层面上的意义。

在遇到实际规划问题时，首先要对问题进行预先的结构化处理。对于问题中确实无法结构化的部分，尽量要采取各种已知的手段进行处理，保证规划问题信息的最大保留。对于实在无法结构化的部分，也不应采取回避的态度，而是建议专门形成一个辅助的补充报告，在经过计算机建立模型并运算完成后，最后补充到运行结果中。大量实际经验告诉我们，任何一次建模过程中均会或多或少地遇到无法量化的内容（甚至某些变量也无法量化），而往往恰是这些信息对于决策者最终决策行为起到至关重要的作用，因此图 1.1 中的非结构化信息的“报告”决不能省略。

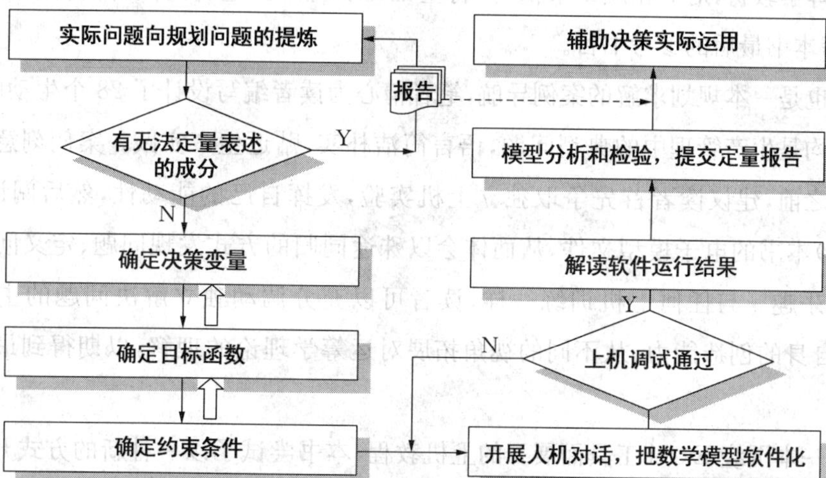


图 1.1　解决规划求解问题的技术思路

在过滤了非结构化信息以后的工作中，建议读者参考这样的研究顺序：首先确定决策变量，其次是目标函数，最后是约束条件。千变万化的实际问题，势必会影响这个常规的思路顺序。因此，建议建模者在分析确定“变量”、“目标”和“约束”这三个规划问题的重要元素时，统筹考虑，合理开展“回过头”思考（见图中的反馈箭头），为随后的工作打下良好的基础。

## 1.4 本书导读

### 1.4.1 本书学习方法

本书是为已经初步掌握运筹学基础理论知识的读者精心准备的一本“上机指南”，着力去强化读者在建立规划模型和微机操作方面的实用技能。随后的各章节仅仅对涉及的理论做必要的介绍，因而有目的地简化了相对完整的理论阐述。鉴于此，本书并不能完全代替运筹学教材。因此对于抱希望于全面掌握运筹学理论的读者，一定要结合其他系统的运筹学教材，对照相应章节内容，将基础知识打牢。笔者向读者推荐的运筹学教程，可参考本书最后的参考书目。

本书也是一本规划求解的案例导航，笔者精心为读者编写设计了 28 个生动的案例。这些案例均是生产管理中的典型问题，语言简洁朴实，贴近生产实践。案例刻意出现在相应章节之前，建议读者首先争取独立上机实验，发挥自己的能动性，然后阅读（或者上机运行）本书的电子模型文件，从而体会以殊途同归的方式发现问题、定义问题和解决问题的乐趣。与任何上机训练一样，读者可以充分调动独立解决问题的主观能动性，发挥自身的创造能力，从不同的视角拓展对运筹学理论的理解，以期得到最佳的学习效果。

作为一本围绕 Excel 工具而展开的上机教程，本书尝试了以一种新的方式开展运筹学的“教”与“学”，因此同样欢迎以直接实践和快速上手为目的的读者阅读本书，克服对运筹学带来大量复杂计算的畏难心理，暂时逾越运筹理论的学习过程，尽快掌握一些决策活动和规划工作中的运用能力和操作技能。书中涉及的 Excel 知识，均属较为基础的层面，因此相信绝大多数具有基本 Microsoft Office 软件操作经验的读者，均可以顺利完成本书所有电子模型的上机操作过程。

### 1.4.2 本书主要内容

全书共有13章，内容安排如下：

第1章从一般性的角度阐述了规划问题的计算机应用、常用规划软件，以及建立数学模型的初步知识。

第2章用完整一章，全面介绍Excel的基本操作技能和“规划求解”的预备知识。对Excel以及“规划求解”的初学者，这是比较重要的一章。如果读者对这部分知识相对熟悉，可以跳过这部分内容，直接进入规划求解的详尽内容。本书案例演示操作所使用的软件是Microsoft Office Excel 2003。如果读者使用其他版本的Excel软件，细节区别可以参考与之相应的软件操作手册或者帮助信息。

第3章到第5章的内容，是一个围绕电子表格建立模型的从“认识——熟悉——进阶”的“三部曲”。第3章，用一个简明的例子进行常规运筹模型和电子表格建模的对照，同时对软件规划结果详细解析。第4章，详细分析建模的程序、原则和调试。第5章，在掌握基本技能的基础上，从电子表格的运用角度，进一步讨论线性规划理论中的“灵敏度”、“影子价格”等问题。

从第6章到第11章，分章对目标规划、整数规划(包括指派问题)、运输问题、动态规划、网络分析和网络规划、数据包络分析(DEA)、决策树分析的电子表格建模和规划求解进行相对系统和详细的专门阐述。

第12章分为9个专题，分别介绍了矩阵对策问题、重心法定位、计算机仿真、盈亏平衡分析、单周期随机库存分析、装载/下料安排、复合系统可靠性问题、马尔可夫过程应用、生产排班问题。读者在系统掌握了前面章节内容的前提下，可以通过这一章9个饶有趣味的案例，进一步启发和强化解决实际复杂问题的建模思路。

第13章的内容，是介绍Excel“宏”应用初步。该章以决策论中“不确定型决策”知识为例，简单编制一个演示意义上的“宏”，完整实现了一个带有交互式功能的“自编”宏。希望读者能通过这一章的学习，在了解“不确定型决策”内容的同时，步入Excel“宏命令”的殿堂，提升对Excel的更高层面的应用能力，编制出界面更友好和更灵活的电子表格模型。

### 1.4.3 本书电子文档的补充说明

案例的电子表格文件会给读者带来书面叙述无法替代的信息量，因此建议读者在计算机前学习本书。本书所有案例均有一一对应的电子文档，下载案例电子文档请登录作者个人网页 http://wgq1995. blog. 163. com，并可获得本书的最新支持信息。案例的电子表格文件名按照“章-序号. xls”规律命名并在书中予以标明，以方便读者对照查找。建议读者在“读懂”和理解各个案例模型的电子表格的基础上，在空白电子表格上独立完成建立电子表格模型的全过程，达到知识向能力的自主转化。

## 思考与练习

1. 管理运筹学对计算机应用能力的要求有哪些？
2. 谈一谈你身边的规划问题的例子。这些实例的解决之道又是什么？
3. 你熟悉带有规划功能的软件吗？它们的特点又是什么？
4. 科学研究中的模型有哪几种？请分别举例说明。
5. 你有建立数学模型的经历吗？这项有趣的工作的特点是什么？
6. 建立模型的步骤是什么？你认为最重要的步骤是哪个，为什么？
7. 你是如何认识规划问题的约束条件的？请对某个规划问题的约束进行分类。
8. 你对建立数学模型的流程图(图 1.1)有什么自己独到的看法？倘若改进，你认为应当做哪些工作？

# 第2章 “规划求解”的预备知识

## 2.1 Excel的“宏”和“规划求解”

### 2.1.1 Excel的“宏”

宏的英文名称为“Macro”，意思就是由用户定义好的指令，即连续的命令及操作步骤，将这些命令及步骤依序保存为一个“宏命令”，并加以执行。“宏”的作用是可以使频繁执行的动作批量化和自动化。举例来说：某公司的财务部的工作人员需要制作400份格式相同的员工年度工资统计表，表格的单元格设置需要完全一致，如果一份份地制作，数据的输入和格式变换将会十分耗时。此时如果将这些操作工作制作成为一个由用户自己定义的“宏命令”，当用户操作一些按键或者功能菜单时，系统便会自动完成定义好的工作，这样就能使重复性的工作大大提高效率和减少出错。实际上，制作宏的工作就是对已有的软件功能进行个性化的改进和拓展。

相信不少读者经常听到的“宏”这个名称是与“病毒”联系在一起的。所谓“宏病毒”，其实就是某些不良用户利用“宏”的特性以及VBA程序等，在Excel的工作簿文件以及其他格式的Office文件里建立的恶意指令。对于Excel文件，这些病毒一般保存在工作簿或者加载宏程序中，一旦用户打开一个含有宏病毒的工作簿文件，或者误执行了一个宏病毒的操作时，病毒就会发作，可能会造成用户文件的损坏或者被删除，甚至“传染”给其他正在打开的工作簿文件。打开 Excel 文件时会主动检查此文件中是否含有宏，因此建议在不涉及宏功能操作的常规使用时，将宏功能暂时关闭以避免宏病毒的发作。

加载宏程序是一类程序，属于高级的“宏”，它们为 Microsoft Excel 添加可选的命令和功能。例如本书即将详细介绍的“规划求解”加载宏程序提供了规划功能，可用它来完成绝大部分运筹学的规划求解问题。

Excel 有三种类型的加载宏程序，包括了 Excel 加载宏、自定义的组件对象模型(COM)加载宏和自动化加载宏。它们的具体区别是：

(1) Excel 加载宏：这是安装 Excel 时提供了一组加载宏，其他加载宏可从互联网获取或直接购买。这类加载宏必须安装，十分类似 Excel 的拓展函数，功能类型非常广泛。“规划求解”加载宏属于这一类加载宏。在一些场合，加载宏程序也被称为“插件程序”。

(2) 自定义的加载宏：可以将用户自己的 Visual Basic 程序作为自定义加载宏使用。我们认为，掌握宏的操作和技巧，是 Excel 用户从初期向中高级进阶的重要标志之一，因此希望读者认真学习这个方面的知识。关于将 Visual Basic 程序作为加载宏来使用的方法，本书将在第 13 章专题介绍。有意深入掌握这部分知识的读者请进一步参阅 Visual Basic、Visual C++和 Visual J++等相关书籍。

(3) 自动化加载宏：这类加载宏允许从工作表中调用 COM 自动化功能。这种加载宏更加类似于一类安装软件，开发者通常为加载宏提供安装和删除程序，安装后可以通过“工具”菜单访问已在系统上注册的自动化加载宏。

### 2.1.2 “宏”的开发

开发 Excel 加载宏的方法有许多种，最常用的是使用 VBA(Visual Basic for Application)。VBA 简单易用并且与 Microsoft Office 完全兼容，通常是个人开发 Office 加载宏的首选。Visual Basic(VB)是 Windows 环境下开发应用软件的一种通用程序设计语言，功能强大，简便易用。VBA 是 VB 的一个子集，可以广泛地应用于 Microsoft 公司开发的各种软件，例如 Word、Excel、Access 等。但是它却不适用于商业产品，因为 VBA 代码几乎以文本形式存在于文件中，很容易就被一些工具软件完整地读出来，甚至其中的注释都一览无余。使用 Atl 可以开发加载宏，但是 Atl 代码会让初学者和不熟悉 C++的用户感到困难，而且 Atl 对不同版本的 Office 都得使用不同的导入库。对于 Excel 而言，用户还可以使用它的 C 接口来开发 xll 加载宏，这属于更高阶的内容。

xla 是 Excel 的加载宏文件扩展名，里面仅仅只是存放了可以运行的宏代码，不能存放数据。xls 则是 Excel 工作簿文件格式，Excel 中所有的数据都可以生成 xls 来存放，包括 xla 的内容。

### 2.1.3 利用“宏”实现“规划求解”功能

Excel 的“宏”的应用领域十分广泛，商业软件公司和各行各业的用户已经开发了数以千计的“宏”，包括了办公处理、财务管理、人力资源、工业控制等领域。“规划求解”就是 Excel 中众多“宏”的一个加载宏，借助“规划求解”，可求得工作表上某个单元格（称为目标单元格）中公式（单元格中的一系列值、单元格引用、名称或运算符的组合，可生成新的值。公式总是以等号即“＝”开始。）的最优值。“规划求解”将对直接或间接与目标单元格中公式相关联的一个或者一组单元格（可变单元格）中的数值进行调整，最终在目标单元格公式中求得期望的结果。在创建模型过程中，可以对“规划求解”模型中的可变单元格数值应用约束条件（“规划求解”中设置的限制条件）。可以将约束条件应用于可变单元格、目标单元格或其他与目标单元格直接或间接相关的单元格。并且约束条件可以引用其他影响目标单元格公式的单元格。Microsoft Excel 的“规划求解”工具取自得克萨斯大学奥斯汀分校的 Leon Lasdon 和克里夫兰州立大学的 Allan Waren 共同开发的 Generalized Reduced Gradient（GRG2）非线性最优化代码。线性和整数规划问题取自 Frontline Systems 公司的 John Watson 和 Dan Fylstra 提供的有界变量单纯形法和分支限界法。目前的简体中文版 Microsoft Office 2003 中的“规划求解”已经实现了完全汉化。在各个版本的 Excel 软件中，“规划求解”宏的名称是“Solver”，功能完全一致，常常被称作“求解器”或者“解算机”，更通俗的叫法则是“求解程序”。

## 2.2 如何加载“规划求解”

简单地说，Excel 加载宏就是在通用的 Excel 环境中增加的专门功能模块。Excel 其强大的功能众所周知，它既可以作为小型的数据库软件，又可以作为统计分析工具，但由于 Excel 是一个针对大众用户的通用产品，许多功能被设计得较为标准化，因此也限制了这款软件的专业性。于是软件商和众多用户在 Excel 现有功能的基础上增加一些更适合专业使用的拓展功能，Excel 加载宏就起到这样的作用。通过 Excel 加载宏，可以将 Excel 打造升级成一个更加专业的规划软件，而不必耗时费力去重新开发一个新的系统。

### 2.2.1 安装“规划求解”的注意事项

默认情况下，Excel 加载宏程序通常会安装在硬盘的如下位置：“...\Microsoft Office\Office(11)”文件夹下的“Library”文件夹或其子文件夹，或 Windows 所在文件夹下的“...\Profiles\用户名\Application Data\Microsoft\AddIns”文件夹下。当然，网络管理员或者用户也可将加载宏程序安装到其他位置。如果在硬盘或网络驱动器上找不到某个特定的加载宏，那么也可以对其进行安装。安装加载宏后，必须使用“工具”菜单上的“加载宏”命令将加载宏加载到 Excel 中。

安装 Microsoft Office 的时候，系统默认的安装方式不会安装宏程序，需要用户根据自己的需求选择安装。安装不完整、Ghost 安装或者非正版途径安装的 Office 操作系统，加载宏程序时往往不能正常加载使用，先后会有如图 2.1 的提示。

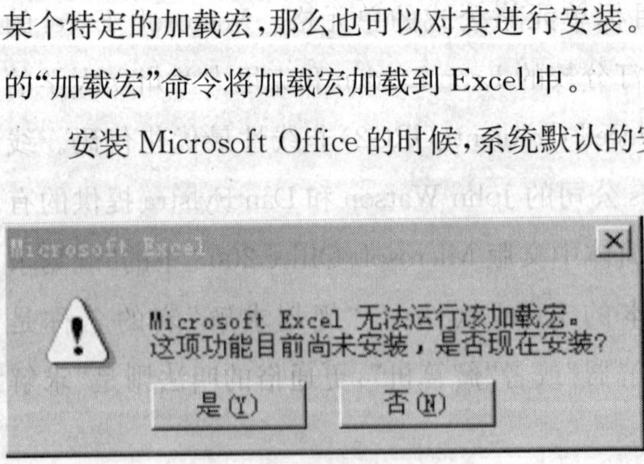


图 2.1 需要加载提示

在确定安装的指令后，得到提

示，见图 2.2。

**图 2.2　正在加载提示**

系统会提示库缺少或者其他错误提示信息，见图 2.3。

**图 2.3　部分错误提示**

如果系统要求安装，一般需要准备原始正版安装盘进行安装。

## 2.2.2　正常加载

对于正确完整安装的 Microsoft Office 操作系统，加载宏步骤如下：

(1) 打开 Excel 软件的“工具”下拉菜单，选择“加载宏”。见图 2.4(左)。加载宏之前必须打开任意一个电子表格文件，否则“加载宏”功能项“灰化”，没有被激活。

(2) 在弹出的对话框中的“可用加载宏”列表框中(图 2.5)，选定待添加的加载宏“规划求解”选项旁的复选框，然后单击“确定”。单击“确定”以后，“工具”菜单下就会出现一项“规划求解”，如图 2.4(右)。如果需要其他功能，也可以用鼠标“复选”后确定。

(3) “规划求解”加载除了上述原始安装方法以外，使用者也可以下载(或者从另外的计算机复制)“规划求解”的加载宏文件进行直接复制安装。将“规划求解”的相关文件解

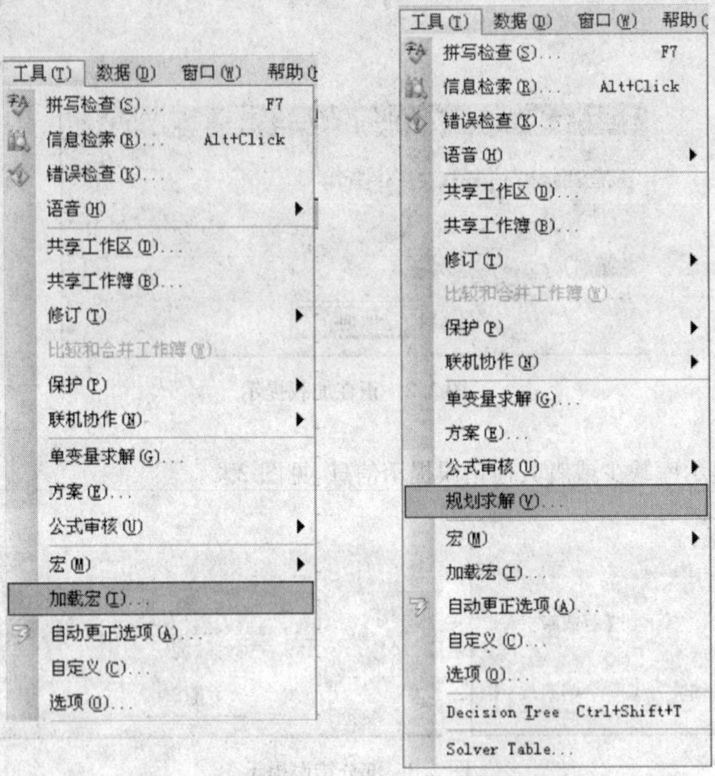


**图 2.4　宏加载前后的 Excel 工具栏的变化**

（加载了规划求解、决策树和 Solver Table 加载宏）

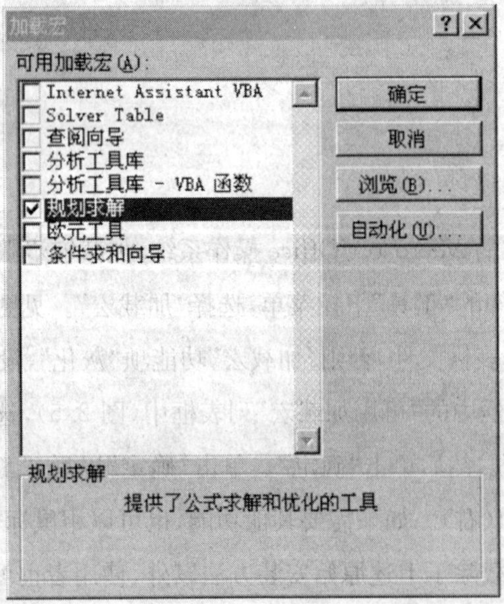


**图 2.5　Excel 常规自带的一些加载宏**

压到“...\Microsoft Office\Office(11)”文件夹下的“Library”文件夹下。如果加载宏不在上述默认路径，则可以进行路径的选择。本书中还会给读者介绍几个非常有用的Excel加载宏 Solver Table 和 TreePlan(请读者自行在网上搜索并下载上述加载宏的正规教学演示版)，安装路径同上。重新打开 Excel，软件便会自动识别以“xla”为扩展名的加载宏文件。

(4) 加载成功后的“宏”，在再次打开 Excel“工具”菜单后，各种“宏”命令条会出现在其中，见图 2.4(右)。需要注意的是，Excel 加载的宏越多，软件占用的系统资源越多，Excel 启动和运行就会越慢，所以请根据实际需要选择。

### 2.2.3 卸载 Excel 中的“规划求解”加载宏

若要节约内存并提高 Excel 性能，请卸载不常用的加载宏。将加载宏“卸载”只是从 Excel 中删除加载宏的功能和命令，但计算机上依然保留着加载宏程序文件，因此还可以轻松地重新装载该加载宏。在“工具”—“加载宏”的“可用加载宏”选项中，取消已经“复选”的加载宏，然后“确定”，就将加载宏程序卸载。但是，必须重新启动 Excel，否则它将依然驻留在内存中。

## 2.3 “规划求解”参数解释和选项设置

读者需要明确的是：在准备开始打开“规划求解”对话框之前，应当事先在打开的电子表格文件中，规范地输入各种逻辑关系公式，包括目标函数、决策变量以及各种约束关系条件。这个过程实质上就是建立电子表格模型的准备工作。这个准备过程完成后的下一步，便是借助计算机进行“规划求解”运算。本节详细介绍“规划求解”过程中所涉及的各参数解释和选项设置。

### 2.3.1 参数解释

选择“工具”菜单中的“规划求解”按钮，出现以下“规划求解参数”对话框(图 2.6)。

设置目标单元格:类似于线性规划中的目标函数，是其他一些单元格、具体数值、运算符号的组合。该对话区输入模型的目标函数的在电子表格上的绝对位置(注意:电子表格的单元格引用位置用列和行的标号共同标定，绝对位置用“＄”限制)。默认的目标单元格是该模型最近一次参数定义的位置。如果是首次定义目标单元格，默认值是激活参数对话框之前的电子表格上的当前编辑提示符所在单元格位置。这是容易疏忽并且定义出错的地方，请本书读者尤其是初学者注意。目标单元格必须是公式，即一定是以“＝”开始。否则会出现如图 2.7(左)的错误提示。另外，“规划求解”在定义目标单元格时，只能定义单个的单元格，否则出现如图 2.7(右)的错误提示。

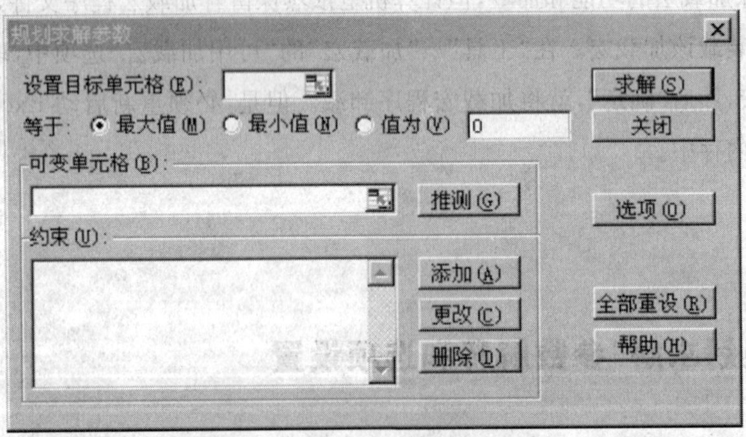


**图 2.6　规划求解参数对话框**

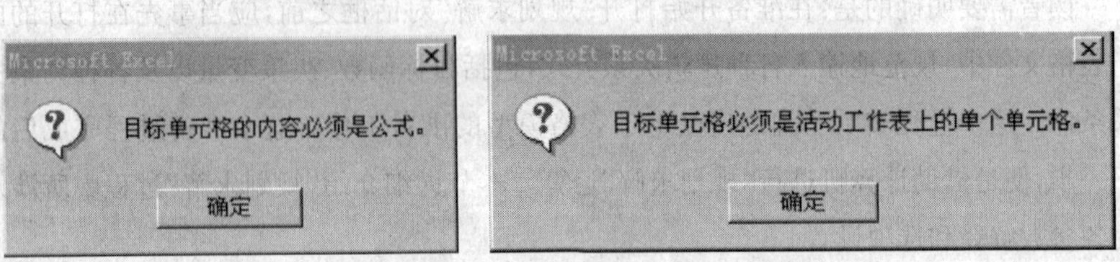


**图 2.7　目标单元格错误信息提示**

拖曳按钮:点击这个按钮,可以代替键盘,通过鼠标拖曳操作实现在电子表格上的输入。操作方式和键盘上的“Shift”、“Ctrl”或“Alt”按键的组合运用方式,请读者参考相关 Excel 操作手册。

最大值、最小值:类似于线性规划中的目标函数的 min 或 max 的定义,在此指定是否希望实现目标单元格为最大值、最小值或某一特定数值。首次定义默认为最大值。如果需要指定数值,请在右侧编辑框中键入该值。该值的默认值是 0。

可变单元格:类似于线性规划中的变量的定义,在此指定可变单元格。求解时其中的数值不断调整,直到满足约束条件并且“努力”(注意:不一定最终满足)使“目标单元格”框中指定的单元格达到目标值。可变单元格必须直接或间接地与目标单元格相关联。

推测:单击此按钮,自动推测“设置目标单元格”框中的公式所引用的所有非公式单元格,并在“可变单元格”框中定位这些单元格的引用。由计算机“推测”的结果往往是不可靠的,因此这个功能建议作为定位“可变单元格”的参考,而不是严格的判断。

约束:在此列出了规划求解的所有约束条件。

添加:显示“添加约束”对话框(图 2.8)。该对话框中分成三个部分:“单元格引用位置”直接输入事先已经在建模阶段输入的约束关系条件的单元格的位置(注意:不是在这个对话框输入公式),“约束值”是该条约束条件的上限或下限。中间的运算符号包含 5 种即“≤”、“=”、“≥”、“int”和“bin”,不允许出现“<”和“>”。“int”和“bin”分别表示该约束条件为“整数”和“二进制数的 0 或 1”,如果选择这两个运算符号,则约束值输入框自行出现“整数”和“二进制”的计算机对话结果。点击该对话框的“确定”,返回“规划求解参数”对话框。

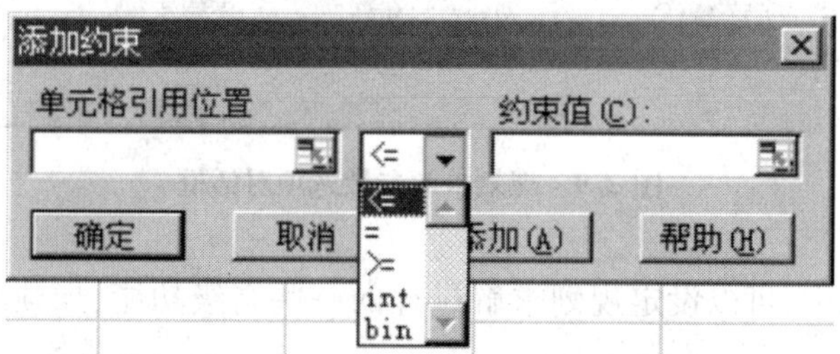


**图 2.8　添加约束对话框**(5 种逻辑运算关系选择)

更改:显示“更改约束”对话框。输入同上。

删除:直接删除选定的一个或多个约束条件。

求解：命令计算机对各种参数均定义好的规划问题进行求解。这是开始规划求解的启动键。

关闭：关闭对话框，不进行规划求解。但保留通过“选项”、“添加”、“更改”或“删除”按钮所做的输入或更改。在下一次打开同一规划问题后，还原已经输入或修改的参数。

选项：显示“规划求解选项”对话框。在其中可加载或保存规划求解模型，并对求解过程的高级属性进行控制。

全部重设：清除规划求解对话框中的当前设置，将所有的选项设置恢复为初始值。

## 2.3.2 选项设置

点击“规划求解参数”对话框的“选项”按钮，弹出如图 2.9 所示的对话框。

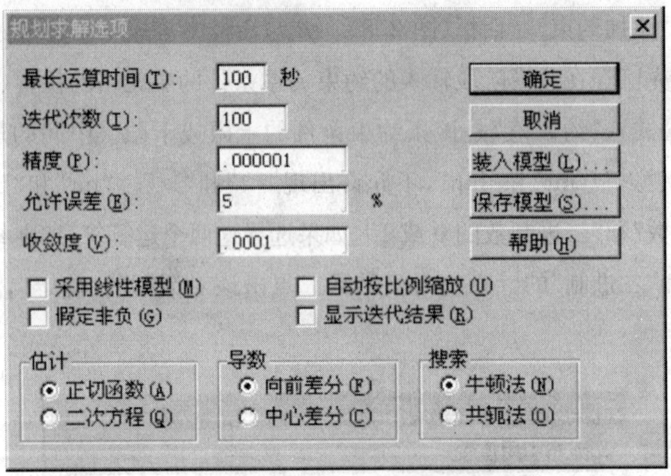


图 2.9　规划求解参数选项对话框

在这一对话框中，可以设定规划求解过程的一些高级功能、加载或保存规划求解定义，以及为线性和非线性规划求解定义参数。每一选项都有默认设置，可以满足大多数情况下的要求。

最长运算时间：在此设定求解过程的时间。可输入的最大值为 32 767(秒)，默认值 100(秒)可以满足大多数小型规划求解要求。

迭代次数:在此设定求解过程中迭代运算的次数,限制求解过程的时间。可输入的最大值为32 767,默认值100可满足大多数小型规划求解要求。

精度:在此输入用于控制求解精度的数字,以确定约束条件单元格中的数值是否满足目标值或上下限。精度值必须表示为小数(0到1之间),输入数字的小数位越多,精度越高。例如,0.000 1比0.01的精度高。

允许误差:在此输入满足整数约束条件并可被接受的目标单元格求解结果与真实的最佳结果间的百分偏差。这个选项只应用于具有整数约束条件的问题。设置的允许误差值越大,求解过程就越快。

收敛度:在此输入收敛度数值,当最近五次迭代后目标单元格中数值的变化小于"收敛度"框中设置的数值时,"规划求解"停止运行。收敛度只应用于非线性规划求解问题,并且必须表示为小数(0到1之间)。设置的数值越小,收敛度就越高。例如,0.000 1表示比0.01更小的相对差别。收敛度越小,"规划求解"得到结果所需的时间就越长。

采用线性模型:当模型中的所有函数关系都是线性,并且希望解决线性优化问题时,选中此复选框可加速求解进程。

自动按比例缩放:如果选中此复选框,当输入和输出值量级差别很大时,可自动按比例缩放数值。例如,基于百万美元的投资问题,其目标却是实现利润百分比的最大化。

假定非负:如果选中此复选框,则对于在"添加约束"对话框的"约束值"框中没有设置下限的所有可变单元格,假定其下限为0。(由于本书中的所有案例均是实际经济管理系统中的非负变量,因此在本书中的案例中,如果在约束对话中没有专门输入变量的非负条件,表示已经由建立模型者事先选中了该复选框。)

显示迭代结果:如果选中此复选框,每进行一次迭代后都将中断"规划求解"过程,并显示当前的迭代结果。继续求解需要操作者人工干预。

估计:指定在每个一维搜索中用来得到基本变量初始估计值的逼近方案。

正切函数:使用正切向量线性外推。

二次方程:用二次方程外推法,提高非线性规划问题的计算精度。

导数:指定用于估计目标函数和约束函数偏导数的差分方案。

向前差分:用于大多数约束条件数值变化相对缓慢的问题。

中心差分:用于约束条件变化迅速,特别是接近限定值的问题。虽然此选项要求更多的计算,但在"规划求解"不能返回有效解时也许会有帮助。

搜索:指定每次的迭代算法,以确定搜索方向。

牛顿法:用准牛顿法迭代需要的内存比共轭法多,但所需的迭代次数少。

共轭法:比牛顿法需要的内存少,但要达到指定精度需要较多次的迭代运算。当问题较大和内存有限,或步进迭代进程缓慢时,可用此选项。

装入模型:显示“装入模型”对话框,输入对所要加载模型的引用。

保存模型:显示“保存模型”对话框,在其中可指定保存模型的位置。只有需要在工作表上保存多个模型时,才单击此命令。第一个模型会自动保存。

### 2.3.3 特殊情况的处理

规划求解可能会出现循环情况,在精度、允许误差及收敛度要求较高的情况下,模型可能会长时间进入运算状态。建模者应当随时观察 Excel 界面下部的状态栏提供的信息。如果使用者选中了“规划求解参数”中的“显示迭代结果”选项,则规划求解在每次迭代后弹出“显示中间结果”对话框,为建模者提供干预的机会(图 2.10)。如果打算由人工强行终止运算过程,可以按 Esc 键。

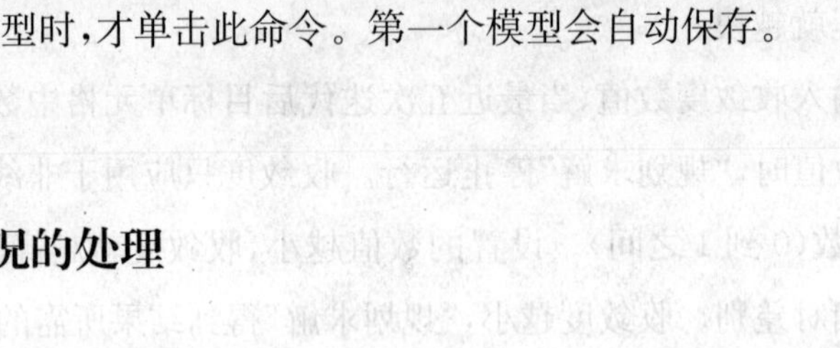


图 2.10 显示中间结果信息

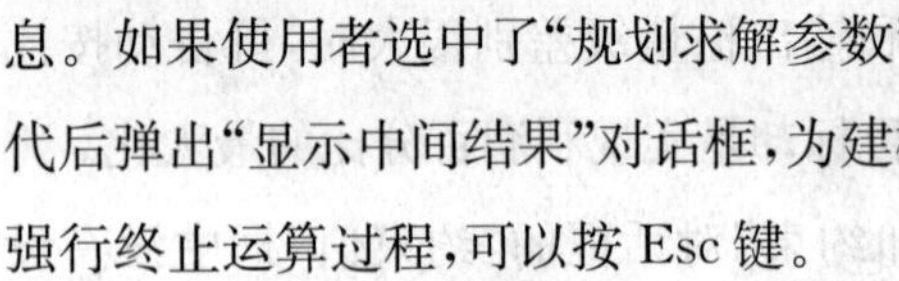


图 2.11 保存方案对话框

保存方案:显示“保存方案”对话框(图 2.11)。可在其中保存用于 Excel“方案管理器”的单元格数值。如果尚未定义过方案,“方案管理器”将使用“规划求解参数”对话框的“可变单元格”框中的引用。在“保存方案”对话框中,可在“方案名称”框中键入希望保存的方案名称，再单击“确定”。

继续运行：继续运行求解过程。

停止：在没有完成求解过程的情况下，显示“规划求解结果”对话框。

帮助：几乎所有的对话窗口均有相应的帮助按钮。Excel 通过这些帮助按钮为使用者提供丰富的帮助信息，因此请初学者有效利用这些提示信息，提高自己自主解决软件使用方面问题的能力。

## 2.4 “规划求解”的操作步骤

在 Excel 界面下的“规划求解”操作步骤实际上应当分成三大块，即上机前的准备、上机操作以及计算结果的解读。这里仅仅介绍上机操作的大致流程，其他部分在随后的章节中详细介绍。

(1) 首先将已经建立好的书面数学模型，按照 Excel 的输入规定，将逻辑公式输入到打开的工作簿文件的一个电子表格中。

(2) 打开“工具”—“规划求解”，出现“规划求解参数”对话框。

(3) 在“设置目标单元格”中输入规划模型的目标函数所在的引用位置(单元格引用：用于表示单元格在工作表上所处位置的坐标集)或名称(应用名称参阅第 4 章第 2 节)。

(4) 选择目标的优化方向，即确定最大值、最小值还是需要输入的特定值。

(5) 在“可变单元格”中输入每个变量的引用位置或名称，用逗号分隔不相邻的引用。可变单元格必须直接或间接与目标单元格相联系。最多可以指定 200 个可变单元格。若要使“规划求解”基于目标单元格自动设定可变单元格，可单击“推测”。

(6) 鼠标点击“添加”、“修改”或“删除”，打开下一级对话框，开始规划模型的约束对话，并在输入完毕后返回“规划求解参数”主对话框。(输入方法参考前文已叙。组合键“Alt+U”是开始“约束”的快捷方式。)

(7) 鼠标点击“选项”，打开下一级对话框，开始规划模型的选项对话，并在输入完毕后返回“规划求解参数”主对话框。(输入方法参考前文已叙。如果点击“全部重设”并再次“确认”后，清空所有的对话输入内容。）

(8) 以上工作完毕，检查无误后，点击“求解”，软件进行计算，并根据不同的运算结果给出提示，显示完成消息和（如果无法达到最优的规划则显示）最接近的目标求解结果。

如果得出最优解（注意：如果规划问题不是唯一的最优解，软件仅仅给出其中的一个解，但最优值是唯一的），则出现如图 2.12 的提示框。

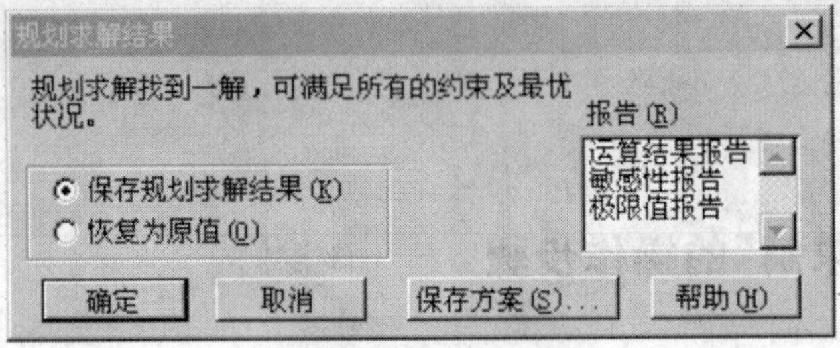


**图 2.12　规划求解结果信息显示**（存在最优解）

图 2.12 表示规划求解工作得到了至少一个满足当前目标的最优解。如果选择“保存规划求解结果”，则表示本次规划求解结果保存在当前电子表格上，单击“确定”，接受求解结果，并将其放置到可变单元格中。如果选择“恢复为原值”，并单击“确定”可在可变单元格中恢复初始值。

报告多选窗口，可以让用户按照实际需要创建指定类型的报告，并将每份报告放置于工作簿中单独的一张工作表上，见图 2.13。各个运算结果报告的详细解释，请读者参考第 3 章第 3 节。

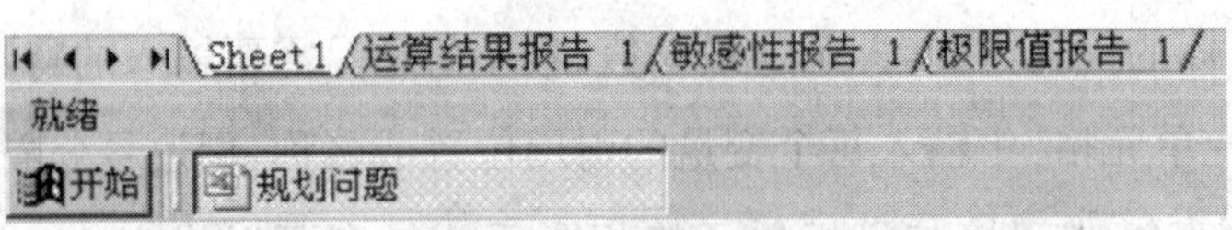


**图 2.13　工作簿文件中的电子表格的切换示意**

运算结果报告：列出目标单元格和可变单元格及其初始值和最终结果、约束条件以及有关约束条件的信息。

敏感性报告：提供有关求解结果对“规划求解参数”对话框的“目标单元格”框中所指定的公式的微小变化或约束条件的微小变化的敏感程度的信息。含有整数约束条件的模型不能生成该报告。对于非线性模型，该报告提供递减梯度和拉格朗日乘数；对于线性模型,该报告中将包含递减成本、阴影价格、目标式系数(允许的增量和允许的减量)以及约束右侧的区域。Excel 中的“敏感性报告”相对简明扼要,要满足进一步的敏感性分析要求,可以参考本书介绍的另一个加载宏“Solver Table”的应用。

极限值报告:列出目标单元格和可变单元格及其各自的数值、上下限和目标值。含有整数约束条件的模型不能生成该报告。下限是在保持其他可变单元格数值不变并满足约束条件的情况下,某个可变单元格可以取到的最小值。上限是在这种情况下可以取到的最大值。

如果规划模型没有找到最优解之前终止运算(注意:并不一定都是无解的情况)(图 2.14),或者规划模型的解没有收敛(图 2.15),则给出不同的提示框。由于没有规划出最优解方案,因此这两种情况下的“规划求解结果”对话框中的报告多选框均灰化。由用户终止的提示框见图 2.16。

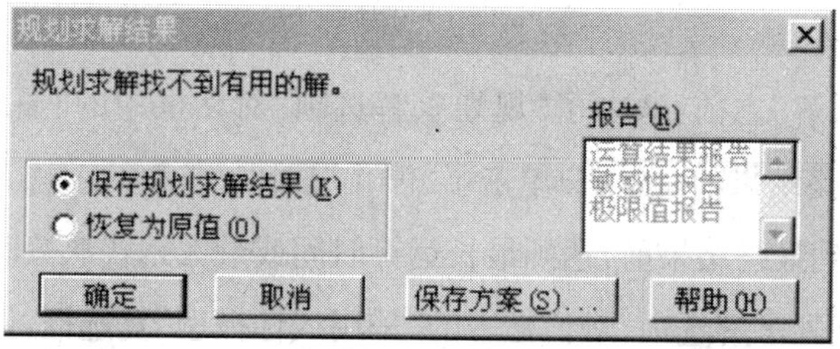


**图 2.14　规划求解结果信息显示**(无解)

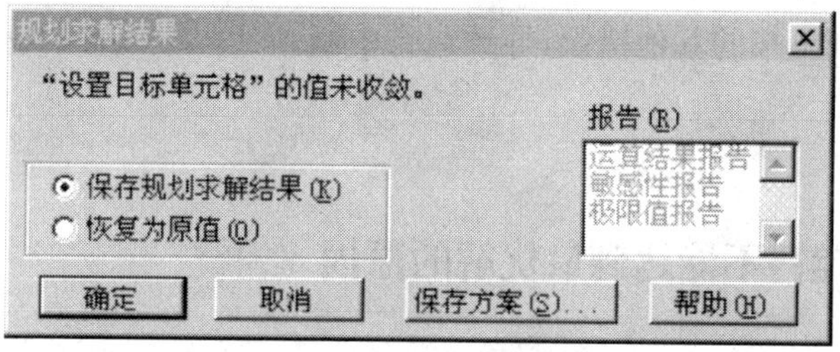


**图 2.15　规划求解结果信息显示**(无界解)

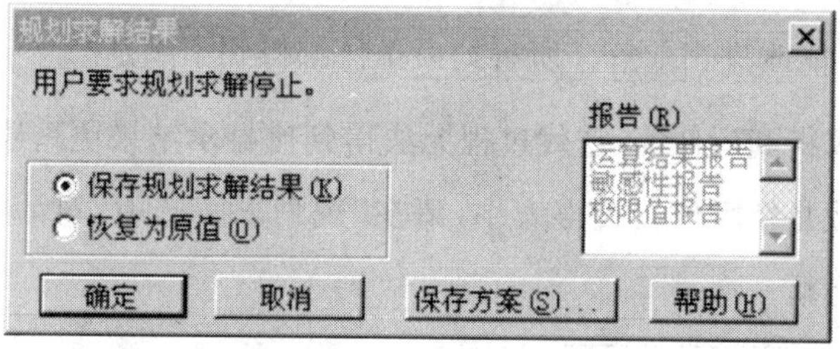


**图 2.16　规划求解结果信息显示**(用户终止)

## 2.5 “规划求解”部分疑难解答

### 2.5.1 “规划求解”中断运行的原因

在点击“规划求解参数”主对话框的“求解”按钮后，而软件尚未找到满足要求的结果，即停止了运行，可能由于下列任意一个原因：

(1) 用户按 Esc 中止了求解过程，Microsoft Excel 将按最后找到的可变单元格的数值重新计算工作表。

(2) 在单击“求解”之前，选中了“规划求解选项”对话框中的“显示迭代结果”选项。然而在没有得到最终结果前，由用户单击了“停止”按钮。

(3) 在没有得到最终结果前，达到最长运算时间或最大迭代次数时，软件中断运行。

(4) 选中了“规划求解选项”对话框中的“采用线性模型”复选框，但问题是非线性的。

(5) “设置目标单元格”框中指定的数值不收敛，即趋向无穷大或无穷小。

(6) Excel 甄别出来的其他错误，导致运行中断。

### 2.5.2 “规划求解”不能达到最优解的原因

下面黑色框中列出“规划求解”未能取得最优解时显示的完整消息。

| “规划求解”不能改进当前解。所有约束条件都得到了满足 |
|---|

原因：这表明仅得到近似值，迭代过程无法得到比显示结果更精确的数值；或是无法进一步提高精度，或是精度值设置得太小，请在“规划求解选项”对话框中试着设置较大的精度值，然后再运行一次。

| 求解达到最长运算时间后停止 |
|---|

原因:这表明在达到最长运算时间限制时,没有得到满意的结果。若要保存当前结果并节省下次计算的时间,请单击"保存规划求解"或"保存方案"选项。

求解达到最大迭代次数后停止

原因:这表明在达到最大迭代次数时,没有得到满意的结果。此时会弹出"是否增加迭代次数的提示"。增加迭代次数也许有用,但是应该先检查结果数值来确定问题的原因。若要保存当前值并节省下次计算的时间,请单击"保存规划求解"或"保存方案"选项。

目标单元格中的数值不收敛

原因:这表明即使满足全部约束条件,目标单元格数值也只是有增或有减但不收敛。这可能是在设置问题时忽略了一项或多项约束条件。请检查工作表中的当前值,确定数值发散的原因,并且检查约束条件,然后再次求解。

"规划求解"未找到合适结果

原因:这表明在满足约束条件和精度要求的条件下,"规划求解"无法得到合理的结果,这可能是约束条件不一致所致。请检查约束条件公式或类型选择是否有误。

"规划求解"应用户要求而中止

原因:这表明在暂停求解过程之后,或在单步执行规划求解时,单击了"显示中间结果"对话框中的"停止"。

无法满足设定的"采用线性模型"条件

原因:这表明求解时选中了"采用线性模型"复选框,但是"规划求解"最后计算结果并不满足线性模型。计算结果对工作表中的公式无效。若要验证问题是否为非线性的,请选中"自动按比例缩放"复选框,然后再运行一次。如果又一次出现同样信息,请清除"采用线性模型"复选框,然后再运行一次。

"规划求解"在目标或约束条件单元格中发现错误值

原因:这表明在最近的一次运算中,一个或多个公式的运算结果有误。请找到包含错误值的目标单元格或约束条件单元格,更改其中的公式或内容,以得到合理的运算结果。还有可能是在"添加约束"或"改变约束"对话框中键入了无效的名称或公式,或者在"约束"框中直接键入了"integer"或"binary"。若要将数值约束为整数,请在比较运算符列表中单击“int”。若要将数值约束为二进制数，请单击“bin”。

规划求解已收敛到当前结果。满足所有约束条件

原因：这表明目标单元格中的数值在最近五次求解过程中的变化量小于“规划求解选项”对话框中“收敛度”设置的值。“收敛度”中设置的值越小，“规划求解”在计算时就会越精细，但求解过程将花费更多的时间。在同样的“规划求解”得到的结果与以前的结果不同时，应当考虑是否收敛度的设置出现问题。

内存不足以求解问题

原因：Microsoft Excel 无法获得“规划求解”所需的内存。请关闭一些文件或应用程序，再试一次。

其他的 Microsoft Excel 实例正在使用 SOLVER. DLL

原因：这表明有多个 Microsoft Excel 会话正在运行，其中一个会话正在使用文件 SOLVER. DLL。SOLVER. DLL 同时只能供一个会话使用。

### 2.5.3 其他注意事项

(1) “规划求解”如果给出上述报错信息，在大多数情况下往往是规划者所建立模型本身存在的问题，或者是模型在输入电子表格文件中的“人为失误”。另外，值得重视的是，还有一种“规划求解”无法给出提示的错误信息。比如把求最大值的“目标单元格”误输入为“最小值”，“规划求解”照样可以顺利运算并给出所谓的“最优值”。再比如遗漏了某项约束条件，造成了规划问题最优值的计算偏差。这种隐性“错误”的迷惑性更大。因此，无论在求解过程中是否出现错误提示，都应当认真检查并确认整个规划模型的逻辑性和准确性。

(2) 需要让“规划求解”运行更长的时间以求得更精确的结果，可以调整“规划求解选项”对话框中的“最长运算时间”或“迭代次数”的设置。对于具有整数约束条件的问题，应该减小“规划求解选项”对话框中的“允许误差”的设置，使“规划求解”找到更好的整数解。对于非线性问题，应该减小“规划求解选项”对话框中的“收敛度”的设置，使目标单元格数值变化缓慢时，“规划求解”仍可以运行，最终找到较好的结果。

(3) 当可变单元格的典型数值与约束单元格或目标单元格中的数值相差几个数量级时，建议选中“规划求解选项”对话框中的“自动按比例缩放”复选框。对于非线性问题，在单击“规划求解参数”对话框中的“求解”之前，请确认可变单元格的初始数值与期望的最终数值的数量级相同。

(4) 对于非线性问题，在可变单元格中尝试不同的初始值可能会有帮助，特别是在“规划求解”结果与期望的数值差别很大时。预先将可变单元格的数值设置为预期的近优值，可以减少求解时间。对于线性模型(也就是当“规划求解选项”对话框的“采用线性模型”复选框被选中时)，改变可变单元格的初始值不会影响最终数值或求解时间。

(5) 当“规划求解”停止运行时，必须认真阅读在“规划求解结果”对话框中显示出的信息。对于运行完毕的规划结果，不要盲目地单击“保存规划求解结果”，在确认结果合理或者可行后，再进一步“保存”或提交计算机生成的“报告”。另外，在同一电子表格中多次进行规划求解，计算机生成的报告(每次均在模型所在工作簿文件上单独打开电子表格文件)并不能覆盖以前的内容，而是自动顺号命名保存，容易造成工作簿文件的报告表格过多，使得运算结果不容易阅读。

(6) “规划求解结果”对话框中的“恢复为原值”功能，仅仅是对当前运算值的放弃，并没有改动规划模型的内容。注意:这个功能与“规划求解参数”主对话框的“全部重设”截然不同。对于不满意或报错的规划求解问题，大胆使用该功能，返回后进行必要的调试和更改，再次运行，直至得到规划的最优值。

(7) 任何一次运行过“规划求解”之后，Excel 的“撤消”功能或者按钮 ↶ 失去作用。因此，在运算前，一定要仔细检查模型，以免造成无法恢复的麻烦。

(8) Excel 规划求解提供了全过程的在线帮助功能，使用者在建立模型和规划运算的期间，可以随时点击相应步骤窗口上的“帮助”按钮，得到进一步的帮助信息。

## 思考与练习

1. Excel 的“宏”定义和作用是什么？使用“宏”的场合有哪些？
2. 请在 Excel 环境下，按照本章介绍的步骤，尝试加载一个“规划求解”宏，然后卸载这个宏。

3. “规划求解”对话框的各项参数的含义是什么？选项设置的含义又是什么？
4. “规划求解”包括哪些操作步骤？每个步骤的注意事项是什么？
5. 打开一个空白的 Excel 电子表格文件，在这个文件上使用“规划求解”加载宏，打开并学习相应对话窗口的“帮助”功能，体会这些帮助信息为建模工作带来的便利。
6. 利用互联网搜索并合法下载试用演示版的“Treeplan. xls”和“Solver Table. xla”。请在 Excel 环境下，尝试加载这些宏。
7. Excel 对加载宏的安全性有哪些不同的要求？使用 Excel 工具栏中对“宏”的安全性的选项调整，并通过打开一个带有宏命令的电子表格文件，观察不同安全级下的提示和操作。

# 第3章 “规划求解”的基本操作

## 案例1 力浦(Linpro)公司的市场利润最大化问题

力浦公司是一家生产外墙涂料的建材公司。目前生产甲、乙两种规格产品，这两种产品在市场上的单位纯利润分别是4万元和5万元。甲、乙产品均需要同时消耗A、B、C三种化工材料，生产1个单位的甲产品需要消耗三种材料的情况是：1单位的A材料、2单位的B材料和1单位的C材料，而生产1个单位的乙产品则需要1单位的A材料、1单位的B材料和3单位的C材料。当前市场上的甲、乙产品供不应求，但是在每个生产周期(假设一年)内，公司的A、B、C三种原材料资源的储备分别是45单位、80单位和90单位，年终剩余的资源必须无偿调回，而且近期也没有筹集到额外资源的渠道。面对这种局面，力浦公司如何安排生产计划，以获得最大的市场利润?

## 3.1 线性规划问题的基本概念

上述案例是个典型的线性规划求解问题。现在让我们一起帮助力浦公司的决策者，利用电子表格工具寻找这个问题的答案。如果把案例中的语言叙述进一步提炼，问题涉及的信息可以由表3.1表示。

表 3.1　力浦公司生产和销售情况

| | 甲 | 乙 | 储备量 |
|---|---|---|---|
| 资源 A | 1 | 1 | 45 |
| 资源 B | 2 | 1 | 80 |
| 资源 C | 1 | 3 | 90 |
| 单位利润(万元) | 4 | 5 | — |

### 3.1.1　数学模型

对于力浦公司而言,这是一个无须考虑前后影响的单阶段规划问题,而且是以实现市场超额利润的最大化为目标的。在这个明确而单一的目标下,力浦公司可以自主决定甲、乙两种产品的产量;而短期内的产品市场利润率、生产对资源的需求比例以及各种资源的储备上限,都是公司所不能自由支配的。因此,公司的决策重点是生产甲、乙两种产品的真实产量组合。这个产量组合受到三种资源上限的约束。显然,现实产量必须是非负值。

一个常规的规划模型至少要包括“目标函数”、“决策变量”和“约束条件(组)”三块内容。这三块内容,由变量和常数形成的方程或者不等式来表达各种数学或者逻辑关系。模型中除了变量以外,各种常数便是模型参数(或者系数)。在大多数运筹学教材中,目标函数中的决策变量前的系数称为“价值系数”(表示为 $c_j$)。习惯上描述成本、支出、费用等问题的目标函数中的价值系数又称为消耗系数,而表示收益、产量、收入等问题的又称得益系数;约束条件不等式右端常数往往表示该约束的临界值,习惯上称为广义的“资源系数”(表示为 $b_i$);约束条件不等式左端决策变量前的诸系数可以写成一个矩阵,往往表达了约束条件之间的联立影响,称之为“结构系数”(表示为 $a_{ij}$)或“结构矩阵”(表示为 $A$)。

一般化的线性规划模型是:

变量　$x_1,\ x_2,\ \cdots,\ x_n$

目标　$\max(\text{或者}\ \min)Z(x_1,\ \cdots,\ x_n)=c_1x_1+c_2x_2+\cdots+c_nx_n$

约束
$$\begin{cases} a_{11}x_1+a_{12}x_2+\cdots+a_{1n}x_n\leqslant(=,\ \geqslant)b_1 \\ a_{21}x_1+a_{22}x_2+\cdots+a_{2n}x_n\leqslant(=,\ \geqslant)b_2 \\ \quad\vdots \\ a_{m1}x_1+a_{m2}x_2+\cdots+a_{mn}x_n\leqslant(=,\ \geqslant)b_m \\ x_1,\ x_2,\ \cdots,\ x_n\geqslant 0 \end{cases}$$

由此，建立以下数学模型 $M1$：

变量　甲的产量 $x_1$，乙的产量 $x_2$

目标　$\max Z(x_1, x_2) = 4x_1 + 5x_2$

约束　$\begin{cases} x_1 + x_2 \leqslant 45 \\ 2x_1 + x_2 \leqslant 80 \\ x_1 + 3x_2 \leqslant 90 \\ x_1, x_2 \geqslant 0 \end{cases}$

### 3.1.2 区别线性规划的各种解

求解线性规划时，会涉及可行解、最优解、基本解等概念。

可行解：满足所有约束的解，称为线性规划问题的可行解。所有的可行解构成的集合称为可行域。

最优解：不但满足所有约束，同时使目标达到最优的解，称为最优解。显然，最优解一定是可行解。

基本解：这是一个线性规划求解的专用术语，是线性规划基矩阵衍生出的概念。通俗的解释是，将标准化以后的模型在 $m \leqslant n$ 的情况下，规划模型约束条件方程组结构系数矩阵保留下 $m$ 列不相关的向量，这些列向量对应的变量为基变量，其余的 $n - m$ 列向量对应的变量为非基变量。如果人工赋给非基变量为 0，这样所形成的一个"$m$ 元一次方程组"就能解出各个基变量的值。这样，就确定了该模型的一个"基本解"。由于理论上最多可以从结构系数矩阵的 $n$ 列中"组合"出 $C_n^m$ 种可能，所以一个线性规划的基本解的个数最多可以是 $C_n^m$ 个。由于在计算基本解时，并没有考虑到决策变量的非负条件，因此基本解并不一定是可行的。

基本可行解：满足决策变量非负约束条件的基本解，称为基本可行解。可以证明，基本解在线性空间中，是与可行域的极点对应的，但是并不一定是一一对应的关系。如果有两个或者两个以上的基本可行解对应一个极点，这就是线性规划的退化现象。

清晰的理解线性规划问题的各种"解"的概念，是掌握线性规划问题尤其是单纯形法的关键所在。建议读者认真参考相关的运筹学基础教程，牢固掌握这部分重要的内容。

请读者分析图 3.1 所示的文氏图，体会各种解之间的区别和联系，并说出图中最优解集合位置的原因以及两块不同深浅的阴影部分的含义。（提示：考虑多重最优解的情况。）

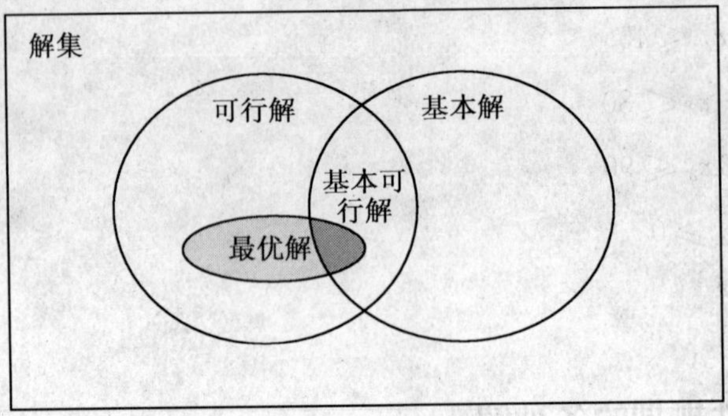


**图 3.1 规划问题中各种解集的文氏图**

### 3.1.3 单纯形法的流程

线性代数“基本解”的概念是单纯形法的理论基础，运算过程在单纯形表上完成。单纯形法本书不再单独介绍，操作流程如图 3.2 所示。

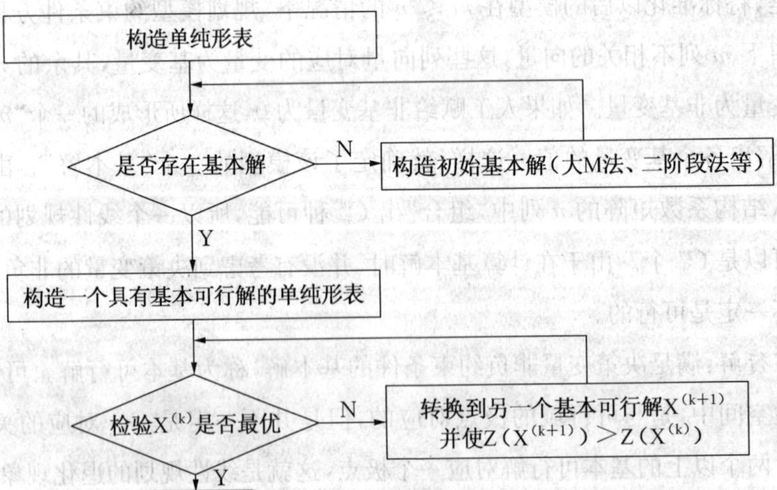


**图 3.2 单纯形法的求解流程图（最大值问题）**

## 3.2 在电子表格上建立规划模型的步骤

### 3.2.1 模型输入

打开一个 Excel 的空白工作簿文件，在电子表格中构建上述模型。首先在电子表格上划出目标单元、变量单元和约束单元三个区域(图 3.3)。为了帮助读者方便阅读和清晰理解作者的建模思路，本书提供的电子文档中分别把目标单元格、决策变量单元格、约束条件单元格底纹颜色设置成了蓝色、黄色和紫色，并将已知条件等重要信息所在的单元格设置成灰色。通常在这些单元格的“紧左”单元格内，输入相应的实际名称。“规划求解”在显示运行结果时，自行将这些单元格与“紧左”单元格建立关联。

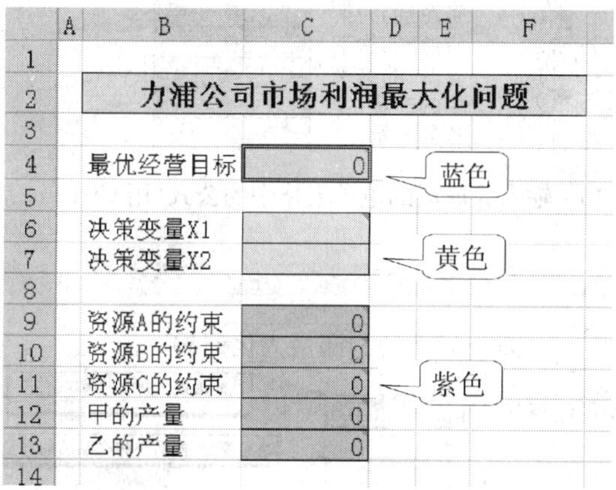


图 3.3 本书电子表格模型(电子文档)的一般化风格

变量单元格只需指定，无须输入，且默认初始值是“0”。分别在目标单元格“C4”和约束单元格“C9:C13”中依次输入由变量单元格“C6”和“C7”表达的公式。以目标单元格 C4 为例，在编辑栏中直接输入，如图 3.4a 所示。在编辑栏输入时，应当注意以“=”开头，否则计算机识别为字符串。输入完毕后，回车确认或者点击 ✓ 按钮。点击 ✕ 按钮取消编辑输入内容。注意变量单元格的引用位置是“C6”和“C7”,一些初学者往往会因习惯,错误地输入“X1”和“X2”。此时,Excel 无法识别未定义的“X1”和“X2”,而是当成字符串处理。编辑栏是位于 Excel 窗口顶部的条形区域,用于输入或编辑单元格或图表中的值或公式。编辑栏中显示了存储于活动单元格中的常量值或公式。输入过程完成后的内容如图 3.4b 所示。在输入目标和约束公式之后,这些单元格会自动计算。这个步骤完毕后,可以存盘,形成一个扩展名为“xls”的文件。本例电子文档在“3-1. xls”文件中。电子表格模型见图 3.4c。

fx =4*C6+5*C7

**图 3.4a　在 Excel 界面的编辑栏输入公式**

| | A | B | C | D |
|---|---|---|---|---|
| 1 | | | | |
| 2 | | 力浦公司市场利润最大化问题 | | |
| 3 | | | | |
| 4 | | 最优经营目标 | =4*C6+5*C7 | |
| 5 | | | | |
| 6 | | 决策变量X1 | | |
| 7 | | 决策变量X2 | | |
| 8 | | | | |
| 9 | | 资源A的约束 | =C6+C7 | |
| 10 | | 资源B的约束 | =2*C6+C7 | |
| 11 | | 资源C的约束 | =C6+3*C7 | |
| 12 | | 甲的产量 | =C6 | |
| 13 | | 乙的产量 | =C7 | |

**图 3.4b　输入完成后的电子表格中的公式(用 Ctrl+～展开)**

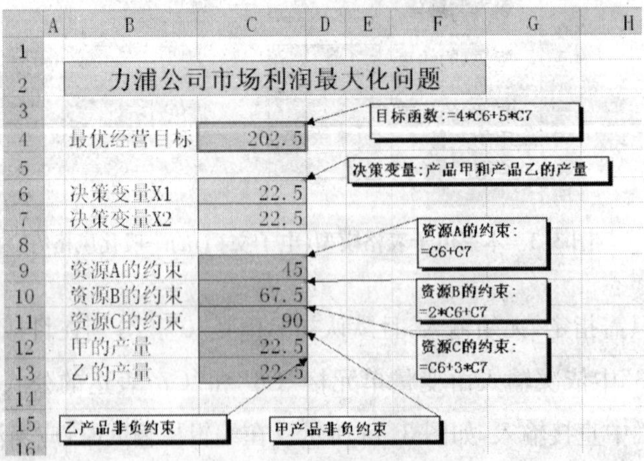


**图 3.4c　案例 1 的电子表格模型**

### 3.2.2 参数输入

以上步骤仅仅是将数学模型中的函数表达式“翻译”到电子表格中，还有各种不等或相等关系、目标方向、变量非负等还没有“告诉”计算机。这部分工作需要与“规划求解”宏进行参数输入对话过程。

在当前电子表格打开的情况下，点击 Excel—“工具”—“规划求解”，在“规划求解参数”对话框中输入相应内容。

“目标单元格”处可以直接输入“＄C＄4”(绝对引用)或“C4”(相对引用)。也可以直接利用鼠标点击电子表格上的“C4”单元格，或者由键盘的方向键移动到这个位置并点击，由“规划求解”自行识别并确认目标单元格引用位置。注意：这个操作是告知“规划求解”引用位置，不要在此输入公式。

利用单选按钮选择目标函数的最优方向(最大、最小或者输入定值)。

“可变单元格”处可以直接输入“＄C＄6，＄C＄7”(注意：此处的分割逗号是英文半角符号，不是中文逗号)。也可以直接利用鼠标点击电子表格上的单元格，或者由键盘的方向键移动到这些位置，由“规划求解”自行识别并确认目标单元格引用位置。多个引用位置之间，输入英文半角符号“,”分开。如果“可变单元格”是一个矩形区域，则可以用 Excel 的区域表示方式，即“区域的左上角单元格引用地址：区域的右下角单元格引用地址”。

约束的添加、删除和修改类似。以资源 A 的约束对话输入为例：点击“添加”，打开如图 3.5 所示的添加约束对话框。首先，在“单元格引用位置”直接输入“＄C＄9”或“C9”。注意：这个操作是告知“规划求解”引用位置，不要再次输入已经编辑好的公式。其次，在

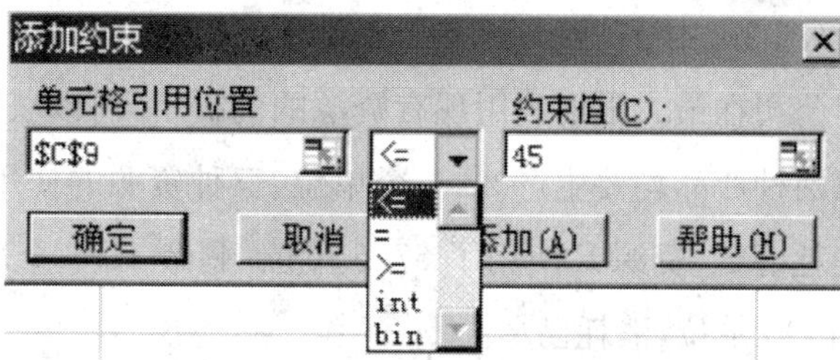


**图 3.5 约束条件的对话框**

“<=”、“=”、“>=”、“int”和“bin”中选择该约束条件的关系“<=”。最后，在“约束值”位置输入“45”。如果约束值在电子表格上单独存在，这个对话位置也可以输入该约束值所在的单元格引用位置。

上述步骤中，凡是出现拖曳按钮的地方，均可以灵活使用鼠标拖曳功能。

操作完成后的对话框见图 3.6。这个步骤完毕后，如果不打算立即运算，可以点击“规划求解参数”对话框中“关闭”按钮，则输入操作被保存。系统默认的选项参数在大多数情况下可以满足求解功能。本例未进行“选项”里面的参数设置，直接采取默认值。

点击“求解”，“规划求解”进入运算阶段。

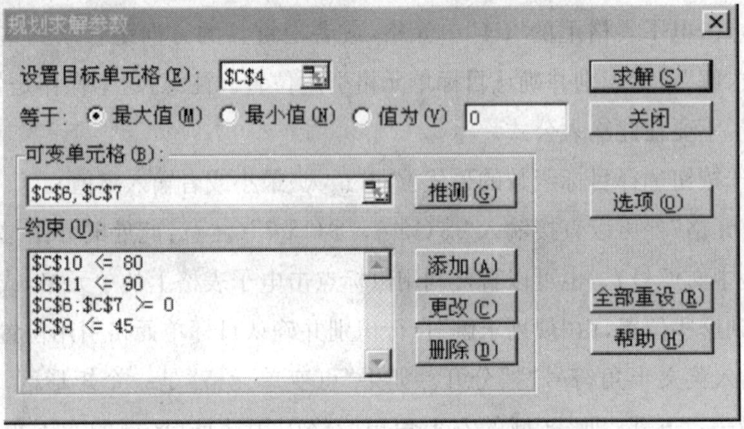


**图 3.6　案例 1 的规划求解参数**

## 3.2.3　求解结果

点击“求解”按钮(图 3.6 中)，“规划求解”将最终运算结果显示在当前诸单元格中，如图 3.7 所示。力浦公司在最大限度利用现有资源的前提下，可以获得最大的市场利润是 202.5 万元，甲、乙两种产品均要生产 22.5 个单位，三种资源的使用情况分别是：资源 A 使用了 45 单位，消耗已尽；资源 B 使用了 67.5 单位，剩余 12.5 个单位 (80 − 67.5 = 12.5)；资源 C 使用了 90 单位，消耗已尽。

进一步的结果，可点击选择右面的“报告”下面选项，会生成相应的报告。

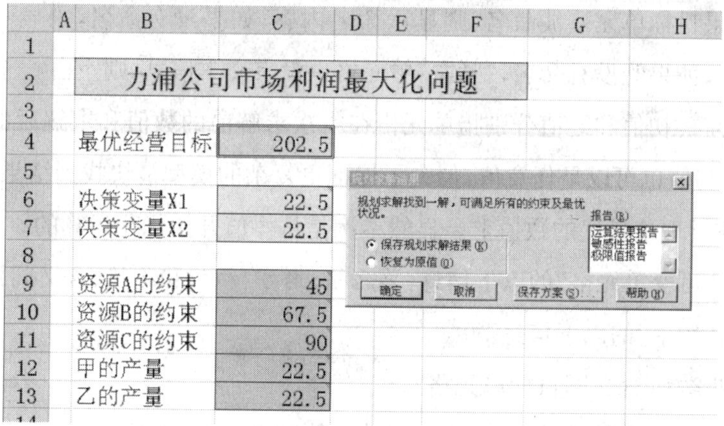


**图 3.7　案例 1 的规划求解运算结果**

## 3.3　规划模型运算结果的详细解释

“规划求解”为用户提供三个待选的模型规划运算结果报告，分别是“运算结果报告”、“敏感性报告”和“极限值报告”。用户可以根据实际需要加以选择。结合本章案例，上述报告的详细解释如下。

### 3.3.1　运算结果报告

如图 3.8 所示，运算结果报告分成三个部分，分别对目标单元格、可变单元格以及有关约束条件，给出相关运算结果信息。

(1) 给出“目标单元格”的以下信息：

括号后是软件识别的目标函数的规划方向（最大值、最小值或者确定的目标值这三者中的之一）。

单元格：目标单元格引用位置。本例的目标单元格引自“第 C 列第 4 行”。

名字：如果目标单元格被命名，则显示命名内容；如果没有命名，则显示“紧左”单元格的文本信息；如果既没有命名，“紧左”单元格也没有文本信息，则空白。

初值和终值：初值和终值分别指单元格在本次求解前的数值和求解后的数值。默认的初值是0。初值也可以是任意值，但为了保证更复杂的模型最快找到结果，应尽可能将初值设置在靠近理论最优的数值上。显然本例是从零值开始优化运算的。

(2) 给出“可变单元格”的以下信息：单元格、名字、初值和终值(含义同目标单元格)。

(3) 给出“约束”的以下信息：

单元格和名字(含义同目标单元格)。

单元格值：运算的最终结果值，表示当前各约束条件的真实值。

公式：引用“规划求解参数”的“约束”输入状况。

状态：给出是否达到约束临界的信息。比如资源B的约束“未到限制值”80，而资源A和C均“到达限制值”。

型数值：是对应约束条件的松弛(Slack)量。比如资源B的距离约束限制值80尚有12.5的松弛量，而资源A和C已经没有任何松弛空间。

| | A | B | C | D | E | F | G |
|---|---|---|---|---|---|---|---|
| 1 | Microsoft Excel 11.0 运算结果报告 | | | | | | |
| 2 | 工作表 [3-1.xls]Sheet1 | | | | | | |
| 3 | 报告的建立：2010-3-4 23:06:05 | | | | | | |
| 4 | | | | | | | |
| 5 | | | | | | | |
| 6 | 目标单元格（最大值） | | | | | | |
| 7 | | 单元格 | 名字 | 初值 | 终值 | | |
| 8 | | $C$4 | 最优经营目标 | 0 | 202.5 | | |
| 9 | | | | | | | |
| 10 | | | | | | | |
| 11 | 可变单元格 | | | | | | |
| 12 | | 单元格 | 名字 | 初值 | 终值 | | |
| 13 | | $C$6 | 决策变量X1 | 0 | 22.5 | | |
| 14 | | $C$7 | 决策变量X2 | 0 | 22.5 | | |
| 15 | | | | | | | |
| 16 | | | | | | | |
| 17 | 约束 | | | | | | |
| 18 | | 单元格 | 名字 | 单元格值 | 公式 | 状态 | 型数值 |
| 19 | | $C$11 | 资源C的约束 | 90 | $C$11<=90 | 到达限制值 | 0 |
| 20 | | $C$9 | 资源A的约束 | 45 | $C$9<=45 | 到达限制值 | 0 |
| 21 | | $C$10 | 资源B的约束 | 67.5 | $C$10<=80 | 未到限制值 | 12.5 |
| 22 | | $C$6 | 决策变量X1 | 22.5 | $C$6>=0 | 未到限制值 | 22.5 |
| 23 | | $C$7 | 决策变量X2 | 22.5 | $C$7>=0 | 未到限制值 | 22.5 |
| 24 | | | | | | | |

图3.8　案例1的运算结果报告

## 3.3.2 敏感性报告

如图3.9所示，敏感性报告分成两个部分。分别针对“某一个”的决策变量(可变单元格)或约束单元格的临界值，其微小变化而不影响最优解结构(注意：可能会影响最优解的具体值，并进一步影响最优值)的敏感程度的信息。含有整数约束条件的模型不能生成该报告。对于非线性模型，该报告提供递减梯度和拉格朗日乘数。对于力浦公司的线性规划模型(要在“规划求解参数”—“选项”对话框中，复选 ☑采用线性模型(M) 按钮)，该报告中将包含递减成本、阴影价格、目标式系数(允许的增量和允许的减量)以及约束右侧的区域。

| | A | B | C | D | E | F | G | H |
|---|---|---|---|---|---|---|---|---|
| 6 | 可变单元格 | | | | | | | |
| 7 | | | | 终 | 递减 | 目标式 | 允许的 | 允许的 |
| 8 | | 单元格 | 名字 | 值 | 成本 | 系数 | 增量 | 减量 |
| 9 | | $C$6 | 决策变量X1 | 22.5 | 0 | 4 | 1 | 2.333333333 |
| 10 | | $C$7 | 决策变量X2 | 22.5 | 0 | 5 | 7 | 1 |
| 11 | | | | | | | | |
| 12 | 约束 | | | | | | | |
| 13 | | | | 终 | 阴影 | 约束 | 允许的 | 允许的 |
| 14 | | 单元格 | 名字 | 值 | 价格 | 限制值 | 增量 | 减量 |
| 15 | | $C$11 | 资源C的约束 | 90 | 0.5 | 90 | 45 | 25 |
| 16 | | $C$9 | 资源A的约束 | 45 | 3.5 | 45 | 5 | 15 |
| 17 | | $C$10 | 资源B的约束 | 67.5 | 0 | 80 | 1E+30 | 12.5 |

**图3.9 案例1的敏感性报告**

从这个报告中，可以读解出很多重要的信息。比如，决策变量 $x_1$ 当前目标函数中的系数是4，由报告可知，$x_1$ 的系数(单位成本)在增加1和减少2.3的区间(1.7, 5)内变化，不会影响最优解的结构。再比如，对资源A的约束条件临界值45，在增加5和减少15的区间(30, 50)内变化，不会影响最优解的结构。需要明确的是：敏感性分析是运筹学的一个重要研究领域，基于单纯形法理论展开的，希望进一步了解敏感性分析的读者，建议参考相关教材。本书在第5章第3节专门讲述基于电子表格模型的敏感性分析工作。

### 3.3.3 极限值报告

如图 3.10 所示，极限值报告列出目标单元格和可变单元格及其各自的数值、上下限和目标值。含有整数约束条件的模型不能生成该报告。从本例极限值报告可知，力浦公司在取得最优解$(x_1, x_2)=(22.5, 22.5)$的生产格局下，保持其他可变单元格数值(本例只有两个变量，显然指 $x_2$)不变并满足约束条件的情况下，变量 $x_1$ 取下限 0 时，目标值为 112.5，取上限 22.5 时，目标值为 202.5。对变量 $x_2$ 的极限值分析同理。

| | A | B | C | D | E | F | G | H | I | J |
|---|---|---|---|---|---|---|---|---|---|---|
| 5 | | | | | | | | | | |
| 6 | | | 目标式 | | | | | | | |
| 7 | | 单元格 | 名字 | 值 | | | | | | |
| 8 | | $C$4 | 最优经营目标 | 202.5 | | | | | | |
| 9 | | | | | | | | | | |
| 10 | | | | | | | | | | |
| 11 | | | 变量 | | | 下限 | 目标式 | | 上限 | 目标式 |
| 12 | | 单元格 | 名字 | 值 | | 极限 | 结果 | | 极限 | 结果 |
| 13 | | $C$6 | 决策变量X1 | 22.5 | | 8.49099E-13 | 112.5 | | 22.49999999 | 202.5 |
| 14 | | $C$7 | 决策变量X2 | 22.5 | | 8.49099E-13 | 90 | | 22.5 | 202.5 |

**图 3.10　案例 1 的极限值报告**

## 思考与练习

1. 请利用集合的概念(图 3.1)，辨析线性规划的可行解、最优解和基本解的区别和联系。
2. 结合流程图(图 3.2)，阐述线性规划的单纯形算法的原理和步骤。
3. 复习第 1 章建立数学模型的步骤，叙述在电子表格上建立规划模型的具体操作。
4. “规划模型”提供的“运算结果报告”有哪些组成部分，含义是什么？
5. “规划模型”提供的“敏感性报告”有哪些组成部分，含义是什么？
6. “规划模型”提供的“极限值报告”有哪些组成部分，含义是什么？

7. 在一个空白的电子表格上，通过“格式”—“单元格”或者利用鼠标右键直接打开“设置单元格格式”，练习“单元格属性”对话框的各种设置功能以及效果。
8. 独立完成本章案例 1 的全部规划建模过程，熟悉“规划求解”操作细节中需要注意的问题。

# 第4章 “规划求解”的知识进阶

## 案例2 瑞福(Rheaphue)公司的投资决策问题

瑞福公司是一家小型的风险投资公司,现在有800万元的资金可以投资。目前的投资方向可以有三个独立的项目可供选择,不同的项目投资额度与收益见表4.1。公司的惯例是投资最小增加额度以百万元计算。瑞福公司如何分配这些资金,以最佳的投资组合取得最大的投资收益?

表4.1 瑞福公司的投资收益详表

| 项目＼投资额度 | 0 | 1 | 2 | 3 | 4 | 5 | 6 | 7 | 8 |
|---|---|---|---|---|---|---|---|---|---|
| 甲项目 | 0 | 5 | 15 | 40 | 80 | 90 | 95 | 98 | 100 |
| 乙项目 | 0 | 5 | 15 | 40 | 60 | 70 | 73 | 74 | 75 |
| 丙项目 | 0 | 4 | 26 | 40 | 45 | 50 | 51 | 52 | 53 |

注:投资额度单位:百万元;项目收益单位:千元。

## 4.1 “规划求解”的建模准备

如果把瑞福公司的投资决策按照不同的项目分成三个阶段,那么这个案例是个典型的动态规划问题。有兴趣的读者可以利用动态规划方法进行解决。本章则将利用电子表格工具，从一般化的建模求解的角度，借助第 1 章的图 1.1 的指导思路来解决这个规划问题。

### 4.1.1 准备工作

上述问题显然已经经过了数学提炼，而且各种数学关系基本上可以由表 4.1 定量表示。

### 4.1.2 决策变量

思考一下瑞福公司目前需要做出的两组决策："究竟在哪个项目上注资"和"一旦确定在该项目上注资，则具体的额度将是多少"。规划者面对这两组需要先后做出的决策，似乎无从下手。但是如果按照"公司的惯例是投资最小增加额度以百万元计算"这个提示，不妨将公司投资方案进行离散化处理，设计如表 4.2 所示的逻辑变量解决这个棘手问题。

表 4.2 瑞福公司的投资方案变量表

| | 0 | 1 | 2 | 3 | 4 | 5 | 6 | 7 | 8 |
|---|---|---|---|---|---|---|---|---|---|
| 甲项目 | $x_{11}$ | $x_{12}$ | $x_{13}$ | $x_{14}$ | $x_{15}$ | $x_{16}$ | $x_{17}$ | $x_{18}$ | $x_{19}$ |
| 乙项目 | $x_{21}$ | $x_{22}$ | $x_{23}$ | $x_{24}$ | $x_{25}$ | $x_{26}$ | $x_{27}$ | $x_{28}$ | $x_{29}$ |
| 丙项目 | $x_{31}$ | $x_{32}$ | $x_{33}$ | $x_{34}$ | $x_{35}$ | $x_{36}$ | $x_{37}$ | $x_{38}$ | $x_{39}$ |

如果将表 4.2 中的 27 个变量定义为 0-1 逻辑变量，则可以表达全部的决策信息。例如对 $x_{24}$ 而言：如果 $x_{24}$ 等于 1，则表示公司在乙项目上投资 300 万元。这同时也意味着在该项目的其他额度上不再投资，即：$x_{24}$ 所在的第 2 行的其他逻辑变量均为 0；如果 $x_{24}$ 等于 0，则表示在这个项目的该额度上没有投资，但并不表示在该项目其他额度上就一定没有投资，即：$x_{24}$ 所在的第 2 行的其他逻辑变量中最多允许 1 个为 1。

### 4.1.3 目标函数

公司的目标很明确，就是如何将这 800 万元的投资，尽可能地高效投入到一个最佳的投资组合中去，以取得最高的回报。显然，公司最终的投资回报应当是投资收益详表(表 4.1)和投资方案变量表(表 4.2)中相应的单元格相乘以后的汇总。我们可以利用 Excel 中的"SUMPRODUCT()"函数轻松做到。

SUMPRODUCT()函数在给定的几组数组中，将数组间对应的元素相乘，并返回乘积之和。语法是 SUMPRODUCT(array1, array2, array3, ...)，其中"array1, array2, array3, ..."为 2 到 30 个数组，其相应元素需要进行相乘并求和。数组参数必须具有相同的维数，否则函数 SUMPRODUCT()将返回错误值"#VALUE!"。该函数将非数值型的数组元素作为 0 处理。SUMPRODUCT()函数在经济管理方面的建模工作中经常涉及，请读者加以熟悉并掌握。需要注意的是，SUMPRODUCT()函数实现的功能不是矩阵乘法，而是同型矩阵相应元素乘积的累加，是加权汇总或者多条件乘积求和的过程。Excel 中的矩阵乘法是 MMULT()函数，语法是 MMULT(array1, array2)，其中 array1 和 array2 是要进行矩阵乘法运算的两个数组。该函数返回两数组的矩阵乘积。结果矩阵的行数与 array1 的行数相同，矩阵的列数与 array2 的列数相同。

### 4.1.4 约束条件

约束 1：对达到目标的一个最直接的约束就是该公司在这三个项目上的总投资不能超过目前公司可用资金的上限 800 万元。

约束 2：进一步分析，按照一个项目只能同时存在一个注资额度的常识，表 4.2 中每个项目所在的行上的所有变量中，只能最多有一个变量为"1"。这种逻辑约束可以用以下数学方式表达：

$$\sum_{j=1}^{9} x_{ij} \leqslant 1 \qquad (i=1,\ 2,\ 3)$$

Excel中的“SUM()”函数，经常会出现在求和的场合。请读者思考，上述逻辑关系的数学表达式中，为什么是“≤”而不是“=”？如果是“=”，将会导致什么逻辑错误？

SUM()函数返回某一单元格区域中所有数字之和。语法是SUM(number1，number2，...)，其中“number1，number2，...”为需要求和的参数。直接键入到参数表中的数字、逻辑值及数字的文本表达式将被计算，如果参数为数组或引用，只有其中的数字将被累积计算。数组或引用中的空白单元格、逻辑值、文本或错误值将被忽略。如果参数为错误值或为不能转换成数字的文本，将会导致错误。

约束3：对应前面对决策变量的定义，这27个变量均是非“0”即“1”的逻辑变量。可以利用“规划求解”中的“bin”变量进行定义。

## 4.2 建立“规划求解”的电子表格模型

### 4.2.1 做出电子表格的草图

没有蓝图的工作是最糟糕的开始。与其匆匆忙忙打开Excel的电子表格，盲目地在上面输入各种公式和数值，不如花些时间在做一张草拟的“电子”表格。正如写作文章之前草拟的提纲，这张草图对即将开始的实际电子表格建模工作帮助很大。对于大多数的规划问题，应当并且能够在草图中大致绘制出已知条件所在的单元格、目标单元格、变量单元格和约束条件单元格在电子表格上的大致位置。此时不应被公式或者数字所拘束住，因为一个布局良好的模型所带来的便利要远远大于个别细节的处理。

(1) 首先应当按照问题的数学模型的大致思路(或者描述顺序)，把实际问题的各种已知条件输入到电子表格中。这部分工作看似简单，但却是电子表格建模成功的前提。这部分内容往往安排在电子表格的左上部分。

(2) 紧接着应当准确布置变量单元格的位置。规划模型的决策变量往往比较多，这种情况下需要建模者结合实际问题，科学安排变量单元格的结构。是以行排列，以列排列，还是以矩阵形式排列？是否有间接变量？一旦有间接变量，是否可以通过直接变量的组合来精简地实现？是否存在可以进一步细分的变量？

(3) 在正确定义变量(可变单元格)之后，接下来就可以输入目标单元格的公式了。目标单元格通常情况下只有一个，不妨安排在醒目的位置。为了符合报告性文件的习惯，可以安排在电子表格的开头或者最后。一般情况下，尽量避免在电子表格的中间位置布置目标单元格。

(4) 约束条件单元格位置的随意性最大。不同的问题，具体约束的形成方式和位置差别较大，但是应当尽可能地集中在一个或几个区域表示。

(5) 另外，必要的标题提示以及注释，可以使电子表格模型逻辑清晰和易于理解。

(6) 一些电子表格模型中，还会设计一些可调参数单元格，这个可调单元格起到将“程序与数据分离”的作用。在具有可移植性的模型中，常常出现可调参数。众所周知，数据与程序分离是编程的一个良好习惯，更是一个基本原则。在建立规划电子表格模型的工作中，“可调参数”则是实现数据与模型分离的一个有效手段。本书中的部分案例中采用了可调参数，请读者认真体会这种技巧的作用。

图 4.1 是书写在建模者草稿纸上的一个草图。建议读者参考这个建模风格，并结合自己的创造和智慧，建立出清晰、实用和可移植性强的规划模型来。

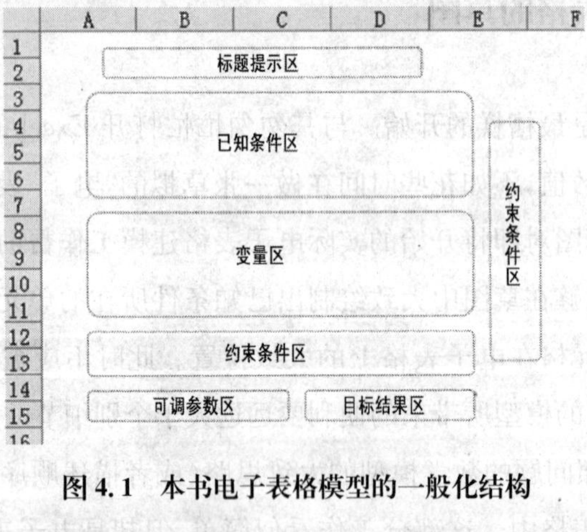


**图 4.1　本书电子表格模型的一般化结构**

## 4.2.2　建立电子表格

一旦草图工作完成，则可以打开 Excel 工作表，在电子表格上开展建模工作了。这项工作的操作与编写程序非常类似。图 4.2 是建立完成后的瑞福公司投资规划的电子表格模型，参考“4-1. xls”的“Sheet1”。各种逻辑关系和数学公式的详细情况可以在表格上相应的“注释”中提示。

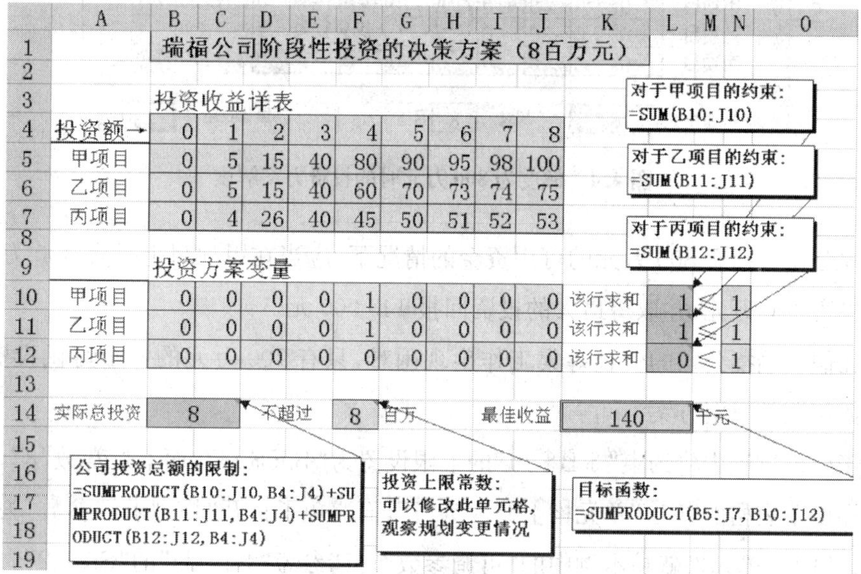


**图 4.2　案例 2 的电子表格模型**(额度为 800 万元情况)

编辑输入完成后，开展“规划求解参数”对话，见图 4.3。

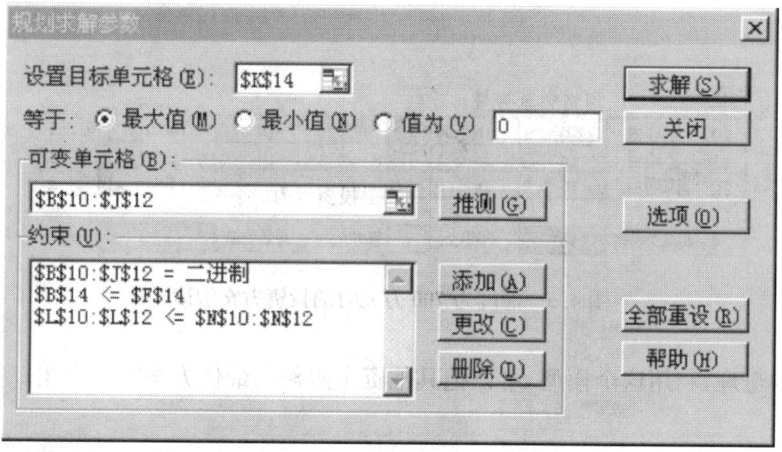


**图 4.3　案例 2 的规划求解参数**(额度为 800 万元情况)

经过运算后，得到瑞福公司的投资方案和最优值见图 4.4。变量单元格区域中的“1”，显然代表了该公司的投资行为，“0”表示没有投资行为。

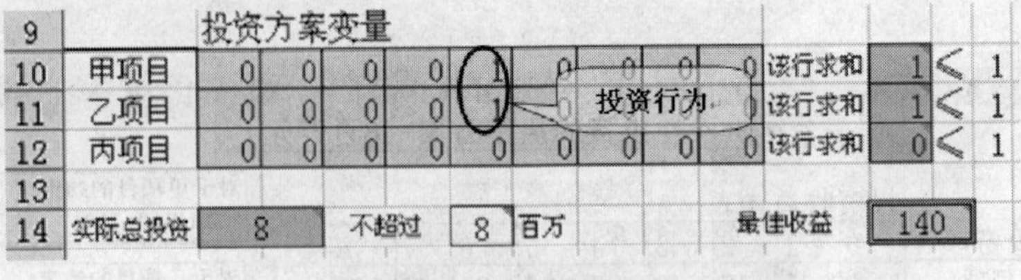


**图 4.4　额度为 800 万元时的投资方案解读**

瑞福公司在拥有 800 万元的可用资金的情况下，应当在甲项目上投资 400 万元和乙项目上投资 400 万元，并取得最大的投资回报 140 000 元。

现在假设瑞福公司的资金筹集工作出现困难，只有 700 万元的资金可供投资，那么公司该如何调整投资方案？

由于建模过程中将约束“＄B＄14”的上限设置为“＄F＄14”，而不是常数“8”，因此可以直接在电子表格的“F14”单元格上修改为“7”，而避免了打开“规划求解参数”去修改约束条件。“F14”单元格就是本例中的“可调参数”。请参考“4-1. xls”的“Sheet2”。运算结果见图 4.5（局部），得到投资 700 万元的公司最佳投资方案：甲项目上投资 400 万元和乙项目上投资 300 万元，并取得最大的投资回报 120 000 元。请读者思考：瑞福公司为了实现投资 800 万元的既定计划，对于 100 万元的资金缺口，以多大的代价去融资 100 万元是值得的？

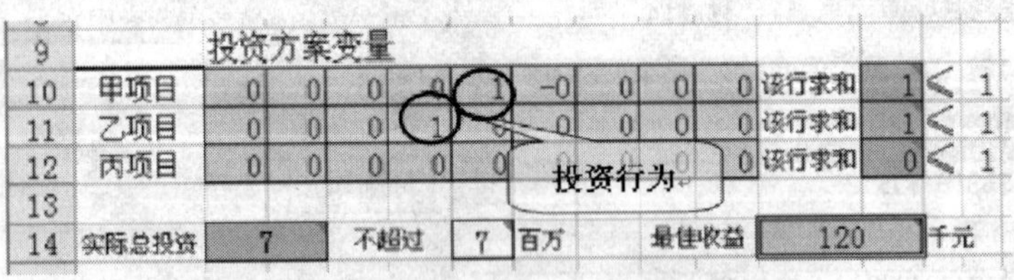


**图 4.5　额度为 700 万元时的投资方案解读**

同样的道理，利用这个模型，可以把其他资金限额的最优方案一一求出。

## 4.3 电子表格模型的完善和调试

### 4.3.1 电子表格模型的完善

(1) 循序渐进地开展建模工作。任何复杂的模型都是一步一步完成的。首先,如果模型比较复杂,也可以使用模块实现的思路,从简单的基础或者局部做起。其次,科学使用递推和迭代关系,这样可以使复杂的问题用简单的程序实现。熟练地使用递推或迭带的技巧,不但是学习运筹学理论的重点和难点,也是电子建模的关键能力之一。在本书的随后章节中,会给读者介绍不少递推或迭代的案例。最后,约束条件的输入应当从简到繁,从少变量到多变量。总之,建模者应当从全局的视角,科学地安排各种约束的先后顺序,做到胸有成竹、合理布局。另外,可以合理使用软件提供的"复制"和"粘贴"功能,来简化建模工作。尤其在重复输入公式时,这项工作不但可以提高效率,还可以减少出错的可能。

(2) 熟练掌握 Excel 的各种函数和输入输出技巧,可以使一些原本麻烦的问题,借助 Excel 的大量内建函数轻松实现。比如本章例 2 中使用了"SUM()"和"SUMPROCUCT()"函数。求和函数"SUM()"读者应当不陌生,用这个函数可以"返回某一单元格区域中所有数字之和"。函数"SUMPROCUCT()"输出了"在给定的相同结构数组中,将数组间对应的元素相乘,并返回这些乘积之和",本例中实际上是借助这个函数实现了加权求和的目的。

(3) 合理使用二维的矩阵格式,充分利用 Excel 的表格特性。初学者往往习惯建立一维的单元格来构造模型,尤其是变量单元格。然而,二维的矩阵格式能承载更多的信息,这也是 Excel(以及其他类似软件,例如 SPSS、MATLAB 等)的优点之一。例如本例中的 27 个变量,设计成一个 3 行 9 列的矩阵,不但清晰体现了投资行为的布局,还为进一步的逻辑公式的书写提供了方便。读者可以设想:如果本例设计成一个 1 行 27 列(或者 27 行 1 列)的变量单元格区域,将会给建模工作带来多少麻烦。

(4) 使用边框、颜色和阴影区分单元格类型。一个“界面友好”的电子表格模型,应当给人一种赏心悦目的感觉。建议建模者充分利用 Excel 软件的各种修饰功能,合理使用边框、颜色和阴影(对话窗口见图 4.6),将建模的意图传达给模型使用者。一个熟练的建模者,以下功能应当随手拈来并灵活运用:“格式”—“单元格”—“单元格属性”中的诸多选项卡;或者在需要修饰的单元格上使用鼠标右键直接打开“设置单元格格式”—“单元格属性”。本书中,习惯上将电子文档中的目标单元格、变量单元格、约束单元格以及必要的条件(包括标题、注释等)分别设置成是带有边框的蓝色、黄色、紫色和灰色。

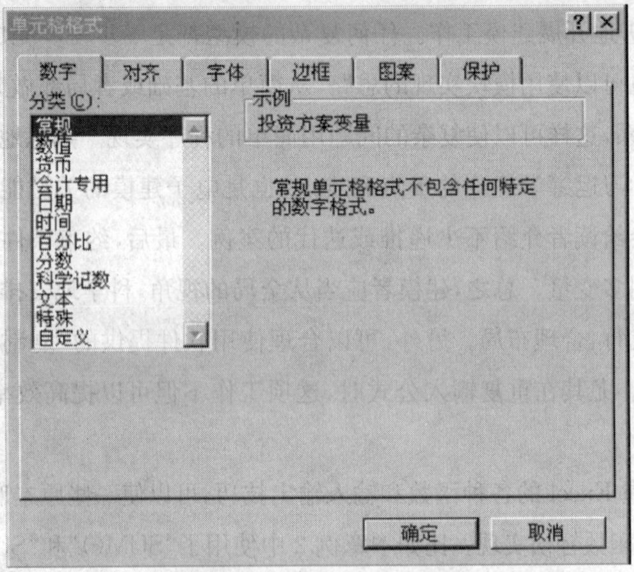


**图 4.6　单元格格式对话框**

(5) 使用区域名称。在电子表格公式中指向一块(或一个)相关单元格的方法是直接使用引用的单元格地址。这种方式的优点是可以直观地找到电子表格的对应位置,但是建模者还可选择使用描述性的区域命名。这种方式可以使公式的输入更加清晰,模型更容易理解。命名单元格时,可以选中单元格,选择“插入”菜单中“名称”—“定义”操作,或者直接在 Excel 窗口中的“名称框”中操作,输入一个名称后,即可获得区域名称。

例如在对本章案例中的各种单元格进行命名后,对“规划求解参数”的对话窗口操作就更加直观,读者可以对比文件 4-1. xls 的 Sheet1(区域未命名)和 Sheet2(区域已命名)之间的差别。对于经过区域命名的电子表格,可以直接以区域名称来引用单元格。对相同的模型，Sheet2 的“规划求解参数”对话框中，Excel 自动建立名称与区域的对应关系，见图 4.7。

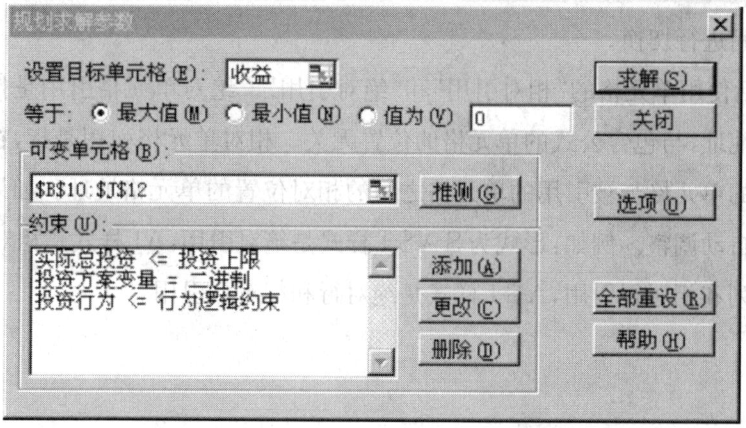


**图 4.7　额度为 700 万元时的规划求解参数**(已经完成区域命名)

如果操作者不完整选取命名后的区域，Excel 并不显性地表示出该区域的名称。如果建模者或者使用者希望在表格中完整显示出已经命名过的区域的名称，可以通过选择“插入”—“名称”—“粘贴”，然后用“粘贴清单”来实现。这样，一份区域命名的清单(图 4.8 由作者进行了边框和阴影修饰)将显示在当前电子表格中。请读者参考“4-1. xls”的“Sheet2”。

| 名称 | 区域 |
|---|---|
| 实际总投资 | =Sheet2!$B$14 |
| 收益 | =Sheet2!$K$14 |
| 投资方案变量 | =Sheet2!$B$10:$J$12 |
| 投资上限 | =Sheet2!$F$14 |
| 投资行为 | =Sheet2!$L$10:$L$12 |
| 行为逻辑约束 | =Sheet2!$N$10:$N$12 |

**图 4.8　区域命名清单**

区域命名对于已经定型的电子表格模型十分有价值。在复杂的规划问题中，如果涉及不同的电子表格甚至工作簿文件，区域命名更是不可缺少的工具之一。但是，在建模的过程中，由于经常会修改单元格，此时的区域命名会带来一些麻烦。所以建模过程前期并不建议使用。建议建模者在模型的收尾工作时，再开展此项工作。另外，在本书以后的案例中，仅仅是为了顾及大部分读者对 Excel 基本知识的掌握，并未一一进行区域(或单元格)命名，请读者自己在例题上进行这个方面的训练，并体会区域命名给建模工作带来的便利。

(6) 使用“批注”。编制过计算机程序的读者，都会体会到程序中“注释”的巨大作用。

一个优秀的源程序，一定也是一个"注释"写作成功的作品。Excel 电子表格模型也是同样的道理。可以在需要注解的单元格上，通过选择"插入"—"批注"，并编辑"批注对话框"来实现。批注的显示可以通过"视图"—"批注"（或者工具栏中批注按钮）在显示和隐藏模式之间进行切换。

(7) 灵活使用单元格的"相对引用"和"绝对引用"。绝对单元格引用是指，公式中单元格的精确地址，与包含公式的单元格的位置无关。相对单元格引用是指，在公式中，基于包含公式的单元格与被引用的单元格之间的相对位置的单元格地址。如果复制公式，相对引用将自动调整。例如：形式为＄A＄1 样式是绝对引用，A1 样式是相对引用，＄A1 样式是绝对列和相对行引用，A＄1 样式是绝对行和相对列引用。

### 4.3.2 电子表格模型的调试

(1) 代入特殊值进行验证。

在规划模型建立完毕后，电子表格上总是存在一个初始状态。通常情况下，这个初始状态是由可变单元格为一组特殊值而生成的。因此在可能的情况下，手工计算或预先估计出这个初始解的大致情况，对于判断和调试模型具有很大的帮助。

(2) 单元格公式的初步人工审核。

对于单一的单元格中的公式，可以用鼠标单击该单元格，公式编辑栏中会相应显示该公式的输入内容。如果把输入提示符激活到公式编辑栏（可以用鼠标单击该区域），则公式中涉及的单元格会以不同的显示颜色与电子表格中的相同颜色边框的区域相对应。鼠标双击单元格也可直接达到上述效果。

(3) 单元格公式的引用和被引审核。

对于单一的单元格中的公式，如果打算进一步考察该单元格的逻辑关系，可以使用"工具"—"公式审核"功能，通过弹出的对话框进行相关操作，见图 4.9。工具栏的显示见图 4.10。

追踪为公式提供数据的单元格（引用单元格），若要显示从活动单元格指向为其提供数据的各个单元格的追踪箭头，单击"公式审核"工具栏的"追踪引用单元格"。若要标识为活动单元格提供数据的下一级单元格，再次单击"追踪引用单元格"。若要从距离活动单元格最远的引用单元格开始，一次取消一级追踪箭头，单击"移去引用单元格追踪箭

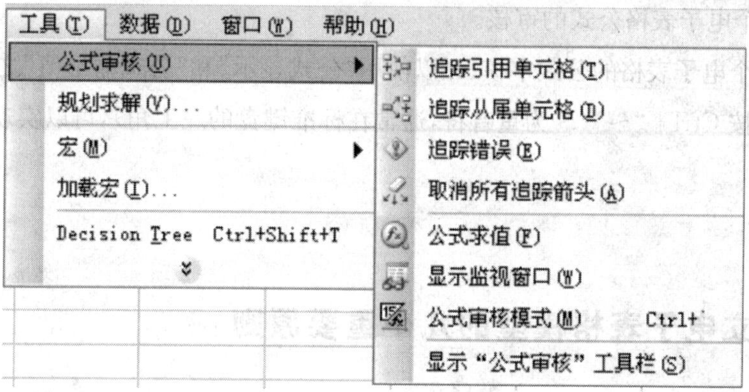


图 4.9 打开"公式审核"功能

图 4.10 "公式审核"工具栏

头"。若要取消追踪箭头的另一个级别,再次单击该按钮。跟踪引用特殊单元格(从属单元格)的公式,操作方式基本同上。

图 4.11 是显示了实际总投资和最佳收益单元格 B14 和 K14 的引用情况,以及从 0 到 800 万元之间不同投资额度的被引用情况。如果要取消工作表上的所有追踪箭头,请单击"公式审核"工具栏上的"取消所有追踪箭头"。

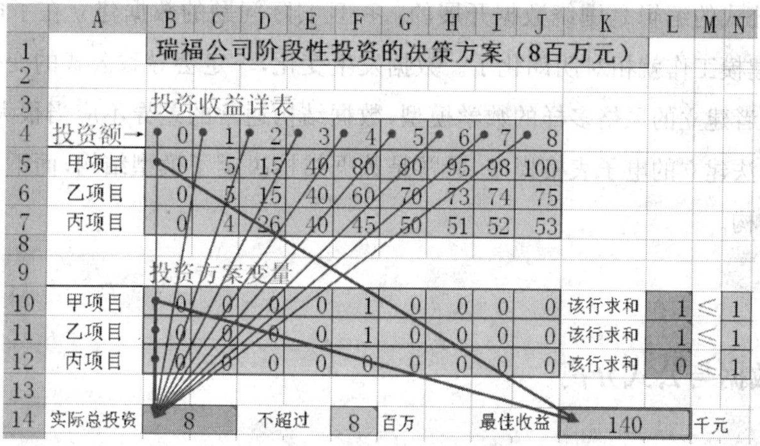


图 4.11 在电子表格上使用变量跟踪功能示意

(4) 整个电子表格公式的审核。

对于整个电子表格的公式审核，可以使用“公式显示”和“公式输出值”之间的“切换”功能。同时按 Ctrl+“～”(～为重音符，通常在标准键盘的左上角)，可以实现切换。

## 4.4 建立电子表格模型的几个重要原则

本章所介绍的 Excel 灵活多样的建模功能，仅仅是这个软件众多功能的冰山一角。灵活性给建模者带来方便和灵感，但同时也可能建立出糟糕的模型。除了上述提到的在输入、建立、完善和调试规划模型中的各种要求以外，我们总结出以下四个原则，希望帮助建模者建立一个优秀的规划模型。

### 4.4.1 以数据为驱动

几乎所有的电子表格模型都是以数据为驱动的。初学者往往认为公式的编辑是难点之一，从而忽视了数据的重要性。这是一个误区。数据的安排和输入，乃是建立模型的核心，而公式的编辑是围绕数据开展的。一旦实际问题的数据建立在了电子表格之上，余下的建模工作就相对明朗化了。数据发生变化，一定会导致公式的变化。即便是不同的建模者建立的风格多样的数学模型，数据结构通常的差异不应当很大。总之，一个以科学方法建立的电子表格模型，通常是数据结构决定了模型结构，而不是模型结构决定数据结构。

### 4.4.2 数据与公式分离

恰恰是由于数据驱动模型的原因，数据与公式分离在建模工作中尤其重要。数据与公式混杂在一起的电子表格模型，常被有经验的程序员戏称为糟糕的“BN 程序”(a bowl of noodle)。一位具有良好的编写程序习惯的建模者，无论面对复杂还是简单的实际问题，应当尽量把电子表格模型中的数据和公式分离开来。将数据和公式分离有两个优点。其一是数据可以在电子表格中直接观察到，而不是晦涩地“隐藏”在公式中。其二是模型方便修改，可以单独修改公式，也可以单独修改数据，而不是相互牵连。

### 4.4.3 保证可读性

Excel 中的“规划求解”是结合电子表格编辑和“规划求解”各种对话框，共同实现问题优化目标的。模型的建立者和使用者在很多情况下并不是同一的。为了让使用模型的人解读建模者所建立的电子表格模型，建议建模者综合使用各种手段，把模型的各种要素直接体现在电子表格中。换句话说，建模者应当照顾到总有一部分人没有必要打开“规划求解参数”对话框的可能。对于绝大多数的使用者，对电子表格的理解显然要比对“规划求解”各种对话框的理解容易些。另外，打印出来的电子表格，一般不会包含“规划求解参数”对话框的内容，而没有这部分信息，会无形中加大对电子表格模型的读解难度。

一个可读性良好的电子表格模型应当有以下三个主要标准：

其一，能从电子表格上的信息逆向还原成原始问题；

其二，能较清晰地从电子表格上区分目标、变量和约束；

其三，能从电子表格上大致理解数据结构、目标方向以及约束条件的形成。

### 4.4.4 保证可移植性

可移植性是对建模者提出的更高级要求。一个具有价值的规划模型，可以通过移植性来拓展延伸。编程的可移植性指允许代码在不同平台上创建和运行，而建模的可移植性指允许某模型的核心内容经过简单的修改后，去适应类似的实际问题。提高规划模型的可移植性，是一个系统性的工作，除了综合运用上面介绍的各种手段以外，重要的就是对实际规划问题抽象化的能力。越抽象成一般化的规划问题，据此建立的模型的移植能力就越强。这也是不论以哪种方式学习运筹学，最终必须要求学习者和应用者掌握基础理论的重要原因之一。

## 思考与练习

1. 请在 Excel 电子表格上练习 SUMPRODUCT()、SUN()函数的功能和特点。
2. 请独立完成本章案例 2 的全部规划建模过程，在操作中练习和进一步熟悉“规划求解”的各项操作。
3. 如果瑞福公司的投资总额现在进一步限制在了 600 万元，那么这种情况下的最佳投资方案是什么？进一步思考：如果某种渠道可以获得 200 万元的追加资金，那么获得这个 200 万元追加资金的代价最多不宜超过多少时对公司而言是经济的？
4. 在本章案例电子表格上，练习模型的完善和调试的各项操作。
5. 谈一谈你遇到过的某些程序或者电子表格模型中，长处是什么，缺点又是什么？
6. 通过本章的学习，你认为比较重要的建立电子表格的原则是什么？理由是什么？

# 第5章 “规划求解”的拓展分析

## 案例3 力浦(Linpro)公司的市场利润最大化问题的继续研究

第3章提及的力浦公司经过规划研究，最终确定了“甲、乙两种产品均要生产22.5单位，并可获得最大的市场利润202.5万元”的生产格局，同时三种资源的使用情况分别是“资源A和资源C均已完全消耗，而资源B仍有剩余”。该公司在运营了一年后，管理层为第二年的运营进行了以下的预想(除了问题iv以外，假设以下问题均单独出现)：

i. 由于建材市场受到其他竞争者活动的影响，公司市场营销部门预测当年的甲产品的价格会产生变化，导致甲产品的纯利润率将会在3.8～5.2万元之间波动。公司必须如何应对这种情况提前对生产格局做好调整预案?

ii. 由于供应链上游的化工原料价格不断上涨，给力浦公司带来资源购置上的压力。公司采购部门预测现有45单位限额的A材料将会出现3单位的资源缺口，但是也不排除通过其他渠道筹措而来1单位的A材料的可能。对于A材料的资源上限的增或减，力浦公司如何进行新的规划?

iii. 经过规划分析已经知道，资源B在最优生产格局中出现了12.5单位的剩余，那么如何重新制定限额，做好节约工作?

iv. 在i的情况下，产品乙的纯利润率也在同时波动，且波动范围在4.0～5.2万元之间，公司必须如何应对这种情况提前对生产格局做好调整预案?

v. 最坏的可能是公司停止生产，把各种原材料清仓变卖。但是如何在原材料市场上对

A、B和C资源进行报价，使得公司在直接出售原材料的清算业务中损失最小？

vi. 如果企业打算通过增加原材料投入扩大生产规模，面对资源市场上的A、B和C资源的市价，力浦公司如何做出经济合理的决策？

## 5.1 灵敏度理论、图解法以及电子表格分析结果

### 5.1.1 灵敏度理论简介

对于力浦公司的第一和第二个问题，可以利用灵敏度分析（敏感性分析）来加以研究。让我们回顾一下力浦公司的原始规划模型 $M1$（第3章）。显然，模型中的诸多参数的变化，会对规划求解的最优值和最优解带来不同程度的影响。这些参数包括价值系数（目标函数中的决策变量前的系数 $c_j$）、资源系数（约束条件不等式右端常数 $b_i$）和结构系数（约束条件不等式左端决策变量前的诸系数 $a_{ij}$）。运筹学理论框架中，灵敏度分析建立在单纯形理论之上，实质上就是围绕上述参数中的一个或者多个的变化，来考察对最优结果的影响。灵敏度分析通常可以解决参数变化对模型的影响，参见表5.1。

力浦公司的规划模型是：

变量　甲的产量 $x_1$，乙的产量 $x_2$

目标　$\max Z(x_1, x_2) = 4x_1 + 5x_2$

约束
$$\begin{cases} x_1 + x_2 \leqslant 45 \\ 2x_1 + x_2 \leqslant 80 \\ x_1 + 3x_2 \leqslant 90 \\ x_1,\ x_2 \geqslant 0 \end{cases}$$

**表 5.1 各种因素变化对规划模型的影响**(利润最大问题)

| 企业遇到实际问题 | 现 状 | 运筹学模型中系数 | 系数波动的表现 | 对应运筹学术语 |
|---|---|---|---|---|
| 某单一产品价格上升 | 没有生产 | 目标函数中某个 $c$ | 可能会转入生产 | 进基转换 |
| | 正在生产 | | 继续生产该产品 | 继续保持基变量 |
| 某单一产品价格下降 | | | 可能会停止生产 | 出基转换 |
| | 没有生产 | | 继续停产该产品 | 继续保持非基变量 |
| 某单一约束限制放宽 | 有剩余 | 某个约束的 $b$ | 不影响规划 | 基本解未受影响 |
| | 无剩余 | | 最佳值改善 | 基本解变化 |
| 某单一约束限制紧缩 | 有剩余 | | 可能会影响规划 | 临界时基本解变化 |
| | 无剩余 | | 最佳值恶化 | 基本解变化 |
| 增加新产品 | 尚未生产 | 增加 $A$ 中的一列和目标函数中某个 $c$ | 开始生产该产品 | 成为新的基变量 |
| | | | 停留在规划阶段 | 仍旧是非基变量 |
| 增加新约束 | 当前生产格局 | 增加 $A$ 中的一行 | 影响规划 | 可行域受到影响 |
| | | | 不影响规划 | 可行域没有影响 |
| 停产某产品 | 正在生产 | 删除相关的系数 | 需要重新规划 | 模型完全改变 |
| 减少某约束 | 发挥作用 | 完全删除约束行 | | |
| | 不起作用 | | 不影响规划 | 基本解未受影响 |

### 5.1.2 图解法对灵敏度结果的解释

1. 产品甲的纯利润率变化对规划的影响(问题 i)

灵敏度的单纯形解法,因篇幅所限不再叙述。本节采用图解法的目的,是激发读者的动态想象,加深对本章案例的灵敏度分析的理解。对于上面的规划数学模型,二维坐标解析图见图 5.1。图中,多边形 $OABCD$ 是可行域。以 $-4/5$ 为斜率,$Z/5$ 为截距目标函数直线束,在通过 $C(22.5, 22.5)$点时,达到最大的 $Z$ 值(此时,截距亦最大)。利用解析几何的方法,易得 $\max Z = 202.5$。

现在考虑本章案例中的第一个问题:“甲产品的价值系数波动对规划结果的影响”。这意味着目标函数中原本 $x_1$ 前的价值系数 4 已经变成了一个变数 $l$,此时的目标函数应当为:

$$x_2 = -\frac{l}{5}x_1 + \frac{Z}{5}$$

从图 5.1 上可以看出:只要上述目标函数的斜率属于区间$[-1, -1/3]$,目标直线束欲

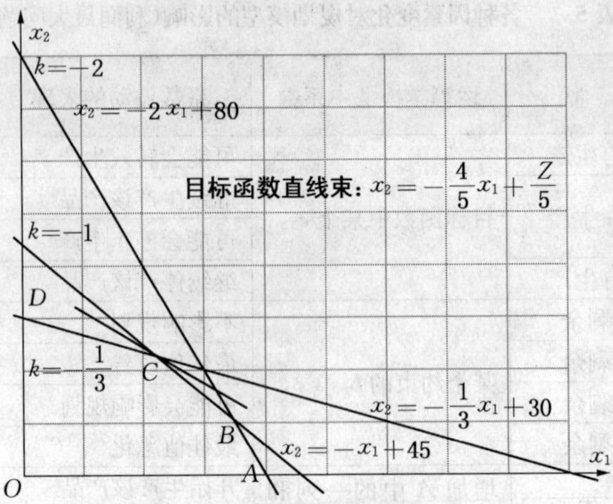


**图 5.1　案例 3 的规划情况的图像解析**(每格 10 单位，目标函数的斜率是 −4/5)

平移得到最大的截距，仍旧需要通过 $C$ 点。此时可以求出 $l\in[5/3,\ 5]=[1.667,\ 5]$。

根据问题 i 所给的区间[3.8, 5.2]，显然产品甲的纯利在[3.8, 5]范围内，并没有影响最优解 $C(22.5,\ 22.5)$。但是最优值显然随着产品甲的价值系数的增加，逐渐从 150 万元增加到 225 万元(注意区别最优值和最优解的本质区别，以免混淆)。

$l=5$ 时，目标直线与可行域多边形的 $BC$ 重合。随着 $l$ 的增加，目标直线越来越倾斜。在临界位置以后，只要上述目标函数的斜率属于区间[−2, −1]，目标直线束欲平移得到最大的截距，则需要通过 $B$ 点。此时可以求出 $l\in[5,\ 10]$。因此，对于产品甲的价值系数在(5, 5.2]的区间，最优解 $B(35,\ 10)$。最优值同样随着产品甲的价值系数的增加，逐渐从 225 万元增加到 232 万元。

读者可以借助图 5.1，把产品甲的价值系数的全区间的最优解情况计算出来，见表 5.2。据此，应对甲产品的纯利润率将会在 3.8～5.2 万元之间波动的预测，力浦公司必须制定两套预案：当纯利在 3.8～5.0 之间时，组织甲乙两种产品的产量均是 22.5 单位，而纯利率在 5.0～5.2 之间时，组织甲乙两种产品分别生产 35 单位和 10 单位。可以看出，当产品甲的纯利逐渐增加时，力浦公司一定会理性地将资源配置向产品甲方面倾斜。这个变化显然也是符合逻辑的。

第 3 章曾经得到的“规划求解”的灵敏度报告(参考图 3.9)中，软件计算出的产品甲的价值系数的变化范围是：“可以最多增加 1”和“可以最多减少 2.333”。实质上就是由目标函数的斜率在[−1, −1/3]所限制得出。超出这个范围，模型的临界状态将被打破。

**表 5.2　$x_1$ 的价值系数的变化对规划结果的影响**

| 价格区间<br>（$x_1$ 的价值系数） | 目标函数<br>斜率 | 最优解（$x_1$，$x_2$） | 最优值变化区间 | 图像上的点 |
|---|---|---|---|---|
| （10，+∞） | （−∞，−2） | （40，0） | （400，+∞） | A 点 |
| 10 | −2 | 线段 AB 上的任意点 | 400 | 线段 AB |
| （5，10） | （−2，−1） | （35，10） | （225，400） | B |
| 5 | −1 | 线段 BC 上的任意点 | 225 | 线段 BC |
| （5/3，5） | （−1，−1/3） | （22.5，22.5） | （150，225） | C |
| 5/3 | −1/3 | 线段 CD 上的任意点 | 150 | 线段 CD |
| [0，5/3） | （−1/3，0] | （0，30） | 150 | D |

2．资源 A 的限额在 42～46 单位变化对规划的影响（问题 ii）

在其他条件不变的前提下，力浦公司的采购部门预测 A 材料将会出现 3 单位的资源缺口，但是也不排除通过其他渠道筹措而来 1 单位的 A 材料的可能。现在仍旧用解析的手段，分析资源 A 的约束波动带来的影响。

由于资源 A 约束直线方程 AB 仅仅是截距发生了微调，因此可以观察图 5.2 中直线平移给最优解所在的点 C 带来的扰动。如果资源 A 的上限从 45 减少到 42（出现 3 单位的缺口），则直线平移到左下方的直线位置，新的最优解出现在 C′处。可以方便地计算出 C′的坐标是（18，24），最优值是 192 万元。同理，如果资源 A 的上限从 45 增加到 46，则最优解是（24，22），最优值是 206 万元。

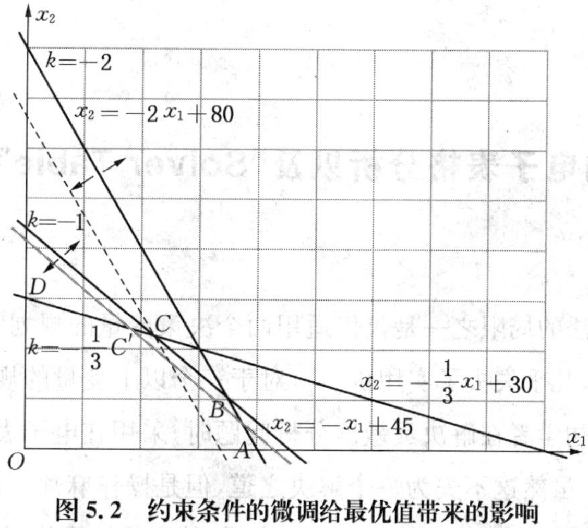


**图 5.2　约束条件的微调给最优值带来的影响**

在同样的“规划求解”的灵敏度报告(参考第3章的图3.9)中,软件计算出的资源A的上限的变化范围是:可以最多增加5单位和可以最多减少15单位。实质上就是斜率不变的约束直线的平移范围。向右上最多平移并通过(30, 20)点,向左下最多平移并通过(0, 30)点。超出这个范围,模型的临界状态打破。

3. 对资源B的限额的考察(问题iii)

资源B是力浦公司寻求市场收益活动中的一个有趣的“约束”。实质上,该“约束”在当前的最优规划的生产格局下,并没有真正起到“约束”的作用。正如实际的规划结果表明,资源B在取得最优值后,尚有12.5单位的剩余。在图5.2中,资源B的约束直线并没有影响到$C$点的位置。在该直线向左下平移到虚线位置时,资源B的约束直线开始起到真正的“约束”,这个过程恰恰是资源B所剩余的“松弛”空间。另外,资源B的约束直线向右上方平移,更不会影响当前最优值的位置,实际中的表现是资源B的剩余会越来越多,直至无穷大。

在同样的“规划求解”的灵敏度报告(参考第3章的图3.9)中,软件计算出的资源B的上限的变化范围是:资源B的最小合理储备是67.5,即可以在原有80单位的限额上最多增加$10^{30}$(Excel中用科学记数法1E+30)这一极大的正数表示无穷大)单位和最多减少12.5单位。这个范围也是约束直线在斜率不变的情况下的平移范围。向左下最多平移并通过$C$点,超出这个范围,模型的临界状态打破。而向右上的平移$10^{30}$,其实就是正无穷。

## 5.2 灵敏度的电子表格分析以及“Solver Table”的应用

前文已述,图解法的局限之一是仅仅适用两个决策变量的规划问题(三个变量将是三维作图,更加复杂,几乎失去了实用价值),对于三个以上变量的规划问题已经无能为力。另一方面,不少初学者在解决灵敏度分析问题时,采用在电子表格上直接一次次调整修改参数的方法。虽然这不失为一个解决之道,但是操作麻烦不说,这种方法的其他缺点是显而易见的:首先是结果之间的比对不直观,其次是结果往往是局部的,不能看出灵敏度的临界值在何处发生。本节将介绍一个批量处理规划模型计算的 Excel 加载宏——“Solver Table”。

### 5.2.1 Excel 加载宏“Solver Table”操作步骤

Solver Table 是美国华盛顿大学商学院的希利尔(Mark S. Hillier)开发的一个 Excel 加载宏。借助这个宏,可以事先输入一系列的灵敏度试验值,并利用这个宏,批量计算一个或两个规划模型参数变化,从而揭示参数对规划问题的最优解和最优值的影响。

读者可以通过互联网下载这个宏的试用版,将 Solver Table. xla 文件拷贝到 Excel 加载宏所在文件夹,然后按照第 2 章第 2 节的办法实现 Solver Table 的加载。加载成功后,Excel“工具”下拉菜单中会出现“Solver Table”功能按钮(参见第 2 章图 2. 4 右)。Solver Table提供单维和两维两种灵敏度分析功能,其中单维又分成行方向或者列方向上展示运行结果。不论单维还是两维的分析,必须在电子表格上的规划模型运行通过后,方可进行 Solver Table 分析。

Solver Table 没有自动识别灵敏度输入变量和选择结果显示区域功能,因此必须在 Solver Table 运算分析之前,进行以下定义工作:

1. 对于单维列方向分析

首先,不失去一般性,图 5.3 示意了一个将要同时显示被一个参数波动而影响的三

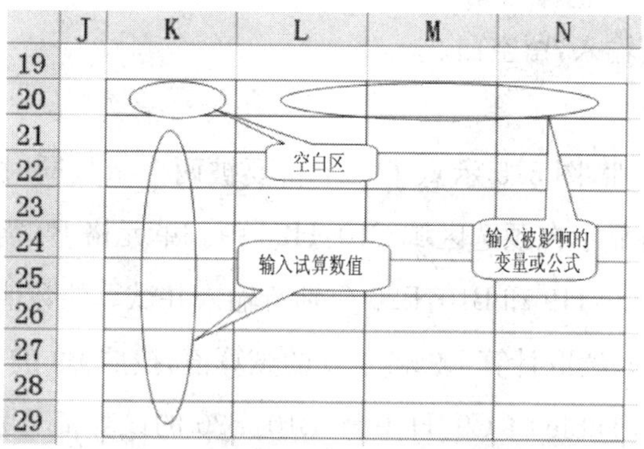


**图 5.3 单维列方向分析的编辑区域示意**

个单元格灵敏度变化的预选区域 K20:N29(分别对应三列)。其中:单元格 K20 不会对 Solver Table 产生影响,可以留下空白。K21:K29 是待输入并试算的数值,L20、M20、N20 输入被影响的变量或者公式。L21:N29 中显示计算结果。例如:这个宏按照 K21 给定的值,在对应行方向上分别在 L21、M21、N21 显示由 L20、M20、N20 事先定义的计算值。如此计算下去,Solver Table 将逐一代入 K21:K29,并按照所有的试算值,并在 L21:N29 显示所有运算结束。

其次,从 Excel 的"工具栏"打开 Solver Table 宏,出现对话框,见图 5.4。由于是列方向分析,因此应当在列方向输入格(column input cell)的空白处输入灵敏度试算的单元格的引用位置。行方向输入格不用输入,留空白。

最后,点击"OK"按钮,在预选区域内生成一维列分析的运算结果。

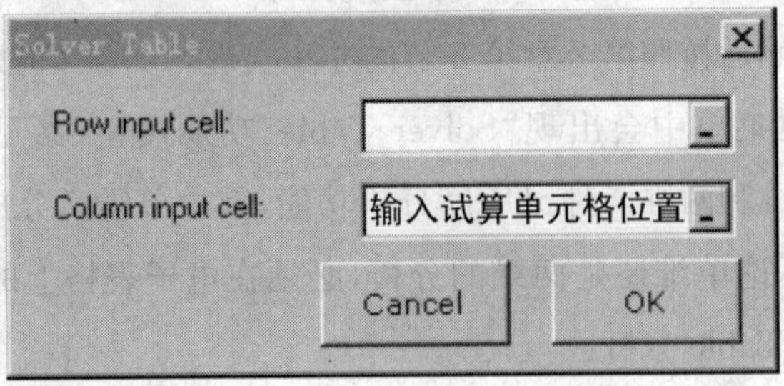


**图 5.4　单维列方向分析时 Solver Table 对话框的输入位置**

2. 对于一维行分析

操作基本与一维列分析类似:把图 5.3 的预选区域进行了"转置",并在图 5.4 的对话框中,在行方向输入格(row input cell)的空白处输入灵敏度试算的单元格的引用位置,列方向输入格不用输入,留空白。

3. 对于二维分析

首先,不失去一般性,图 5.5 示意了一个将要被两个参数同时波动带来的灵敏度变化,灵敏度变化结果将显示在预选区域 C10:H20 中。单元格 B9 需输入被影响的变量或者公式。而行方向的 C9:H9 和 B10:B20 分别待输入并试算的数值。比如在 D20 单元格上,Solver Table 将同时读取计算 D9 和 B20 的试算值,按照 B9 的公式计算并显示结果。如此计算下去,Solver Table 将 C9:H10 和 B10:B20 的试算值分别两两代入到 B9 所定义的公式中,并在 C10:H20 显示所有运算结果。

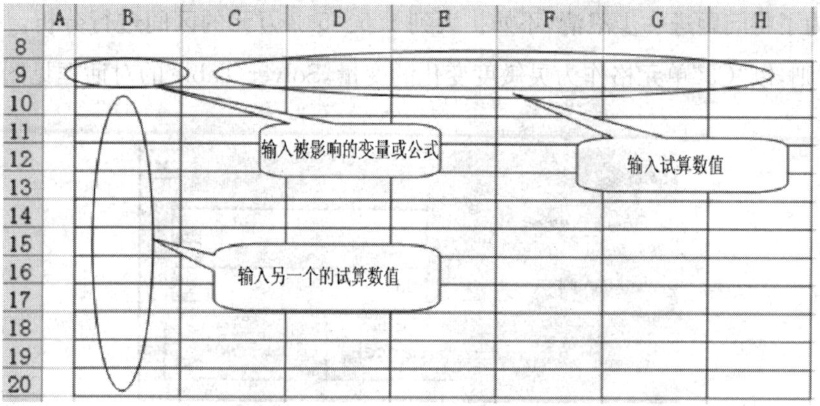


**图 5.5 二维分析的编辑区域示意**

其次，打开 Solver Table 宏，出现对话框，见图 5.6。由于是行列二维方向分析，因此应当在该窗口的行方向输入格和列方向输入格的空白处均输入灵敏度试算的单元格的引用位置。

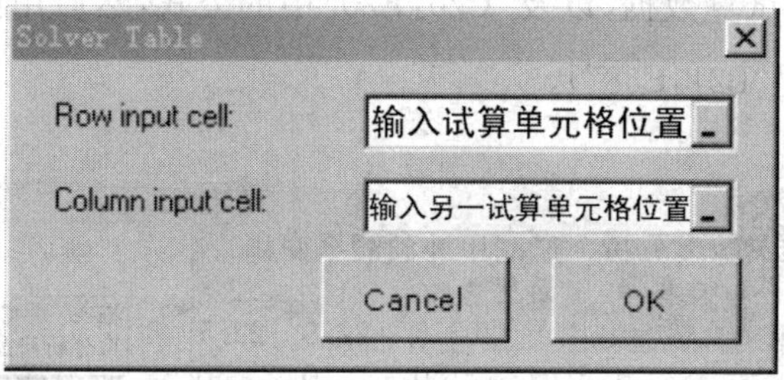


**图 5.6 二维方向分析时 Solver Table 对话框的输入位置**

最后，点击"OK"按钮，在预选区域内生成二维列分析的运算结果。

需要再次注意的是：上述计算过程无论是单维分析还是二维分析，在点击"OK"按钮前，试算区域、计算公式和显示区域，必须事先选定，否则 Solver Table 将报错。

## 5.2.2 单维参数变化分析(问题 i)

虽然问题 i 要求分析产品甲的纯利润率在 3.8～5.2 万元之间波动带来的市场收益

敏感度，为了将问题进一步澄清，不妨扩大到 1.5～5.2 万元的区间进行分析。按照上述的操作规则，以“C3”单元格作为灵敏度变化的变量，Solver Table 的对话框见图 5.7。

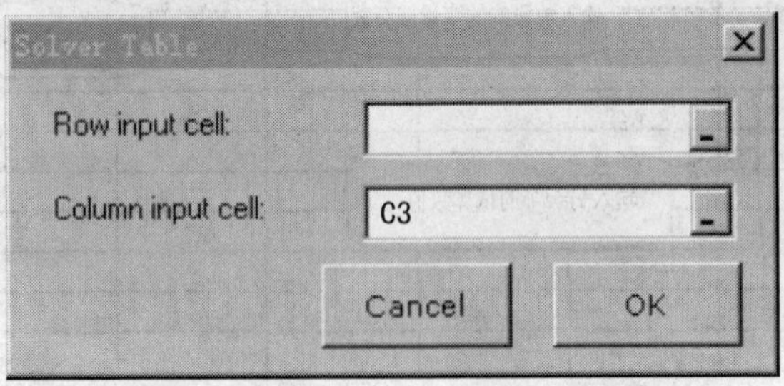


**图 5.7　案例 3 开展列方向分析的输入**(甲产品利润系数)

计算结果见图 5.8，模型计算文件是 5-1. xls 的 Sheet1。由于行数比较多，影响篇幅的显示，因此利用 Excel 隐藏功能，在 Sheet1 上隐去了第 26～52 行。图中灰色部分是为了读解清晰由建模者编辑输入。在打开 Solver Table 对话框之前，首先以“0.1”的步幅，输入“B21:E58”中的试算数据，以及“C20:E20”中的公式，然后用鼠标拖曳选取“B20:E58”区域(注意：不是“B21:E58”)。

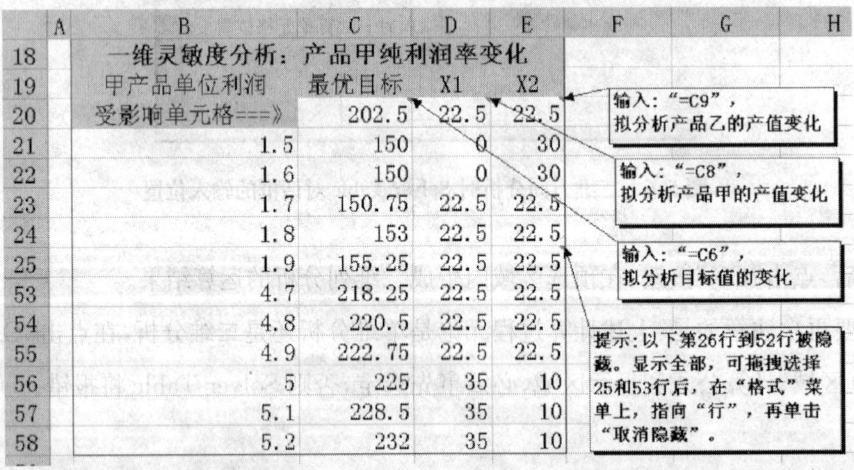

| | A | B | C | D | E |
|---|---|---|---|---|---|
| 18 | | 一维灵敏度分析：产品甲纯利润率变化 | | | |
| 19 | | 甲产品单位利润 | 最优目标 | X1 | X2 |
| 20 | | 受影响单元格===》 | 202.5 | 22.5 | 22.5 |
| 21 | | 1.5 | 150 | 0 | 30 |
| 22 | | 1.6 | 150 | 0 | 30 |
| 23 | | 1.7 | 150.75 | 22.5 | 22.5 |
| 24 | | 1.8 | 153 | 22.5 | 22.5 |
| 25 | | 1.9 | 155.25 | 22.5 | 22.5 |
| 53 | | 4.7 | 218.25 | 22.5 | 22.5 |
| 54 | | 4.8 | 220.5 | 22.5 | 22.5 |
| 55 | | 4.9 | 222.75 | 22.5 | 22.5 |
| 56 | | 5 | 225 | 35 | 10 |
| 57 | | 5.1 | 228.5 | 35 | 10 |
| 58 | | 5.2 | 232 | 35 | 10 |



**图 5.8　甲产品利润变化对两个生产变量以及最优目标值的影响**

对于完全相同的一个规划问题，本章 5-1. xls 中的模型采取了“模型与数据(参数)分离”的原则，诸项约束条件的常数项出现在了电子表格的 Sheet1 上，而不是在“规划求解”

对话框中输入的。而本书第 3 章中的 3-1. xls 模型，显然没有顾及数据与模型的分离问题。请读者再次参考和对比文件 5-1. xls 的 Sheet1 的内容，体会相比 3-1. xls 的改进给规划分析带来的便利。

结果表明，在其他参数不变的前提下，产品甲的纯利润率在 1.5～5.2 万元的区间变化，使得最优解经历了两次突变，分别发生在“1.6～1.7”和“4.9～5.0”之间。如果打算进一步准确定位突变点，可以将步进值 0.1 减小，以增加精度。另外，还可以看出，无论最优解变化与否，最优值总是随着产品甲的纯利润率增加而不断增加（注意：在产品甲生产的情况下）。这个“纯利润增加”的过程应当是在预料之中的。需要注意的是，这个增加对于产品组合来说，确实存在分阶段的突变过程。其实质是由于产品甲的利润率的不断增加而导致的生产格局的突变调整。

## 5.2.3 二维参数变化分析（问题 iv）

现在分析甲产品的纯利润率在 4.0～5.2 万元和产品乙的纯利润率在 3.8～5.2 万元同时波动时，力浦公司生产格局调整预案。按照 Solver Table 的操作规则，以“C3”为列单元格、“C4”为行单元格作为灵敏度变化的变量，Solver Table 的对话框见图 5.9。模型计算文件是 5-1. xls 的 Sheet2，计算结果显示在见“L4：X18”中，见图 5.10（局部）。

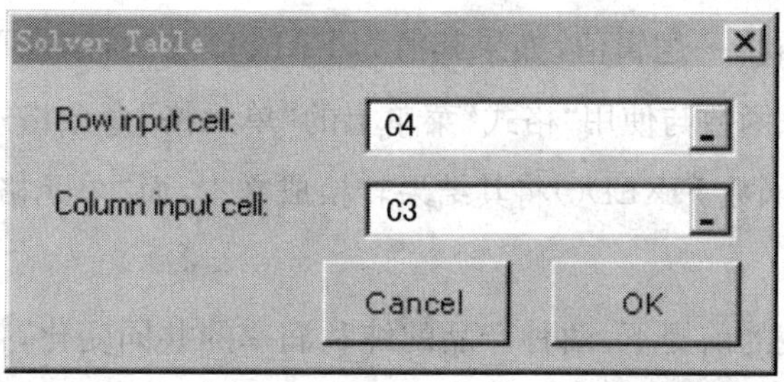


**图 5.9 案例 3 开展二维分析的输入**（甲、乙两种产品利润系数）

由于问题 iv 的分析目的主要是为力浦公司查找生产格局变化的临界点，所以建模者努力在 Solver Table 计算的计算结果显示区域的每一个单元格中，同时显示的“最优值”和“最优解”的信息。为了做到这点，在 Sheet2 中的 K3 单元格中输入公式：

|  | J | K | L | M | N | O |
|---|---|---|---|---|---|---|
| 1 | 二维灵敏度分析：产品甲乙的纯利润率同时变化 |  |  |  |  |  |
| 2 |  | 甲产品单位利润率===》 |  |  |  |  |
| 3 | 乙产品单位利润率===》 | 202.5(22.5,22.5) | 4 | 4.1 | 4.2 | 4.3 |
| 4 |  | 3.8 | 175.5(22.5,22.5) | 177.8(22.5,22.5) | 180.0(22.5,22.5) | 182.3(22.5,22.5) |
| 5 |  | 3.9 | 177.8(22.5,22.5) | 180.0(22.5,22.5) | 182.3(22.5,22.5) | 184.5(22.5,22.5) |
| 6 |  | 4 | 180.0(35.0,10.0) | 182.2(22.5,22.5) | 184.5(22.5,22.5) | 186.8(22.5,22.5) |
| 7 |  | 4.1 | 183.5(35.0,10.0) | 184.5(35.0,10.0) | 186.8(22.5,22.5) | 189.0(22.5,22.5) |
| 8 |  | 4.2 | 187.0(35.0,10.0) | 188.0(35.0,10.0) | 189.0(35.0,10.0) | 191.3(22.5,22.5) |
| 9 |  | 4.3 | 190.5(35.0,10.0) | 191.5(35.0,10.0) | 192.5(35.0,10.0) | 193.5(22.5,22.5) |
| 10 |  | 4.4 | 194.0(35.0,10.0) | 195.0(35.0,10.0) | 196.0(35.0,10.0) | 197.0(35.0,10.0) |
| 11 |  | 4.5 | 197.5(35.0,10.0) | 198.5(35.0,10.0) | 199.5(35.0,10.0) | 200.5(35.0,10.0) |
| 12 |  | 4.6 | 201.0(35.0,10.0) | 202.0(35.0,10.0) | 203.0(35.0,10.0) | 204.0(35.0,10.0) |
| 13 |  | 4.7 | 204.5(35.0,10.0) | 205.5(35.0,10.0) | 206.5(35.0,10.0) | 207.5(35.0,10.0) |
| 14 |  | 4.8 | 208.0(35.0,10.0) | 209.0(35.0,10.0) | 210.0(35.0,10.0) | 211.0(35.0,10.0) |
| 15 |  | 4.9 | 211.5(35.0,10.0) | 212.5(35.0,10.0) | 213.5(35.0,10.0) | 214.5(35.0,10.0) |
| 16 |  | 5 | 215.0(35.0,10.0) | 216.0(35.0,10.0) | 217.0(35.0,10.0) | 218.0(35.0,10.0) |
| 17 |  | 5.1 | 218.5(35.0,10.0) | 219.5(35.0,10.0) | 220.5(35.0,10.0) | 221.5(35.0,10.0) |
| 18 |  | 5.2 | 222.0(35.0,10.0) | 223.0(35.0,10.0) | 224.0(35.0,10.0) | 225.0(35.0,10.0) |

**图 5.10　甲、乙两种产品利润变化对最优目标值(以及两种产品产量)的影响**

$$fx = \text{FIXED(C6, 1)\&"("\&FIXED(C8, 1)\&", "\&FIXED(C9, 1)\&")"}$$

其中:符号 & 可以使表格中的单一单元格内显示多个输出结果;成对使用符号"可以输出其间的文本信息;函数 FIXED()将数字按指定的小数位数进行取整,利用句号和逗号,以小数格式对该数进行格式设置,并以文本形式返回结果。

函数 FIXED()语法是 FIXED(number, decimals, no_commas),其中 number 是要进行四舍五入并转换成文本字符串的数。decimals 为一数值用以指定小数点右边的小数位数。no_commas 为一逻辑值,如果其值为 FALSE 或被省略,则返回的文本中和往常一样包含逗号。该函数与使用“格式”菜单上的“单元格”命令格式化包含数字的单元格的主要区别在于:函数 FIXED()将其结果转换成文本,而“单元格”命令格式化的结果仍是数字。

在其他参数不变的前提下,两种产品的纯利润率的共同变化,带来了力浦公司最优解的变化。结果表明,力浦公司在“L4:X18”的诸多最优解方案矩阵中,客观存在一个“临界线”,当两种产品的纯利润率的组合位于这条“临界线”上时,就是公司调整生产格局的改变时刻。5-1. xls 的 Sheet3 中,作者在分析计算后的结果表格上以红色标绘出了这条“临界线”,参见图 5.11。

| 力浦公司两种产品纯利润率变化时，生产格局调整的临界线 | | | | | | | | | | | | | |
|---|---|---|---|---|---|---|---|---|---|---|---|---|---|
| 202.5(22.5,22.5) | 4 | 4.1 | 4.2 | 4.3 | 4.4 | 4.5 | 4.6 | 4.7 | 4.8 | 4.9 | 5 | 5.1 | 5.2 |
| 3.8 | 175.5(22.5,22.5) | 177.8(22.5,22.5) | 180.0(22.5,22.5) | 182.3(22.5,22.5) | 184.5(22.5,22.5) | 186.8(22.5,22.5) | 189.0(22.5,22.5) | 191.3(22.5,22.5) | 193.5(22.5,22.5) | 195.8(22.5,22.5) | 198.0(22.5,22.5) | 200.3(22.5,22.5) | 202.5(22.5,22.5) |
| 3.9 | 177.8(22.5,22.5) | 180.0(22.5,22.5) | 182.3(22.5,22.5) | 184.5(22.5,22.5) | 186.8(22.5,22.5) | 189.0(22.5,22.5) | 191.3(22.5,22.5) | 193.5(22.5,22.5) | 195.8(22.5,22.5) | 198.0(22.5,22.5) | 200.3(22.5,22.5) | 202.5(22.5,22.5) | 204.8(22.5,22.5) |
| 4 | 180.0(35.0,10.0) | 182.2(22.5,22.5) | 184.5(22.5,22.5) | 186.8(22.5,22.5) | 189.0(22.5,22.5) | 191.3(22.5,22.5) | 193.5(22.5,22.5) | 195.8(22.5,22.5) | 198.0(22.5,22.5) | 200.3(22.5,22.5) | 202.5(22.5,22.5) | 204.8(22.5,22.5) | 207.0(22.5,22.5) |
| 4.1 | 183.5(35.0,10.0) | 184.5(35.0,10.0) | 186.8(22.5,22.5) | 189.0(22.5,22.5) | 191.3(22.5,22.5) | 193.5(22.5,22.5) | 195.8(22.5,22.5) | 198.0(22.5,22.5) | 200.3(22.5,22.5) | 202.5(22.5,22.5) | 204.8(22.5,22.5) | 207.0(22.5,22.5) | 209.3(22.5,22.5) |
| 4.2 | 187.0(35.0,10.0) | 188.0(35.0,10.0) | 189.0(35.0,10.0) | 191.3(22.5,22.5) | 193.5(22.5,22.5) | 195.8(22.5,22.5) | 198.0(22.5,22.5) | 200.3(22.5,22.5) | 202.5(22.5,22.5) | 204.8(22.5,22.5) | 207.0(22.5,22.5) | 209.3(22.5,22.5) | 211.5(22.5,22.5) |
| 4.3 | 190.5(35.0,10.0) | 191.5(35.0,10.0) | 192.5(35.0,10.0) | 193.5(22.5,22.5) | 195.8(22.5,22.5) | 198.0(22.5,22.5) | 200.3(22.5,22.5) | 202.5(22.5,22.5) | 204.8(22.5,22.5) | 207.0(22.5,22.5) | 209.3(22.5,22.5) | 211.5(22.5,22.5) | 213.8(22.5,22.5) |
| 4.4 | 194.0(35.0,10.0) | 195.0(35.0,10.0) | 196.0(35.0,10.0) | 197.0(35.0,10.0) | 198.0(35.0,10.0) | 200.3(22.5,22.5) | 202.5(22.5,22.5) | 204.8(22.5,22.5) | 207.0(22.5,22.5) | 209.3(22.5,22.5) | 211.5(22.5,22.5) | 213.8(22.5,22.5) | 216.0(22.5,22.5) |
| 4.5 | 197.5(35.0,10.0) | 198.5(35.0,10.0) | 199.5(35.0,10.0) | 200.5(35.0,10.0) | 201.5(35.0,10.0) | 202.5(22.5,22.5) | 204.8(22.5,22.5) | 207.0(22.5,22.5) | 209.3(22.5,22.5) | 211.5(22.5,22.5) | 213.8(22.5,22.5) | 216.0(22.5,22.5) | 218.3(22.5,22.5) |
| 4.6 | 201.0(35.0,10.0) | 202.0(35.0,10.0) | 203.0(35.0,10.0) | 204.0(35.0,10.0) | 205.0(35.0,10.0) | 206.0(35.0,10.0) | 207.0(35.0,10.0) | 209.3(22.5,22.5) | 211.5(22.5,22.5) | 213.8(22.5,22.5) | 216.0(22.5,22.5) | 218.3(22.5,22.5) | 220.5(22.5,22.5) |
| 4.7 | 204.5(35.0,10.0) | 205.5(35.0,10.0) | 206.5(35.0,10.0) | 207.5(35.0,10.0) | 208.5(35.0,10.0) | 209.5(35.0,10.0) | 210.5(35.0,10.0) | 211.5(22.5,22.5) | 213.8(22.5,22.5) | 216.0(22.5,22.5) | 218.3(22.5,22.5) | 220.5(22.5,22.5) | 222.8(22.5,22.5) |
| 4.8 | 208.0(35.0,10.0) | 209.0(35.0,10.0) | 210.0(35.0,10.0) | 211.0(35.0,10.0) | 212.0(35.0,10.0) | 213.0(35.0,10.0) | 214.0(35.0,10.0) | 215.0(35.0,10.0) | 216.0(35.0,10.0) | 218.3(22.5,22.5) | 220.5(22.5,22.5) | 222.8(22.5,22.5) | 225.0(22.5,22.5) |
| 4.9 | 211.5(35.0,10.0) | 212.5(35.0,10.0) | 213.5(35.0,10.0) | 214.5(35.0,10.0) | 215.5(35.0,10.0) | 216.5(35.0,10.0) | 217.5(35.0,10.0) | 218.5(35.0,10.0) | 219.5(35.0,10.0) | 220.5(35.0,10.0) | 222.8(22.5,22.5) | 225.0(22.5,22.5) | 227.3(22.5,22.5) |
| 5 | 215.0(35.0,10.0) | 216.0(35.0,10.0) | 217.0(35.0,10.0) | 218.0(35.0,10.0) | 219.0(35.0,10.0) | 220.0(35.0,10.0) | 221.0(35.0,10.0) | 222.0(35.0,10.0) | 223.0(35.0,10.0) | 224.0(35.0,10.0) | 225.0(35.0,10.0) | 227.3(22.5,22.5) | 229.5(22.5,22.5) |
| 5.1 | 218.5(35.0,10.0) | 219.5(35.0,10.0) | 220.5(35.0,10.0) | 221.5(35.0,10.0) | 222.5(35.0,10.0) | 223.5(35.0,10.0) | 224.5(35.0,10.0) | 225.5(35.0,10.0) | 226.5(35.0,10.0) | 227.5(35.0,10.0) | 228.5(35.0,10.0) | 229.5(35.0,10.0) | 231.8(22.5,22.5) |
| 5.2 | 222.0(35.0,10.0) | 223.0(35.0,10.0) | 224.0(35.0,10.0) | 225.0(35.0,10.0) | 226.0(35.0,10.0) | 227.0(35.0,10.0) | 228.0(35.0,10.0) | 229.0(35.0,10.0) | 230.0(35.0,10.0) | 231.0(35.0,10.0) | 232.0(35.0,10.0) | 233.0(35.0,10.0) | 234.0(22.5,22.5) |

图 5.11　力浦公司两种产品纯利润率变化时生产格局临界情况

## 5.3 影子价格理论以及电子表格分析

### 5.3.1 影子价格理论简介

1. 基本概念

影子价格(shadow price),又称阴影价格,是荷兰经济学家詹恩·丁伯根在20世纪30年代末首次提出,并在1954年赋予明确定义。影子价格是利用线性规则原理计算出来的反映资源最优使用效果的“价格”。对于线性规划模型,每一条约束条件所对应的“广义上”的资源概念,均存在一个影子价格。可以利用微分定量描述资源的影子价格,即当作为约束资源增加一个微量而得到目标函数新的改进值时,目标函数改进值的增量与资源增量的比值,就是目标函数对约束条件(即资源)的一阶偏导。用线性规划方法求解资源最优利用时,即在解决如何使有限资源的总产出最大的过程中,得出相应的极小值,其解就是对偶解,极小值作为对资源的经济评价,表现为影子价格。这种影子价格反映劳动产品、自然资源、劳动力的最优使用效果,所以又称资源的边际产出或资源的机会成本,它表示资源在最优产品组合时所能具有的潜在价值。影子价格与运筹学的对偶理论紧密相联,如影随形,希望读者在理解影子价格时,认真掌握与对偶理论相关的重要内容。

影子价格是技术经济评价以及经济学研究领域的重要概念。除了上述定义以外,影子价格广泛应用于国民经济评价、效用与费用分析、投资项目评估以及进出口活动的经济评价。例如,把投资的影子价格理解为资本的边际生产率与社会贴现率的比值时,用来评价一笔资金用于投资还是用于消费的利亏;把外汇的影子价格理解为使市场供求均衡价格与官方到岸价格的比率,用来评价用外汇购买商品的盈亏,使有限外汇进口值最大。因此,这种影子价格含有机会成本,即替代比较的意思,一般人们称之为广义的影子价格。

关于影子价格,国内外有着不同的论述。国内一些项目分析类书籍中,认为影子价格是资源和产品在完全自由竞争市场中的供求均衡价格。国外有学者认为，影子价格是没有市场价格的商品或服务的推算价格，它代表着生产或消费某种商品的机会成本。还有学者将影子价格定义为商品或生产要素的边际增量所引起的社会福利的增加值。总之，无论是以何种角度来定义的影子价格，概言之就是：某种"资源"约束的微量变化，能给系统的发展带来的量化"效果"。

2. 三种价格的区别联系

经常与影子价格同时讨论的还有生产价格和市场价格。

生产价格由社会平均的实际成本和资金成本两部分组成。实际成本是为了补偿能源、原材料、折旧、维修、人工、运费和其他等项消耗支出，不包括利息和税收支出；资金成本是新创造的剩余价值，包括税金、利息和利润在内。由于生产价格与成本息息相关，因此在大多数场合下，生产价格又被称为成本价格。

市场价格是某种产品在特定的市场中，由交易双方市场行为共同确定的产品价格。市场价格不但受产品成本的影响，还受到市场供需关系的影响。虽然市场价格受价值规律的制约，但是由于外部的影响，市场价格往往发生扭曲，围绕着成本价格而上下波动。

一般从价值理论上来说，生产价格和影子价格通常是合理价格，而市场价格有的比较合理，有的不合理。对于特定的产品，当市场价格大于生产价格时，生产该产品的企业可获得看得见、摸得着的超额利润，并最终可以通过财务数据体现出来；而当某种资源的影子价格大于市场价格时，使用该资源的企业也会在对该资源的配置中获得利益，但是这种利益通常无法用财务指标衡量，甚至是企业无法精确计算的。这也许是影子价格得名的一个原因之一。总之，不合理的价格会歪曲经济效果大小，导致决策行为失误。比如由于某种能源的市场价格偏低，相应的节能新技术的推广应用必将受到人为的影响；同样，违反价值规律和生产价格要求的能源市价上涨，也属不合理的价格行为。

3. 影子价格的几点注意

以下是运筹学领域对影子价格的一些评论：

(1) 影子价格是一种机会成本。当某企业内部的某种资源的影子价格大于市场价格时，应当在市场上买进该资源。反之则卖出。

(2) 影子价格是一种边际价格，是通过微调得到的瞬时值，生产格局的调整通常都会对影子价格产生影响，而成本价格甚至市场价格则是一个相对稳定的值。在正常的市场环境中，某一个企业内部的调整基本上不会影响到整个市场价格。

(3) 某种资源的影子价格通常比较难确定，并且是针对某个行(企)业而言的；而该资源的市场价格在某个时期则是确定的，并且是针对整个市场而言的。

(4) 影子价格在特定生产格局下，会出现为0的情况；而市场价格和成本价格通常至少是个正值。

(5) 在系统条件确定的前提下，影子价格可以由单一的主体来确定或感知，而市场价格通常是由交易双方不同主体共同得到。换言之，影子价格是规划解，市场价格是均衡解，成本价格是代数解。

(6) 用于合理确定资源稀缺程度的指标是影子价格，而市场价格或者成本价格有时力所未及，甚至产生扭曲。开展优化资源配置工作，应当首先依据影子价格，其他二者作为辅助。

(7) 与其称之为影子价格，不如称之为影子超额价值。因为即便是同一种资源，在不同企业中，对各自规划系统的影响是不一样的，因此应当以各自的“价值”单位衡量。而该资源在市场上通常标以统一的“货币”单位衡量的价格，很少出现“一货二价”的情况。

## 5.3.2 影子价格的电子表格分析(问题 v 和问题 vi)

只要定量地回答出当前资源A、B和C的“真正价值”，力浦公司面临的问题v和问题vi便迎刃而解。而从生产模型上，我们计算出了最优解和最优值，但是并没有直观地给出资源的真正价值。“价值”是在交换过程中体现出来的，对偶问题的感性认识便是源自“交换”。

精明的力浦公司决策层除了竭力规划出最优的生产方案之外，绝对不会放弃直接出售资源而获取利润的这条捷径。我们现在设想另有一个A、B、C资源的需求商，即将接洽到作为生产商的力浦公司进行一系列的“交易”：这位需求商打算直接购买这些资源。由于A、B、C资源留在力浦公司内部，将会带来或多或少的超额利润，因此可以理解：单纯用成本价格购买，力浦公司一般并不乐意出让这些资源。所以，这名需求商应当在成本价格的基础上，分别再给A、B、C资源增加 $y_1$、$y_2$ 和 $y_3$ 的加成价格。此处的加成价格显然是指扣除成本以后的超额利润，可以理解为“加成定价策略”中价格加成部分。$y$ 过高，需求商不会购买，$y$ 过低，力浦公司不愿出售。显然，一定存在一组特定的 $y$ 值，可以撮合两个企业的交易。后面会讲到，此时的 $y_1$、$y_2$ 和 $y_3$ 便是资源 A、B、C 的各自影子价格。

试想存在一单交易，力浦公司恰以 1 单位 A、2 单位 B 以及 1 单位 C 的比例"集成出售"了三种资源，那么这单交易的成交额 $P_1$ 是：

$$P_1 = y_1 + 2y_2 + y_3$$

力浦公司会想到，以这个比例出售的资源恰恰可以生产给本企业带来 4 万元利润的产品甲。显然，如果 $P_1 \leqslant 4$，这单交易对力浦公司来说是不合算的。与其如此出售资源，还不如将这些资源留在企业内部生产，以期获取至少 4 单位的超额利润。因此，需求商如果想购买到这个组合到资源，则报价 $y_1$、$y_2$ 和 $y_3$ 必须满足约束条件：

$$y_1 + 2y_2 + y_3 \geqslant 4$$

同样的道理，在以产品乙的利润率为参考时，$y_1$、$y_2$ 和 $y_3$ 还须满足：

$$y_1 + 2y_2 + 3y_3 \geqslant 5$$

当然，$y_1$、$y_2$ 和 $y_3$ 作为资源交易价格加成，即超额利润。因此必须是有实际意义的非负值。

在满足上述出售条件下，需求商将对购买力浦公司当前所有资源的总支出最小，即：

$$\min W(Y) = 45y_1 + 80y_2 + 90y_3$$

以上的分析过程，实际上就是将一个规划模型进行对偶转换的全过程。按照这个方法，可以得到以需求商的优化视角下的新模型 $M2$：

变量　资源 A 的加成价格 $y_1$、资源 B 加成价格 $y_2$ 和资源 C 的加成价格 $y_3$

目标　$\min W(Y) = 45y_1 + 80y_2 + 90y_3$

约束　$\begin{cases} y_1 + 2y_2 + y_3 \geqslant 4 \\ y_1 + y_2 + 3y_3 \geqslant 5 \\ y_1,\ y_2,\ y_3 \geqslant 0 \end{cases}$

Excel 有两种方法解决力浦公司的问题 v：

(1) 建立 $M1$ 的对偶问题 $M2$，利用"规划求解"计算 $M2$ 的最优解。请读者自行在电子表格上建模计算上述规划模型，体会 $M1$ 与 $M2$ 之间的区别和联系。

(2) 直接参考"规划求解"给出的 $M1$ 敏感性报告(参考第 3 章图 3.9)，其中每条约束的“阴影价格”，便是该资源的影子价格。

注意，“规划求解”必须在选项为“线性模型”的情况下，才给出影子价格的结果。可以从规划结果的“敏感性报告”上确定，资源 A 的影子价格是 3.5，资源 B 的影子价格是 0，资源 C 的影子价格是 0.5。

### 5.3.3 力浦公司的影子价格的实际应用

以下结合力浦公司的生产运作，关于影子价格的正确命题罗列如下：

(1) 所有问题中的影子价格均指以成本价格之外的“加成价格”形式存在的纯利润，即超额价值。

(2) 如果公司停止生产，把各种原材料清仓变卖，A 和 C 资源的出售价格应当是各自的成本再加上 3.5 和 0.5 的超额利润，而 B 资源以成本价转让。

(3) 如果力浦公司和资源需求商双方均经过精打细算的规划分析，那么理论上，转让全部资源的纯收益不会超过也不会少于 202.5 万元。也就是说，力浦公司生产规划的最大收益等于资源需求商报价的最小值，谈判双方在 202.5 万元达成交易。超过这个值，力浦公司乐意卖，但资源需求商不会买；低于这个值，资源需求商乐意买，但力浦公司不会卖。注意：202.5 万元是成本以外的价值。

(4) 如果企业打算通过增加“少许”原材料投入扩大生产规模，面对资源市场上的 A、B 和 C 资源的市价，力浦公司以成本价格加上上述计算出来的影子价格为代价才是理性的决策。比如现在市场上 A 资源的市场价格是 13.4，那么力浦公司在以 16.9 以内的交易价格“少量”购买 A 这种资源通常是经济的。

(5) 任何一个规划模型，即便是没有最优解，也均存在一个与之对应的对偶规划模型。因此力浦公司在任何情况下，都可以使用对偶理论计算出辅助决策的影子价格。另外需要把思路进一步拓宽的是：如果某些约束条件并不一定是客观实物存在的资源，而是一些非物质约束时，同样存在对应的影子价格。这些非物质约束的影子价格，同样对企业的规划工作起到主要的指导作用。

## 思考与练习

1. 分别讨论线性规划模型中的各类参数的变动,给线性规划模型带来的灵敏度分析问题。从单纯形的理论角度,理解灵敏度分析的原理和步骤。
2. 图解法是规划问题中经常用到的方法。请结合本章的学习,总结图解法的优点和缺点。
3. 请在第3章案例的电子文档3-1. xls上,按照案例的要求修改规划参数,计算并验证本章案例3的问题i、ii和iii的结果。
4. 下载并安装“Solver Table”加载宏,独立完成本章案例3的敏感度分析工作。
5. 对比电子文档3-1. xls和5-1. xls的区别,体会数据和公式分离带来的便利。
6. 请在Excel电子表格上练习FIXED()函数的功能和特点。
7. 在模型5-1. xls中,要求以“0. 1”的步幅,输入“B21:E58”中的试算数据。你有什么便捷的方法,可以免去重复的输入工作?
8. 请利用本章案例的电子表格文件,熟悉和运用输出文本时经常使用的" "和 & 格式设置功能。
9. 影子价格的原理和概念是什么?影子价格、生产价格和市场价格的区别和联系是什么?
10. 如何在“规划求解”结果中,读取到模型给出的影子价格信息?
11. 请举出一个经济管理实践中影子价格的应用案例。

# 第6章 目标规划问题

## 案例4 欧宝(Ordipromy)公司的多目标决策问题

欧宝公司是某汽车生产集团旗下的一家配件加工企业，拥有一台大型专业设备，主要为集团公司所需要的A、B两种汽车配件进行表面防锈电镀处理。作为子公司，欧宝公司单批加工的配件产品无论多少，产成品均被集团公司直接收购并进行内部利润核算。欧宝公司在当前的经营状况下，每加工1单位的A配件，需要消耗电镀原料2 kg和4小时的设备时间，同时可获得利润8 000元，而加工1单位的B配件，需要消耗电镀原料4 kg和2小时的设备时间，可获得利润6 000元。欧宝公司现在接到集团公司配送的加工所需要的电镀原料48 kg，即将开展这个生产批次的安排，而且经过查标得知本周期内公司大型设备的有效工时是60小时。

生产规划工作会议涉及三个部门：财务部门、设备部门和生产部门。以往的经验是，由于与会各部门都会坚持自己的目标和要求，总是使公司类似会议发展成一个辩论会，效率很低，效果很差。于是，在这次欧宝公司召开的生产规划会议上，公司邀请了一个运筹规划小组列席了会议，共同参与规划解决这个问题。

## 6.1 目标规划的基本概念

### 6.1.1 目标规划的思路

第5章以及之前讨论的案例,一个共同的特点是只涉及唯一确定的目标。但是在实际当中,一个规划问题并不一定是由唯一的一个综合总绩效来评判的,往往并会涉及超过一个以上的分目标。欧宝公司遇到的问题便是一个显然的例子:财务部门希望利润指标达到某个特定的水平,设备部门希望设备的合理使用,而生产部门对产品的产量也有不同的要求。因此,当规划问题中出现多个目标,尤其是互相矛盾的目标时(比如欧宝公司的利润目标和设备有效时间目标是相互制约的),求解单一的最大或者最小值的常规方法已经不能适用,必须借助多目标决策的方法。

19世纪60年代,查恩斯(A. Charnes)和库伯(W. Coopor)在线性规划的基础上,共同开发了目标规划的方法,从而巧妙地解决了多目标决策问题。目标规划的理论基础是对"偏差"的定义。对于多目标决策问题涉及的诸多"目标",分别对应构造一组"偏差变量"$d_i^+$(表示超出目标的部分)和$d_i^-$(表示欠缺目标的部分),通过偏差变量将这些"目标"一一转化为规划问题的"目标约束",并结合已有的约束,共同规划出这些偏差的汇总后的最小值。到达这些"偏差和"的最小值的状态,就是最能综合满足多目标规划的最佳状态,称之为满意解。实际上,目标规划就是利用"偏差"将多目标问题转换成常规的单目标的一种规划方法。常见的目标规划可以分成:单一目标规划、平等多目标规划、加权多目标规划和优先级别的多目标规划。从随后的例子可以看出:单一目标规划与常规线性规划仅仅在思考角度上有异,计算方法在一定条件下"通常"是等价的;平等多目标规划则是加权多目标规划的特例,两者实质上仍旧是一种单目标规划;优先级别多目标规划则是线性规划的分阶段处理。总之,目标规划仍属于线性规划的范畴。

### 6.1.2 欧宝公司的单一目标规划

在欧宝公司生产会议召开前，运筹规划小组事先研究了欧宝公司的规划问题。在实现利润最大化的目标下，公司的数据见表 6.1。

**表 6.1 欧宝公司生产数据**

| | 产品 A | 产品 B | 拥有量 |
|---|---|---|---|
| 设备有效时间(h) | 4 | 2 | 60 |
| 电镀原料(kg) | 2 | 4 | 48 |
| 单位利润(千元) | 8 | 6 | — |

可以构造以下常规线性规划模型 $M3$：

变量　A 的加工量 $x_1$，B 的加工量 $x_2$

目标　$\max Z(x_1, x_2) = 8x_1 + 6x_2$

约束　$$\begin{cases} 4x_1 + 2x_2 \leqslant 60 \\ 2x_1 + 4x_2 \leqslant 48 \\ x_1, x_2 \geqslant 0 \end{cases}$$

利用 Excel 规划建模求解，可以得到最优解是 $X(12, 6)$，利润以千元为单位，最大利润是 132 千元。

在欧宝公司的生产规划会议上，财务部门首先发言，认为结合以往的生产经验，这笔业务“似乎”应当实现 140 千元的“利润目标”。然而，财务部门提出的这个所谓的“目标”是主观的。在经过运筹规划小组对 $M3$ 的事先分析，显然在这组约束条件下，140 千元的“目标”是无法实现的。但是问题在于：如果事先并不知道 $M3$ 的结论，将如何说服财务部门的“目标”制定者？现在我们建立以下模型 $M4$：

变量　A 的加工量 $x_1$，B 的加工量 $x_2$，利润目标 140 千元，超过的正偏差 $d^+$，欠缺的负偏差 $d^-$。不难理解，正偏差和负偏差至少一个为 0，即：$d^+ \times d^- = 0$。

目标　$\min Z(d^+, d^-) = d^- + 0d^+ = d^-$

约束 $\begin{cases} 8x_1 + 6x_2 - d^+ + d^- = 140 \\ 4x_1 + 2x_2 \leqslant 60 \\ 2x_1 + 4x_2 \leqslant 48 \\ x_1,\ x_2,\ d^+,\ d^- \geqslant 0 \end{cases}$

模型 *M*4 就是对问题的单一目标规划，在这种情况下等价于常规的线性规划模型 *M*3。

财务部门提出的 140 千元的“利润目标”，其实是一个主观的判断，在已有的约束（绝对约束）下，可能超过（此刻 $d^+$ 不为零），可能欠缺（此刻 $d^-$ 不为零），也可能恰好满足（此刻 $d^+$ 和 $d^-$ 均为零），但是 $d^+$ 和 $d^-$ 不能同时不为零。显然，在规划过程中，$d^+$ 出现正值是受欢迎的，而一旦 $d^-$ 确实无法避免的情况下，越小越好。

一般情况下，这对偏差一定存在逻辑关系：$d^+ \times d^- \equiv 0$。

经过“加上可能的正偏差和同时减去可能的负偏差”的“平衡”处理，财务部门提出的 140 千元的“利润目标”其实并不是规划模型的真正目标，而是一个“约束”条件等式。而真正的“目标”，恰恰是让这个约束达到偏差最小化，即目标规划的最满意状态。

模型计算文件 6-1. xls 的 Sheet1 中，规划模型表格和规划参数结果参考图 6.1 和图 6.2。计算结果表明：

达到财务收益目标 140 千元的最小负偏差是 8 千元。这说明无论怎样规划，财务部门的 140 千元的目标是做不到的，但是起码可以以最小的缺欠做到，即只能完成 132 千元的最大利润收益。目前的 8 千元的偏差也是令人“满意”的，该满意状态下的两种配件的加工量分别是 12 单位和 6 单位。

上述结论显然是与 *M*3 的直接计算是一致的。

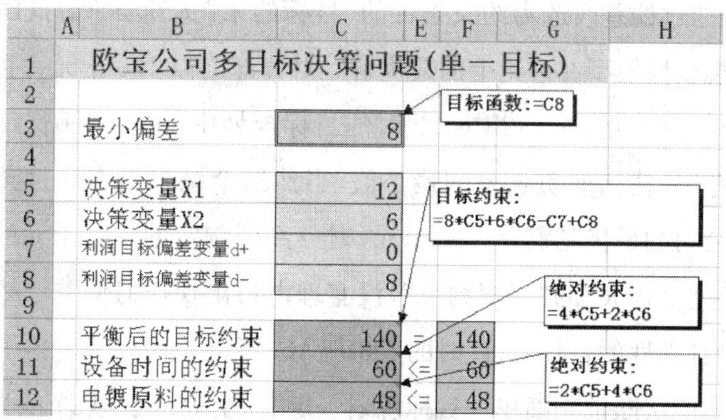


**图 6.1　案例 4 的电子表格模型**（单一目标情况）

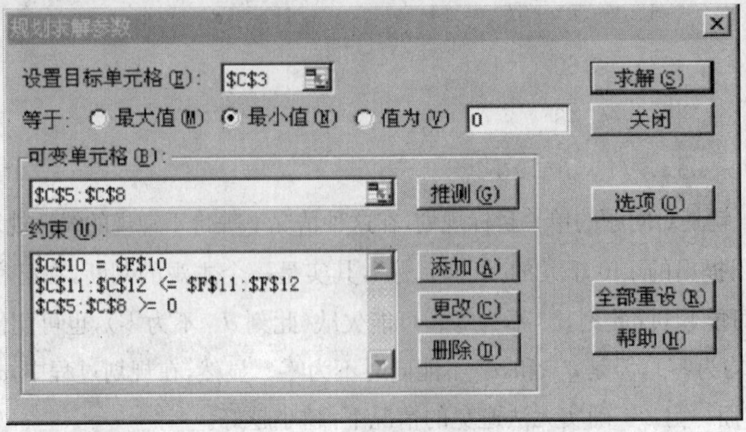


**图 6.2　案例 4 的规划求解参数**(单一目标情况)

## 6.1.3　关于"单一目标规划是否与常规线性规划完全等价"的讨论

当单一目标规划的目标值制定得偏高于理论最优值时(例如本例中的 140 千元),利用目标规划不会影响理论上的最优解。从上述例子可以看到,此时的两个模型虽然视角不同,但效果是等价的,即均可以促成欧宝公司的 132 千元的利润值。

但是,当单一目标规划的预定目标值偏低于理论最优值时(例如图 6.3 中,假设财务部门的目标定为 130 千元,而非本例中的 140 千元),利用目标规划的解决办法将会影响理论上的最优解。因为对于目标规划而言,优化方向不再是努力实现系统最优,而是全力保证作为已经通过偏差改造为约束条件的"目标约束"达到要求。此时的模型得到的解,显然不是常规线性模型在理论上的最优解。财务部门以 130 千元为目标的目标规划的计算文件在"6-1. xls"的 Sheet2 中。此时的目标规划中,偏差圆满保证了理论上的最小——"零"。"零"是任何非负偏差的最小值,当然这个结果是在理性预期当中的。因为,理论上欧宝公司的最优利润是 132 千元,财务部门制定的 130 千元的目标低于这个值,对于这种"松弛度很大"的"目标约束",没有理由再出现任何偏差。然而,$M4$ 的规划结果仍旧是正确且理性的,只不过此时的 $M3$ 与 $M4$ 不再"等价"。

由此可知,不能武断地判断单一目标规划一定"完全等价于"某个线性规划。进一步体会应当是:在实际问题中,人为制定的目标如果高于理论最优值,则并不能对改进理论最优值起到实质上的作用。但是低于这个理论值，反而会对原本可以达到的最优状态产生实质上的负面影响。这个效应一定要引起生产目标制定者的高度重视。此效应类似经济学中的“木桶效应”：对于单一目标的规划问题而言，假设理论最优值是正常的木板，超过这个长度的木板不会对容积有任何影响，而如果存在一个短于这个正常值的木板，该木板越短，带来的效果就越明显。因此，虽然通过“偏差”的技术处理，将单一目标规划（包括随后的各种多目标规划）归结到单纯形算法上，但是对目标规划的最终解的规范称呼通常不是“最优解”，而应当是“满意解”。

### 6.1.4 目标规划中“目标约束”的实际运用

（1）目标规划中的子目标可以实现，此时偏差为零；也可以不实现，此时正偏差或者负偏差为正。所有的“目标”均可利用以下公式转换为“目标约束”：

$$\text{目标函数表达式} - d^{+} + d^{-} = \text{计划目标值}$$

（2）对于实际问题中出现的不同表述形式，目标规划的一般处理方法如表6.2。

**表6.2 目标规划中偏差的性质**

| 实际问题中的表述 | 目标函数中的体现 | 可能的计算结果 | 不可能的结果 | 现实目的 |
|---|---|---|---|---|
| 希望恰好实现目标 | $d_i^{+}+d_i^{-}$ | 偏差均为零，或者有一个不为零的正数 | $d_i^{+}$和$d_i^{-}$不可能同时出现 | 努力使两种偏差中的任意一个最小 |
| 希望超过既定目标 | $d_i^{-}$ | $d_i^{-}$可为正数或者零 | $d_i^{-}$不可能是负数<br>$d_i^{+}$不可能出现 | 努力使欠缺最少 |
| 希望不超过既定目标 | $d_i^{+}$ | $d_i^{+}$可为正数或者零 | $d_i^{+}$不可能是负数<br>$d_i^{-}$不可能出现 | 努力使超出最少 |

（3）目标规划的目标函数中仅仅包括偏差变量，并始终是寻求最小值。请认真体会以下命题之间的区别：

“希望超过目标”
- 等价于：缺欠目标越小越好（$\min d^{-}$）
- 不等价：缺欠目标越大越好（$\max d^{-}$）
- 不等价：超过目标越小越好（$\min d^{+}$）
- 不等价：超过目标越大越好（$\max d^{+}$）

$$
\text{“希望不超过目标”}\begin{cases}\text{等价于：超过目标越小越好}(\min d^{+})\\\text{不等价：超过目标越大越好}(\max d^{+})\\\text{不等价：缺欠目标越小越好}(\min d^{-})\\\text{不等价：缺欠目标越大越好}(\max d^{-})\end{cases}
$$

$$
\text{“希望等于目标”}\begin{cases}\text{等价于：超过或缺欠目标越小越好，}\min(d^{+}+d^{-})\\\text{不等价：超过或缺欠目标越大越好，}\max(d^{+}+d^{-})\end{cases}
$$

## 6.2 平等多目标规划

从第 1 节已经看到，在欧宝公司的财务部门提出 140 千元利润目标之后，会出现一个 8 千元的缺口，生产部门立即提出了一个反对意见：加工配件 A 属于高污染工艺，环保机构已经对公司提出了警告，因此这一批次的加工业务最好能将配件 A 的产量控制在 10 单位以内。由于 A 的产量受到限制，利润目标必须让步。经过一番讨论，公司财务部门认可了 122 千元的利润目标。那么，为了同时兼顾这两个平行的目标，欧宝公司将如何规划生产？

显然，上述的限制配件 A 产量 10 单位以内的目标和实现 122 千元的利润的目标是“平等”的，属于平等多目标规划研究的范畴。会议上，运筹规划小组随即建立了以下模型 $M5$：

变量　A 的加工量 $x_1$，B 的加工量 $x_2$，利润目标 122 千元，超过的正偏差 $d_1^+$，欠缺的负偏差 $d_1^-$，A 的限产目标 10 单位，超过的正偏差 $d_2^+$，欠缺的负偏差 $d_2^-$

目标　$\min Z(d_i^+, d_i^-) = d_1^- + \rho d_2^+$　…………★式

约束
$$
\begin{cases}8x_1+6x_2-d_1^++d_1^-=122\\x_1-d_2^++d_2^-=10\\4x_1+2x_2\leqslant 60\\2x_1+4x_2\leqslant 48\\x_1,\ x_2,\ d_i^+,\ d_i^-\geqslant 0\end{cases}
$$

注意:平等多目标规划和加权多目标规划的目标函数中的各种偏差,一定要转换成统一的量纲,并且数量级要一致。如果忽略了这个重要的参数,可能会影响正确的规划结果。

例如,上面 $M5$ 的目标函数中的转换系数 $\rho$ 一定不能缺少。欧宝公司决定将偏差统一到货币单位"千元"。经过调查研究,确定每超过 1 单位的配件 A 的加工量,偏差 $d_2^+$ 相当于 4 千元的惩罚效果,因此 $\rho=4$。模型计算文件 6-2. xls 中,规划求解参数和电子表格模型参考图 6.3 和图 6.4。

如果在模型 $M5$ 中,将目标函数写成:

$$\min Z(d_i^+,\ d_i^-)=d_1^-+d_2^+ \qquad \cdots\cdots\cdots\cdots ☆式$$

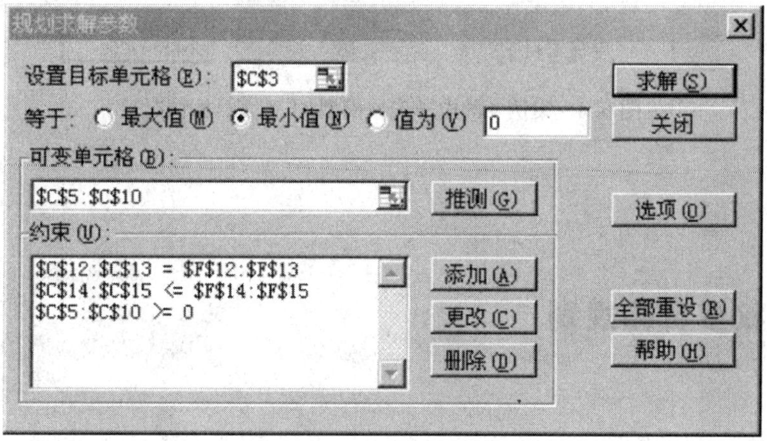


**图 6.3 案例 4 的规划求解参数**(平等多目标情况)

☆式看似 $d_1^-$ 和 $d_2^+$ 的加权系数均是"1",似乎满足了"平等"多目标规划,其实这是一个很危险的"建模陷阱"。如果没有 $\rho$,"$d_1^-+d_2^+$" 的物理单位是没有意义的,更不用说在规划中求解了。但是有趣的是,在这个例子中,即便是疏忽了 $\rho$ 的存在,同样可以得到与图 6.4 完全一致的规划结果,其原因是这个例子的满意解恰巧出现了 $d_1^-$ 和 $d_2^+$ 为"0"的巧合,尤其是 $d_2^+$ 为 0,掩盖住了 $d_2^+$ 前 $\rho$ 的缺失。另外,对于★式而言,实际上省去了 $d_1^-$ 和 $d_2^+$ 前相同的权重系数,但是并不影响规划结果。

图 6.4 结果表明,$M5$ 中所有的偏差(C7:C10)均为零,两个目标均已满足,生产方案是配件 A 加工 10 单位,配件 B 加工 7 单位,利润为既定目标 122 千元,公司的专用设备

尚有 6 个工时空闲，而原料已经完全消耗。

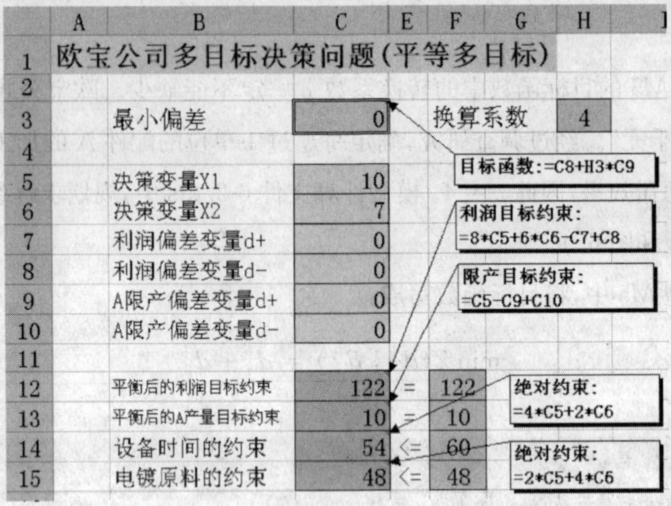


**图 6.4　案例 4 的电子表格模型**(平等多目标情况)

## 6.3　加权多目标规划

在完成上述规划计算后，运筹规划小组再次提起常规线性规划 *M*3 的最优结果 132 千元，这个数据引起了参加会议的所有人员对平等多目标规划模型 *M*5 的惋惜。虽然 *M*5 达到了满意解，但是总感觉利润空间没有充分挖掘。大家对平等对待“利润”和“限产”两个目标的做法产生了动摇，于是会议又进入了争论状态。经过进一步的讨论，大家一致认为：应当在分清问题轻重缓急的基础上，努力实现以下目标：

i 充分利用设备的 60 个有效机时。如果超出一个机时，相当于额外增加 2 万元的加班成本，而浪费 1 个机时，则损失 1.5 万元的机会成本。

ii 对配件 A 不再限产，转而限制 B 产品。配件 B 的产量争取不超过 4 单位；如果 B 超过 1 单位，相当于消耗 3 千元利润的机会成本。

iii 对于公司利润，努力实现 130 千元的目标值。

### 6.3.1 加权分配是“4∶2∶1”的多目标规划

加权多目标规划的目标约束与绝对约束的处理同前述。而对于包含 $k$ 个子目标的规划问题，加权目标规划的目标函数的一般形式是：

$$\min Z(d_k^+, d_k^-) = (w_{11}d_1^+ + w_{12}d_1^-) + (\rho_{21}w_{21}d_2^+ + \rho_{22}w_{22}d_2^-) + (\rho_{31}w_{31}d_3^+ + \rho_{32}w_{32}d_3^-) + \cdots + (\rho_{k1}w_{k1}d_k^+ + \rho_{k2}w_{k2}d_k^-)$$

其中：$w_{ij}$ 是权重；$\rho_{ij}$ 是换算系数，统一换算到第一个子目标的物理量纲单位。

上述三个目标，在经过代入不同的 $\rho$ 取值，可换算成与利润指标相同的货币单位衡量。在欧宝公司规划会议上，确定三个目标之间的重要程度是 4∶2∶1，则权重可以分别输入为 4、2 和 1。目标函数利用了 SUMPRODUCT() 函数，实现了偏差矩阵、换算矩阵和权重矩阵的对应元素的乘积累加。

根据本节案例给出的目标要求，目标 i 中的设备机时正负偏差均可能会出现并影响规划结果，因此必须在模型中体现出不同的换算系数，但是按照偏差 $d^+ \times d^- \equiv 0$ 的性质，虽然最终只有 $d_1^+$ 或者 $d_1^-$ 中的一个出现在规划结果中，但是这两个偏差的权重应当是相等的。目标 ii 中的限产偏差出现 $d_2^-$ 和目标 iii 中的利润偏差出现 $d_3^+$ 时，均不是规划模型考虑的范畴，因此，这两个偏差的换算系数和权重系数均可以设置成 0。

模型计算文件 6-3. xls 的 Sheet1 中，规划计算结果参数和电子表格模型参考图 6.5 和图 6.6。

图 6.6 结果表明，在这种权重条件下，目标 i 和目标 ii 的正负偏差均为零，两个目标均已满足，而目标 iii 的负偏差是 2，说明利润目标完成了 128 千元(由原始目标 130 千元，经过扣除两个负偏差导出)。生产方案是配件 A 加工 13 单位，配件 B 加工 4 单位，电镀原料尚有 6 单位剩余。

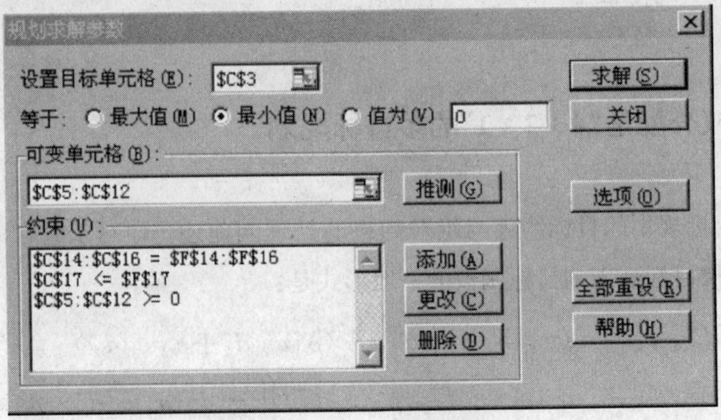


**图 6.5　案例 4 的规划求解参数**(加权多目标情况,权重比 4∶2∶1)

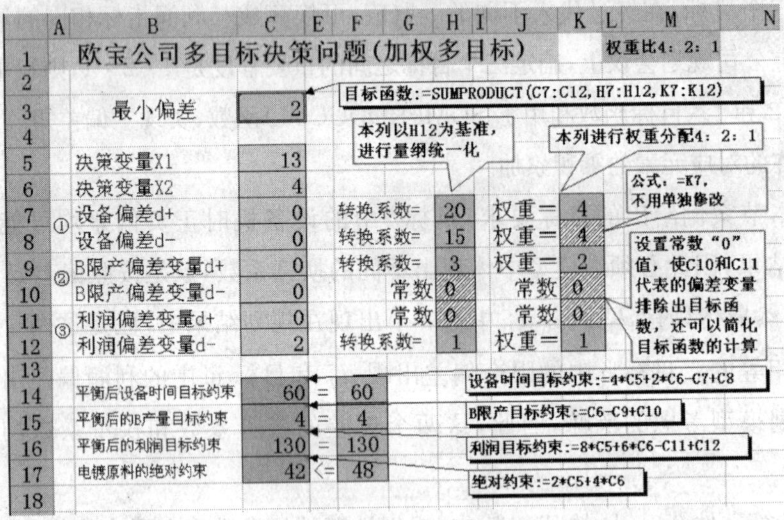


**图 6.6　案例 4 的电子表格模型**(加权多目标情况,权重比 4∶2∶1)

## 6.3.2　加权分配是"3∶1∶6"的多目标规划

经过权重分配为 4∶2∶1 的规划,公司决策层仍旧对 128 千元的利润结果不是十分满意。于是决策层在模型上进行了权重分配上的修改,突出了利润目标的重要性,新的分配比例是 3∶1∶6。欧宝公司这次规划显然把利润目标放在了重要的位置,设备利用次之,产品 B 的限产放在了更次要的位置。

由于模型计算文件 6-3. xls 的 Sheet1 中的电子模型预先注意了数据与模型的分离，因此 Sheet2 中的建模工作变得简便明了。读者甚至可以复制 Sheet1 中的电子模型到新的电子表格上并简单修改权重数据即可。新的规划求解参数和电子表格模型参考图 6.7 和图 6.8。图 6.8 结果表明，在这种权重条件下，目标 i 和目标 iii 的正负偏差均为零，对应的目标均已满足，尤其是利润目标完成了 130 千元。目标 ii 的正偏差是 1，配件 B 的限额被突破，这个显然是为了照顾重要性被强化的利润目标 iii，系统所做出的让步。生产方案是配件 A 加工 12.5 单位，配件 B 加工 5 单位，原料的剩余情况由 6 单位减少到 3 单位。

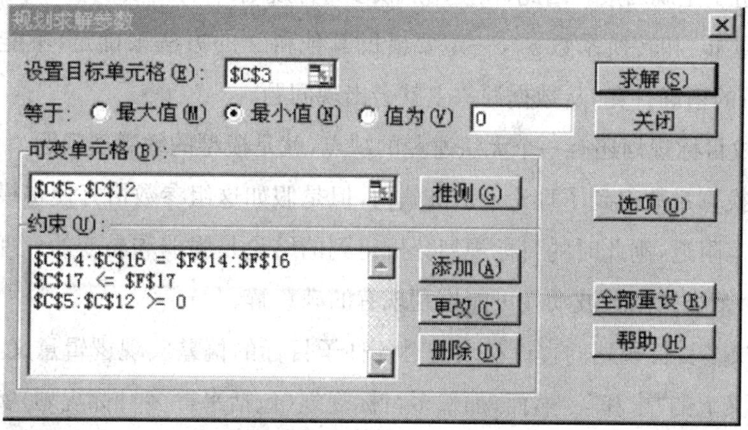


**图 6.7　案例 4 的规划求解参数**(加权多目标情况，权重比 6∶1∶3)

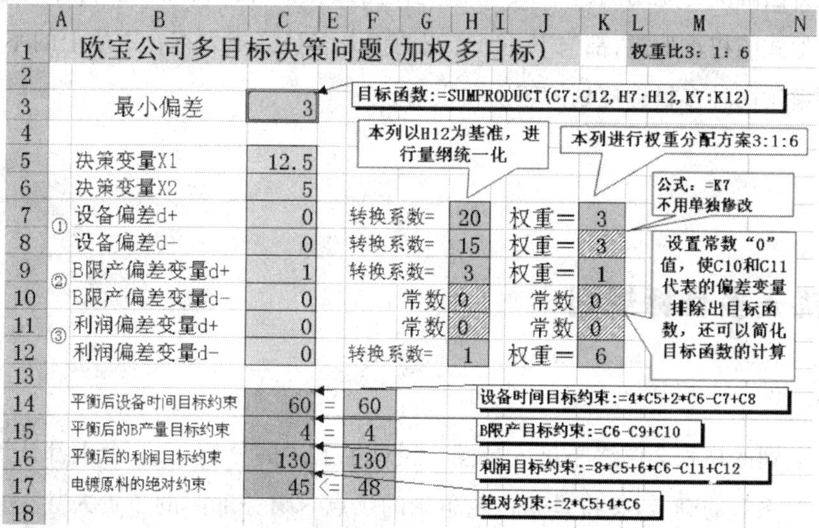


**图 6.8　案例 4 的电子表格模型**(加权多目标情况，权重比 6∶1∶3)

### 6.3.3 加权多目标规划的小结

加权多目标规划,正如它的名称一样,是对存在于同一规划问题之中的不同偏差值赋予权重,从而体现出各个目标约束之间的重要性的差异。对于多目标规划以及类似事实评价问题,“加权”不失为一种简捷有效的方法。不论计算的复杂与否,权重的确定总是或多或少地加进了主观因素。因此,在使用加权多目标规划时,一定要慎重。原因如下:

(1) 权重 $w_{ij}$ 和转换系数 $\rho_{ij}$,一定要借助其他科学的方法来确定,不能盲目主观认定,否则随后的精确计算,从数据源头上就会出现问题。

(2) 加权目标规划还有一个无法避免的缺点,就是模型的敏感度问题。可以设想:即便是权重和换算系数得到了理论上的准确值,但是假如这组参数恰好使得模型的满意解位于临界状态附近,则此时的目标规划分析得到的结论是脆弱和易变的。理论上存在某种可能,一个微小的系数波动就可能推翻现有的满意解。

(3) 解决多目标规划的理论初衷是对各种子目标的偏差实现逻辑意义上的“叠加”,而非代数意义上的“求和”。然而,加权多目标规划(包括平等多目标规划)实际上是借助量纲转换,实现了偏差“求和”,这一点是实质上违背“目标规划”理论精髓的。建议在能利用其他方法解决的规划问题中,尽量避免使用加权处理。在加权多目标规划中,无论采取何种形式的权重形式,都与下一节介绍的优先多目标规划存在本质上的不同。请读者认真理解这两种多目标规划的区别和联系。

## 6.4 优先多目标规划

欧宝公司的规划会议终于进入高潮。经过了上述的分析,每一个人都认识到:权重系数和换算系数的确定,又将是新一轮争论的焦点。财务部门的负责人甚至直接指出:按照公司既定的目标权重分配比例 3∶1∶6,财务目标的重要程度显然两倍于设备利用目标，这似乎是已经明确了的问题。但是，在实际生产的每一次操作中，究竟是首先顾及前者，还照顾后者？类似问题还有很多。这些争论过多地分散了规划人员的注意力，同时按照刻板的权重数字，欧宝公司甚至无法考核这些目标的责任落实。

于是，欧宝公司决定放弃权重的困扰，最终给三个目标规定了先后完成的“优先”顺序：首先公司上下全力保证设备 60 个有效机时的运用。其次，在设备有效运用的前提下，保证配件 B 产量在 4 单位以内。最后，在设备和限产目标均满足的基础上，去努力实现 130 千元的利润计划目标。

### 6.4.1 优先多目标规划的模型

1. 一般化模型的目标函数

优先多目标规划的模型中，约束条件的处理方法仍旧不变。最大的区别是目标函数的变化：

$$\min Z(d_k^+,\ d_k^-)=\sum_{l=1}^{L}\Big[P_l\sum_{k=1}^{K}(w_{lk}^+d_k^+ + w_{lk}^-d_k^-)\Big](l=1,\ 2,\ \cdots,\ L;\ k=1,\ 2,\ \cdots,\ K)$$

目标函数中，$w_{lk}^+$ 和 $w_{lk}^-$ 是加权系数，显然只有在同一级别的子目标中，才可以使用加权处理。$P_l$ 是第 $l$ 个子目标的优先因子，并规定 $P_k \gg P_{k+1}$。“$\gg$”表示“远远大于”，这个符号提示建模者，在应用优先多目标规划的电子表格时，不可将 $P_l$ 理解成一个具体的数字，更不能试图将 $P_l$ 以数字形式写进电子表格模型（无论输入多大差距的数字，Excel 均无法理解“远远大于”的概念）。再次说明：$P_l$ 虽然形式上类似权重，但最终是一个表达目标实现先后次序的逻辑概念，而各种偏差的权重 $w_{lk}^+$ 和 $w_{lk}^-$ 仍旧可以根据问题的具体情况而定。由于上述目标表达式并不是代数累加，因此前面介绍的换算系数 $\rho$ 在这里失去了出现的意义和必要。

2. 欧宝公司优先多目标规划模型

按照欧宝公司会议的最后决定，优先多目标规划模型 $M6$ 是：

变量　A 的加工量 $x_1$，B 的加工量 $x_2$。$P_1$ 级别的设备工时目标 60 小时。由于是努力定点实现这个目标，所以需要同时定义正、负偏差变量 $d_1^+$ 和 $d_1^-$；$P_2$ 级别的配件 B 限产目标 4 单位，由于是努力不超限产额度，所以仅仅定义正偏差变量 $d_2^+$；$P_3$ 级别的利润目标 130 千元，由于是努力超过利润目标，所以仅仅

定义负偏差变量 $d_3^-$。处于问题简化的目的，本例将所有权重系数设为 1。

目标　$\min Z(d_i^+, d_i^-) = P_1(d_1^- + d_1^+) + P_2 d_2^+ + P_3 d_3^-$

约束
$$
\begin{cases}
4x_1 + 2x_2 + d_1^+ + d_1^- = 60 \\
x_2 - d_2^+ + d_2^- = 4 \\
8x_1 + 6x_2 - d_3^+ + d_3^- = 130 \\
2x_1 + 4x_2' \leqslant 4 \\
x_1,\ x_2,\ d_i^+,\ d_i^- \geqslant 0 \quad (i = 1, 2, 3)
\end{cases}
$$

3. 优先多目标规划模型的解决思路

由于作为先后逻辑顺序限制的优先因子的存在，解决多目标模型的基本思路是分阶段处理。首先在多目标模型中，暂时不考虑除了规划 $P_1$ 优先级别以外的目标约束，然后进行规划求解；得到满意解后，把 $P_1$ 优先级别的目标约束的状态作为常数固定(通常是形成新的约束)；然后，再以 $P_2$ 为新的起点，重复刚才的步骤，直至规划到最后一个优先级别 $P_l$。

常用的目标规划求解方法有图解法和单纯形法。

图解法(决策变量有且只有两个，而目标偏差变量允许多个)的思路大致是：首先暂时不考虑所有的目标约束，依据绝对约束和决策变量的非负约束绘出可行域；然后，把目标约束代表的线或者半平面(目标约束可以用两个决策变量先画出，并加上偏差变量的平移调整)按照优先级别的次序，逐步缩小或者切割可行域的范围；最后一个优先次序的约束条件安排完毕后结束规划。

单纯形法在解决优先多目标规划实际上是多个单纯形法的叠加。思路大致是：首先按照建立一个初始的单纯形表，但是检验数行按照优先级别分成相应行数，各行对应模型目标函数中的相应偏差变量部分；按照优先级别进行优化，保证低一级的优化不会改动高一级的优化阶段结果；如此计算下去，最后一行判断完成后结束规划。

恰恰是由于分阶段处理的原因，在优先多目标规划建模中，模型的目标函数不再受到不同偏差变量之间量纲不同的困扰，这是优先多目标规划的优点之一。因此，转换系数 $\rho_{ij}$ 在优先目标规划中不再出现。严格意义上讲，只有优先目标规划才真正体现了“目标规划”的理论精髓，而单一目标规划、平等目标规划和加权目标规划仅仅是优先目标规划的一种特殊情况，而这个特殊情况源自对优先因子的量化。

无论是图解法，还是单纯形法，均体现了目标规划分阶段处理问题的原则。这些基础方法的原理和步骤，请读者参考相关运筹学教材。本节即将介绍的电子表格模型依然遵循着这个技术路线。

## 6.4.2 欧宝公司优先多目标规划模型的电子表格和结果

从前面对优先多目标规划的分析可知，欧宝公司的这个优先多目标模型在一个电子表格模型中实现起来比较困难，因此需要按照优先级别的顺序逐一建立一个步步推进的模型组。对于具有优先级别的多目标规划而言，有多少优先级别，通常就会存在多少个先后接续的规划模型。

(1) 第一阶段，首先建立满足 $P_1$ 目标的规划模型。

图 6.9 给出了模型表格中的部分公式。模型计算文件 6-4. xls 的 Sheet1 中，电子表格模型和规划求解参数参考图 6.10 和图 6.11。显然，在 $P_1 \gg P_2 \gg P_3$ 的规定下，模型首先要保证设备 60 个有效机时的运用。也就是说这个阶段的规划，暂时没有考虑到 $P_2$ 和 $P_3$ 级别的目标约束。

| | H | K |
|---|---|---|
| 3 | 实际达到值 | 平衡值 |
| 4 | =SUMPRODUCT(C7:D7,C4:D4) | =H4-I4+J4 |
| 5 | =D7 | =H5-I5+J5 |
| 6 | =SUMPRODUCT(C7:D7,C6:D6) | =H6-I6+J6 |
| 7 | =SUMPRODUCT(C7:D7,C5:D5) | =H7 |

| | B |
|---|---|
| 12 | 当前最小偏差: |
| 13 | =SUM(I4:J4) |

图 6.9　优先多目标规划第一阶段部分单元格公式

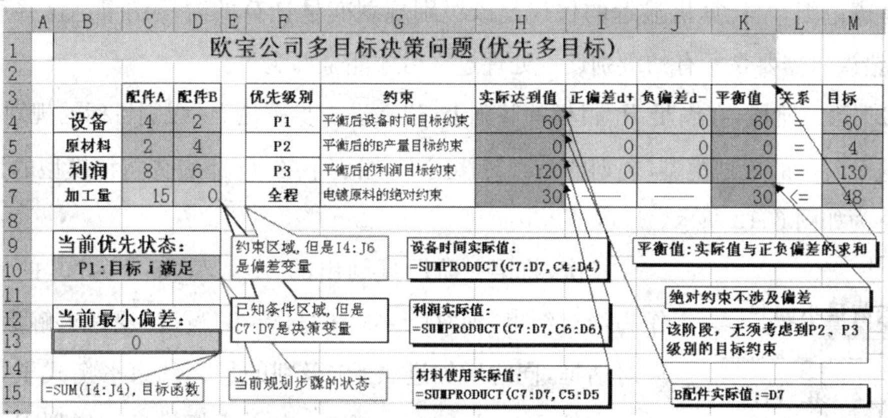


图 6.10　案例 4 的电子表格模型(优先多目标情况的第一阶段)

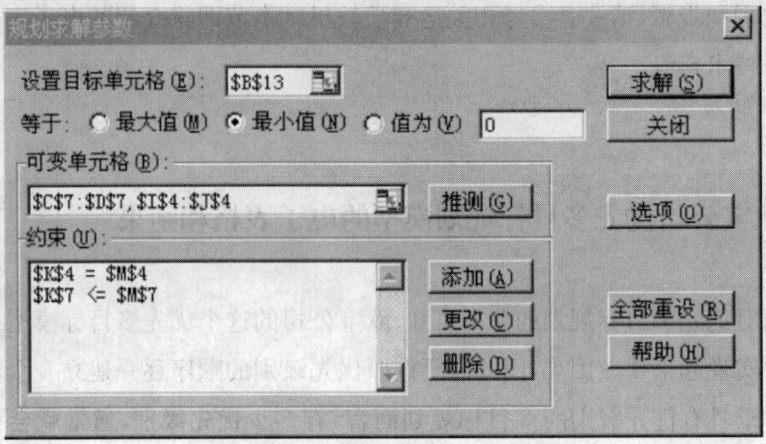


**图 6.11 案例 4 的规划求解参数**(优先多目标情况的第一阶段)

这个电子模型的风格与本章前面几个不同。前者体现出来了偏差变量在规划中的作用和来龙去脉,后者遵循了常规的线性规划模型的习惯。请读者对比这种风格上的差异,体会各自的优点。由于 Excel 的窗口比较友好,读者可以随心所欲地发挥自己的灵感和创造性。

运行"规划求解"后,$P_1$ 阶段的规划结果是:$P_1$ 级别的目标完全满足,正负偏差均为零。原材料耗尽。只有配件 A 生产了 15 单位,为欧宝公司带来 120 千元的利润。

细心的读者会发现,在 Sheet1 上,$P_2$ 级别的目标约束平衡值单元格 K5 仍旧是 0,并不等于目标值 4;同样 $P_3$ 级别的目标约束平衡值单元格 K6 是 128 千元,并不等于目标值 130 千元。注意:这不是错误。这个结果恰恰是由于阶段的模型尚未把利润目标约束纳入考虑范围,而计算机显示的仅仅是该级别规划变量计算的阶段结果。这些所谓的"表面错误",需要在所有的级别逐一处理过之后才能全部满足。

(2) 第二阶段,在满足 $P_1$ 目标的基础上,建立进一步满足 $P_2$ 级别目标的规划模型。

这个阶段的规划模型,规划的重心转移到 $P_2$ 级别下的 $d_2^+$。首先将该模型的目标函数调整为如图 6.12 所示。

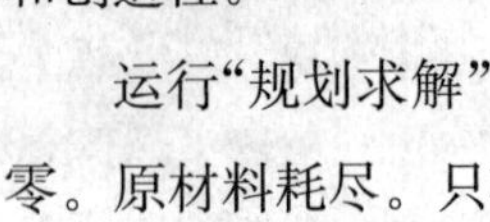


**图 6.12 第二阶段目标单元格公式**

其次,将第一阶段规划出的"$d_1^+$"和"$d_1^-$"为"0"的满意解作为绝对约束,即"I4 = 0"和"J4 = 0"写进"规划求解参数"约束对话框,同时增加进去 $P_2$ 级别的目标约束平衡式子。模型计算文件 6-4. xls 的 Sheet2 中,电子表格模型和规划求解参数参考图 6.13。

运行“规划求解”后，$P_2$ 阶段的规划结果是：$P_1$ 和 $P_2$ 级别的目标完全满足，正负偏差均为“0”。原材料耗尽。配件 A 生产了 13 单位，配件 B 生产了 4 单位，为欧宝公司带来 128 千元的利润。

与第一阶段的理由一样，在 Sheet2 中的 $P_3$ 级别的目标约束平衡值 K6 是 128 千元，仍旧不等于目标值 M6 的 130 千元。这也不是错误。但是，此时 $P_2$ 级别的目标约束平衡值单元格 K5 满足了目标值 4。

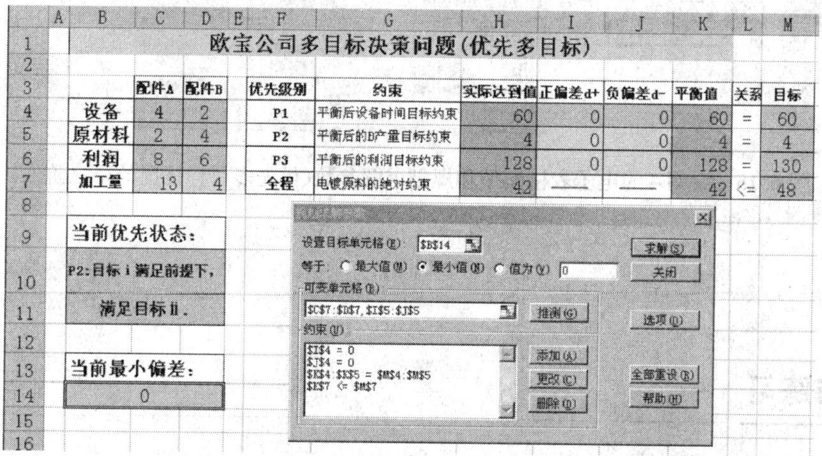


**图 6.13　案例 4 的电子表格模型和规划求解参数**（优先多目标情况的第二阶段）

(3) 第三阶段，也是规划的最后阶段，在满足 $P_1$ 和 $P_2$ 级别目标基础上，建立进一步满足 $P_3$ 级别目标规划模型。

这个阶段的规划模型，首先调整该模型的目标函数调整为如图 6.14 所示。

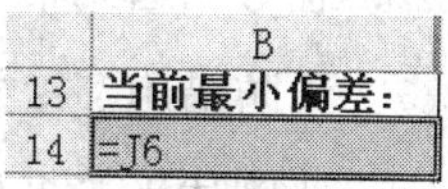


**图 6.14　第三阶段目标单元格公式**

其次，将第一阶段规划出的“$d_1^+$ 和 $d_1^-$ 为 0”、第二阶段规划出的“$d_2^+$ 为 0”均作为绝对约束写进“规划求解参数”对话框，同时继续增加进去 $P_3$ 级别的目标约束平衡式子。模型计算文件 6-4. xls 的 Sheet3 中，电子表格模型和规划求解参数参考图 6.15。

运行“规划求解”后，$P_3$ 阶段的规划结果是：$P_1$ 和 $P_2$ 级别的目标完全满足，正负偏差均为零，$P_3$ 级别距离 130 千元的利润目标存在负偏差 2 千元。原材料耗尽。配件 A 生产了 13 单位，配件 B 生产了 4 单位，为欧宝公司带来 128 千元的利润。

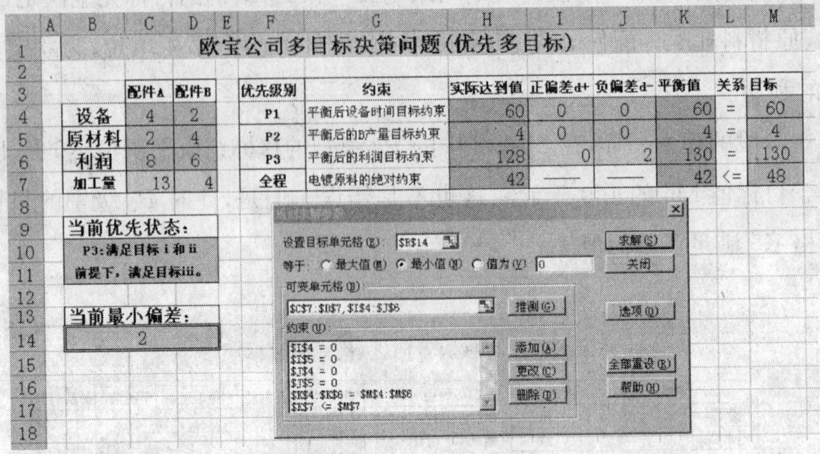


**图 6.15 案例 4 的电子表格模型和规划求解参数**(优先多目标情况的第三阶段)

## 思考与练习

1. 你在生活中遇到过多目标的决策问题吗？你又是如何处理这些问题的？
2. 结合实际领会目标规划中，将不同表述方式的“目标”命题，转化成目标规划模型中“目标约束”和“目标函数”的逻辑依据。
3. 思考当遇到单一目标规划时，决策者主观制定目标值给决策问题带来的种种影响和预防措施。
4. 请阐述平等多目标规划和加权多目标规划中，产生主观影响的环节和消除这些主观影响的措施。
5. 请阐述平等多目标规划中的转换系数 $\rho$ 的重要作用。
6. 请参考其他运筹学教程，学习图解法和单纯形法解决优先多目标决策的步骤，对比与本章的分阶段实现的优先多目标规划电子表格模型的对应关系。请说出这些解决方法的各自优点和局限。
7. 严格地说，优先多目标规划完全体现了目标规划的理论精髓。你支持这个观点吗？

依据是什么？如果不支持，理由又是什么？

8. 请独立完成本章案例 4，体会不同原则下的目标规划之间的区别和联系。

9. 打开电子文件 6-4. xls，请解释电子表格上等号不成立的原因。

10. 你注意到了图 6.10 和图 6.13 中的利润实际达到值的增加变化吗？这个增加有违逻辑吗？原因是什么？

# 第7章 整数规划问题

## 7.1 整数规划的基本概念

### 案例5 力浦(Linpro)公司产品按照集装箱单位生产的继续研究(一)

第3章提及的力浦公司经过规划研究,最终确定"甲、乙两种产品均要生产22.5单位,并可获得最大的市场利润202.5万元"的生产格局,同时三种资源的使用情况分别是"资源A和资源C均已完全消耗,而资源B仍有剩余"。力浦公司随后对这个最优结果的各种灵敏度进行了进一步的分析研究。随着公司外向型经营战略的实施,公司甲、乙两种产品已经确定全部出口海外。现在要求以标准集装箱为单位生产,合理规划公司的生产格局。

### 7.1.1 整数规划的思路

整数变量在生产实践中屡见不鲜。在规划资源配置的过程中,经常会遇到大型设备(台)、人力资源(人)、以整数为单位的原材料以及以整车(船、箱)装载的产品等情况。显然遇到这种以整数为计量单位的资源时,仅仅满足非负要求而得到的分数或者小数形式的规划结果是不合理的。**在多数情况下，对这些已经得到的非整数结果进行“四舍五入”或者“截尾”往往是不可行的。**即便是得到可行解，但也不一定是最优解。因此，在以问题为导向的运筹学领域中，进一步发展了一个十分有价值的分支——整数规划(integer programming，IP)。

1. 整数规划的一般模型形式

整数规划的规划模型的一般形式是：

$$\max(\text{或者 }\min)Z = \sum_{j=1}^{n} c_j x_j (j = 1, 2, \cdots, n)$$

$$\text{s. t.}\begin{cases}\sum_{j=1}^{n} a_{ij}x_j \leqslant (\geqslant, =) b_i (i = 1, 2, \cdots, m) \\ x_j \geqslant 0 \text{ 全部或部分是整数}\end{cases}$$

结合上述模型的决策变量整数要求情况的进一步细分，整数规划可以包括以下两种：

(1) 纯整数规划(pure IP)：所有决策变量全部是非负整数的线性规划。

(2) 混合整数规划(mixed IP)：部分决策变量是非负整数的线性规划。

0-1 规划(binary IP)是指有全部或者部分决策变量只能取 0 或者 1 的线性规划。0-1 规划是应对逻辑判断问题的特殊整数规划，它可以是纯整数规划，也可以是混合整数规划。

整数规划的处理基本思路仍旧是线性规划问题。目前比较成熟的方法是分支限界法、割平面法。上述方法的原理是在暂时不考虑决策变量整数约束的情况下，采用不同的手段，将整数约束逐步体现在规划过程中，最终得到符合整数约束的规划解。另外，由于决策变量是离散的整数，这为采用穷举法(枚举法)解决规划问题提供了操作上的可能。以穷举法为主要解决思路的隐枚举法，也不失为一种解决整数规划的有效办法(实际上，分支限界法也是一种隐枚举法)。但是穷举法的一个最大问题是可能应对的备选方案比较繁多，如果过滤条件不是十分有效的话，穷举法的工作量将十分巨大，从而影响了计算的效率。

2. 关于对整数规划中非整数解处理的澄清

在多数情况下，不考虑整数约束条件的规划模型，仍可以得到非整数规划的结果。但是，不能因代数习惯以“四舍五入”或者“截尾”来处理初步得到的非整数解。以下以力浦公司为例，用图像解析法澄清这个容易出错的问题。

在第5章的图5.1中，我们已经利用图解方法，找到了规划解。图5.1中$C$点，就是作为非整数约束条件下的最优解。现在，为了更清晰研究即将开展的整数规划，将$C$点所在附近位置进行了放大10倍，见图7.1。

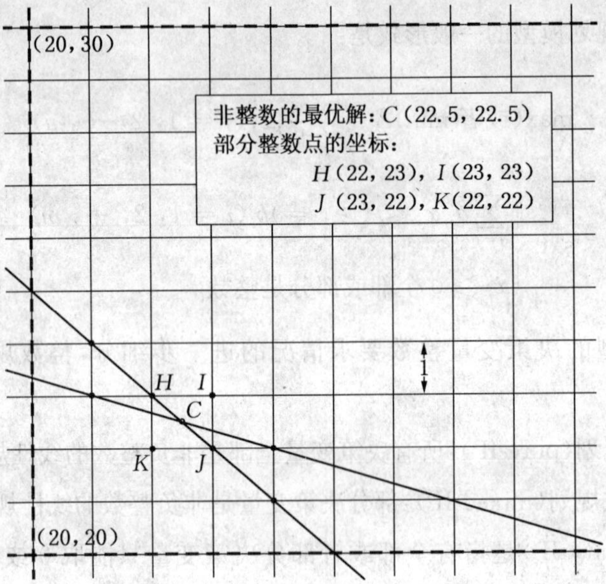


**图7.1　原图5.1中C点附近区域的放大显示**(每格1单位)

图7.1中，坐标单元格单位是1，黑粗虚线坐标线代表原图5.1中以10为单位的坐标线。如果同时考虑$x_1$和$x_2$的整数约束，则新问题的可行解至少要保证落在图7.1中坐标网格的交叉点处。$C(22.5, 22.5)$点的两个坐标均不符合整数要求。

如果“四舍五入”，得到一个“整数解”$I(23, 23)$。$I$点显然不在可行域内，属于不可行的范畴，更不用说最优解了。

如果“截尾”，得到一个整数解$K(22, 22)$。$K$点虽然在可行域内部，但是应当能从图形上感到，这种“截尾”处理的让步似乎过于宽松，因为在$K$和$I$之间，存在不少可能的整数方案，比如$H(22, 23)$、$J(23, 22)$等等。因此，不能判断截尾得到的$K$就是最优的整数解。

我们仍旧利用移动目标函数直线束的方法，寻找整数约束下的最优解。显然，与原图5.2上的连续平移不同，在图7.1上的直线束移动，是“步进”的。也就是说，目标函数

表示的斜线 $x_2 = -4/5x_1 + Z/5$，其移动方式是从原点向右上方，逐一通过可行的整数点。在离开可行域前，最后一次通过的整数点，才是整数规划问题的最优解。请读者关注图 7.1 中的黑点标出的几个特殊整数点的位置，并在图中找出平移后的整数最优可行解。经过解析方法的处理，确定 $J(23, 22)$ 点是进一步满足"$x_1$ 和 $x_2$ 整数约束"的新问题的最优解。显然，$J$ 点既不是"四舍五入"取得，更不是"截尾"而来。

3. 图解法在解决整数规划问题中的又一点局限

上述过程得出力浦公司以整箱为单位生产甲、乙产品的最优方案：23 箱的甲产品和 22 箱的乙产品，最优值是 202 万元。与没有整箱条件的 202.5 万元相比，当前的最优值减少了 5 000 元，显然这是整数约束带来的影响。

虽然图解法似乎解决了上述问题，但是图解法只能解决二维决策变量的局限仍然存在。而且在整数规划中，一个新的问题也非常棘手。读者在实际操作以后会发现：由于象限中都是离散的点，对图像的精确性要求较高。上述例子中，在目标函数直线束平移过程中，在判断 $H$ 点和 $J$ 点是否最优时，用观察的方法已经不可靠，必须借用代数的验算来区分。因此，图解法很少应用到整数规划的实际问题中去。

### 7.1.2 整数规划的电子表格建模和规划求解

1. 整数规划的建模和求解

解决整数规划的专门方法是分支定界法和割平面法。虽然这些方法的核心是线性规划并在单纯形表上进行优化求解，但是操作的具体细节仍有很多差异。然而，对于利用 Excel 中"规划求解"来实现整数规划功能而言，唯一的区别就是在"规划求解参数"对话框中，输入整数约束条件，其他的操作基本类似于前面介绍的常规规划求解步骤。

本节的案例中，力浦公司决定以整箱为单位生产甲、乙产品，问题由此变成了整数规划。而对于电子表格模型而言，只是在原有规划模型上增添新的整数约束。整数约束的实现，通过规划求解参数对话框中的"添加"并在逻辑关系下拉选项中选择"int"。

模型计算文件在 7-1. xls 中，规划模型表格和规划参数结果参考图 7.2 和图 7.3。

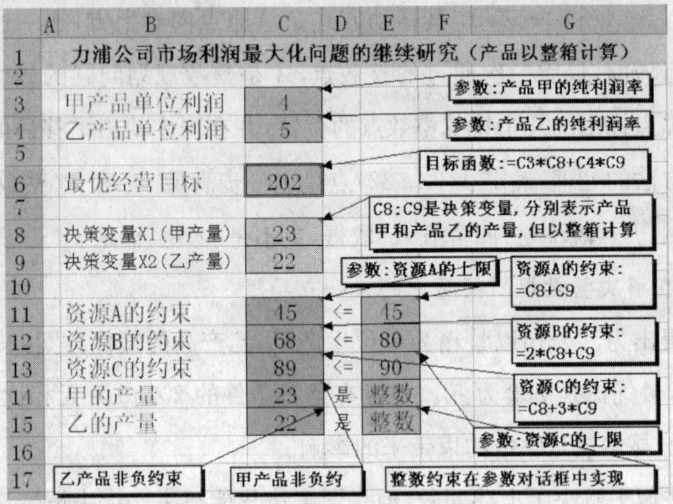


图 7.2　案例 5 的电子表格模型

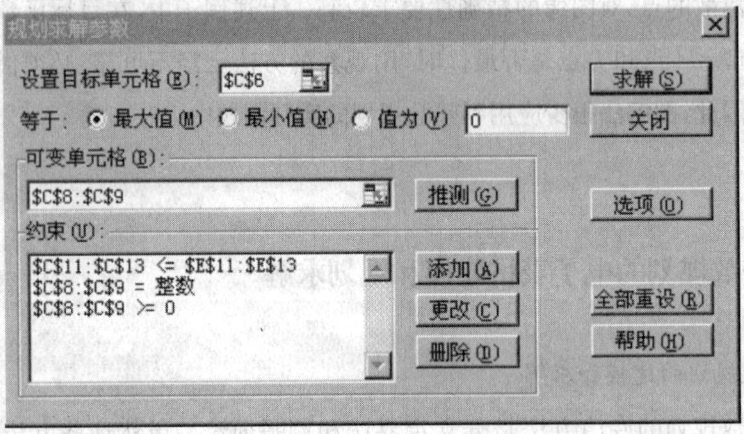


图 7.3　案例 5 的规划求解参数

计算结果表明：力浦公司在保证产品生产单位为整数的情况下，甲、乙产品分别生产 23 和 22 个标准集装箱的产量，并使市场收益达到最大值 202 万元。这个结果显然是与图解法得到的结果是一致的。

2. 用放宽整数约束的常规线性规划问题求解后的注意点

计算机解决整数规划问题的算法（包括上面使用的“规划求解”功能）远不如线性规划的单纯形法的效率。虽然 Excel 可以解决相对复杂的整数规划问题，但是规划模型中的决策变量个数也仅仅以百而计，对于超大规模的整数规划问题还略显勉强。目前已出现部分功能强大的商业软件，已经可以解决变量数以千计的大型整数规划问题。整数规划在运筹学的理论研究方面，也是一个不断突破的领域。与之比肩的计算机领域，这个方面的研究也在不断的发展和进步中。

恰恰是由于整数规划求解的困难，在实际问题中，也常常用放宽整数约束的常规线性规划问题求解代替对应的整数规划问题，并在求解后对非整数结论进行处理。这实质上打破了前文已经做出的严密结论，即：在求解精度和运算成本的共同权衡取舍下，利用"四舍五入"或"截尾"的方法处理放宽整数约束后的普通规划模型的最优解，从而接受得到的"近优解"。比如某高校利用常规线性规划得出某专业的最佳招生人数是 1 842.74 人，那么完全可以近似地认为 1 842 或者 1 843 均是相应的整数规划问题的"近优解"。但是"近优解"毕竟不是"最优解"，如何评价"近优解"问题已经超出本书的讨论范畴，请有兴趣的读者参考相关材料，探讨这个有趣的问题。

**必须牢记两点**：其一，近优解必须是可行的而且是精度许可的满意值。比如案例 5 中，"四舍五入"得到的绝对不是"近优解"（因为不可行），利用"截尾"方法似乎可靠些。生命维持系统、安全监控设备、生产大型设备的公司等，对非整数结果的小数取舍十分敏感。例如对于以波音公司为规划主体而求解出来的非整数产量解，对于以千万甚至上亿美元的产品，无论是对小数位的"舍"还是"入"，都应当是十分慎重的。再如某急救站经过规划研究得出，医用急救氧气存储量是 14.04 瓶，对于这种性质的规划问题，14 瓶的取整值显然不是"最优解"。其二，如果整数规划中出现 0-1 变量，**绝对不可以**盲目地使用"四舍"、"五入"、"截尾"等一切近似办法对其取整。下节将集中篇幅开展 0-1 规划的讨论。

## 7.2 0-1 规划问题

### 案例 6 力浦(Linpro)公司产品按照集装箱单位生产的继续研究(二)

力浦公司经过对产品甲和乙以整箱单位的整数规划研究，确定了"甲、乙两种产品分别生产23箱和22箱"的结论。但是公司管理层考虑到海外市场的高风险性，决定对产品的最高产量进行限产，即：在进入海外市场的创业期，一种或者两种产品的最高产量不超过20单位的标准集装箱。现在公司面临的问题是：

i. 如果仅限制其中一种产品产量在20箱，那么限制哪种产品对公司利润影响最小？

ii. 如果对两种产品均进行上限是20箱的限产，那么全部限产行为的代价是多少？

### 7.2.1 0-1规划的概况

研究0-1规划问题的直接原因是整数规划中出现了一类特殊的决策变量：0-1变量(binary variable)。这种变量只能在0或者1两者之间取值，是一种特殊的整数变量，有时也称之"是非变量"(yes-or-no variable)，或者"逻辑变量"。由于0-1变量的特殊性，整数规划研究中，往往把不含有0-1决策变量的纯整数规划和混合整数规划统称为一般整数规划(general integer programming)。而含有0-1决策变量的规划问题，也可以分成纯0-1整数规划和混合0-1整数规划。

无论是人工计算还是计算机运算，0-1规划的求解要比一般整数规划容易一些。穷举法是0-1规划最常借助的工具。但是，0-1规划的难点并不在于如何实现算法，而是如何利用0-1变量的特殊性质，建立实用的0-1规划模型。

作为决策变量的0-1变量，在遇到实际决策问题中需要选择"是"时，取值1；在需要选择"否"时，取值0。读者在第4章的案例2中，实际上已经提前接触到了表示"是否投资"的0-1变量。这种0-1变量在实际规划问题中，是客观存在的决策变量，是一种显性的0-1变量。与"显性0-1变量"对应，还有一种隐性的0-1变量。这种0-1变量出现在模型中，但并不是决策人员做出的决策变量，而是由规划模型安排的。这种隐含在模型中的0-1变量是一种隐性的0-1变量。隐性0-1变量对于建立模型的帮助很大，本节的案例6使用了"隐性0-1变量"。

请读者体会以下不同情况下，决策变量的逻辑关系区别。例如有两个0-1变量 $x_1$ 和 $x_2$，分别代表两个决策的指令状态，则：

$x_1 + x_2 = 0$，表示两者皆非；

$x_1 + x_2 = 1$，表示两者中有且只有一个许可；

$x_1 + x_2 = 2$，表示两者必须同时许可；

$x_1 + x_2 \leqslant 1$，表示两者至多一个许可，但不排除两者皆非的情况；

$x_1 + x_2 \geqslant 1$，表示两者至少一个许可，但不排除两者皆可的情况；

$x_1 + x_2 \leqslant 2$，表示两者可以以上述任何情况出现，实际上是同时放弃了对这两个逻辑变量的约束。

### 7.2.2 0-1规划的电子表格建模和规划求解

1. 力浦公司限产的整数规划的建模和求解

案例6中的力浦公司的生产规划问题不但受到整箱生产的整数约束，而且面临了限制产量的现实问题。对于案例6中的问题i，一个简明的办法是分别限制甲、乙的产量，单独计算后对比结果。试想，如果力浦公司生产的产品不是两种，而是二十种的话，这种方法费力而且低效。既然0-1变量可以表达"非此即彼"的关系，下面的模型引入了作为"隐含决策变量"的0-1变量。

本节中，读者可以同时参考案例5。案例6中增加了C11和C12两个变量单元格，分别由各自的0-1变量表示产品限产情况。C5是限产的上限，而E17单元格通过"＝C5＋100＊C11"的算式，把是否限产的情况通过0-1变量C11表达出来。如果C11的逻辑值是1(表示不限产)，则E17在22的限产值上增加100单位。E17上限的放宽，形成了事实上的"不限产"。如果C11的逻辑值是0(表示限产)，则E17就是限产值22单位。E18同理处理。C20单元格是甲、乙产品的两个限产逻辑变量的求和。如果该值等于0，则两种产品均被限产，如果等于1，则有且仅有一种产品被限产；如果等于2，则均没有被限产。E20单元格是作为限产逻辑约束单元格C20的约束值，可以按照实际要求人工修改该单元格数值。选择值是0、1或2。

模型计算文件在7-2.xls中的Sheet1、Sheet2和Sheet3上。规划参数结果参考图7.4。规划模型表格(见图7.5a)中单元格E20输入2，此时模型求出对两种产品均不限产的整数规划结果。显然这个结果与案例5的结果一致，即$(x_1, x_2)=(23, 22)$，最优值202万元。

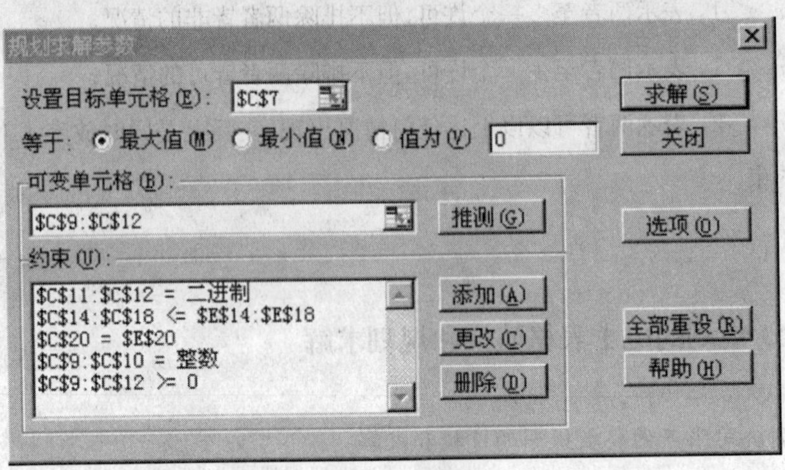


图 7.4　案例 6 的规划求解参数:两种产品均不限产的情况(Sheet1)

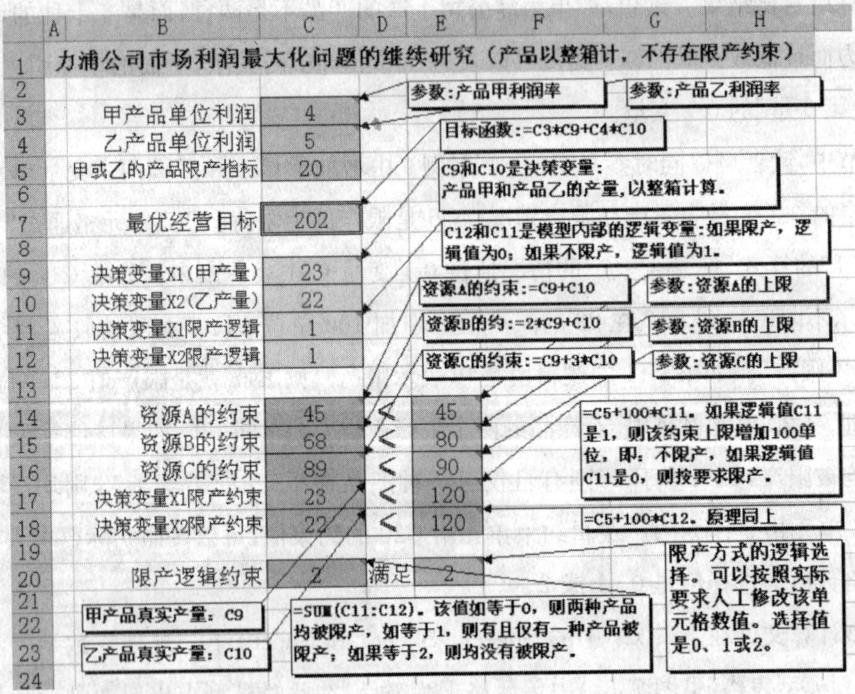


图 7.5a　案例 6 的电子表格模型:两种产品均不限产的情况(Sheet1)

将 E20 修改成 1,即表示“有且仅有”一种产品限产。计算结果 7-2. xls 中的 Sheet2 上。运算结果是$(x_1, x_2)=(25, 20)$,最优值 200 万元。由于模型中的隐含 0-1 决策变量经过规划求解,案例 6 的问题 i 的决策问题由模型自行完成:将“1”分配给产品乙,该产品限产 20。经过某一种产品限产(现在已经知道是乙),给公司带来的利润影响是 2(=202－200)万元。可见,限制乙产品带来的利润下滑,由增产的甲产品在一定程度上补缺了。规划模型表格参考图 7.5b。

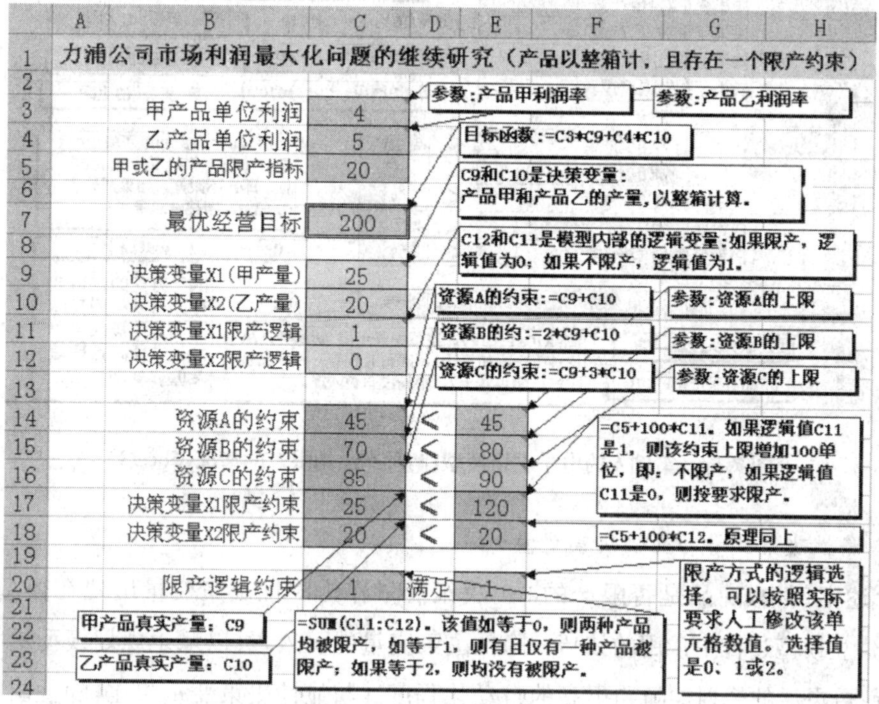


**图 7.5b　案例 6 的电子表格模型:其中某一种产品限产的情况(Sheet2)**

将 E20 修改成 0,即表示两种产品均限产。计算结果 7-2. xls 中的 Sheet3 上。运算结果是$(x_1, x_2)=(20, 20)$,最优值 180 万元。案例 6 的问题 ii 可以通过对比前两次规划求解的结果来解决:全部限产情况相对自由生产情况,损失 22(=202－180)万元,而相对仅限产一种产品情况,损失 20(=200－180)万元。可见,全部限产的情况下,力浦公司已经完全失去产品互补的自由,机会损失增加很快。从另外一个角度回答问题 ii:如果力浦公司遇到全部限产的情况,花费 22 万元以内的成本去突破产品甲的限产约束,是值得的。规划模型表格参考图 7.5c。

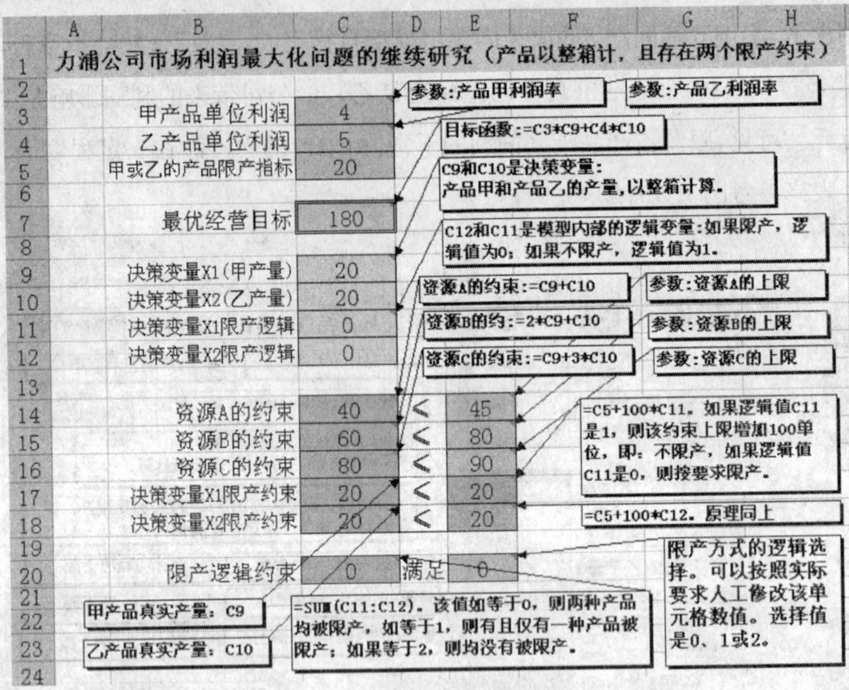


**图 7.5c　案例 6 的电子表格模型：两种产品均限产的情况**(Sheet3)

2. 隐性决策变量与显性决策变量

上述案例中，产品是否限产的 0-1 决策变量作为隐性决策变量出现在模型中，是 Excel 建立模型过程中常用的技巧。隐性决策变量的引入，可以赋予规划模型更大的适用范围、更灵活的规划空间和更高的自动化程度。与显性决策变量相比，隐性决策变量更需要建模者对实际问题的深层次的理解和把握，隐性决策变量的使用体现了建模者的建模水平。0-1 变量常常作为隐性决策变量出现在不同的规划模型中，而不仅仅囿于 0-1 整数规划中，在其他规划求解模型中，甚至可以这样说，在任何规划模型中，均可以结合实际情况大胆地使用这种有效的隐性决策变量。

## 7.3 指派问题

### 案例 7 教师分配教学任务的规划问题

某系有4名教师甲、乙、丙和丁，均有能力讲授A、B、C和D课程。由于经验上的原因，各名教师每周所需备课时间见表7.1。教务部门的要求是：每一门课程由一名教师担任，同时每一名教师只担任一门课程的教学任务。请针对以下不同情况，给出教师整体备课时间最小的排课方案。

**表 7.1 教师备课效率情况**

| 备课效率 | A | B | C | D |
|---|---|---|---|---|
| 甲 | 4 | 17 | 15 | 6 |
| 乙 | 12 | 6 | 16 | 7 |
| 丙 | 11 | 16 | 18 | 15 |
| 丁 | 9 | 10 | 13 | 11 |

i. 首先按照教务部门的要求排课，暂时没有咨询各教师的意见。

ii. 教师丙随后提出不担任对课程A的教学任务的要求。

iii. 在ii的基础上，该系研究决定由教师乙担任课程A的教学任务。

iv. 教师丁将外出进修。在i的条件下，暂时让某一门课停开。

v. 教师丁将外出进修。教务部门放宽课程与教师一一对应的要求，同意可以由甲乙丙三名教师中的一名(注意：仅仅一名)同时担任两门课程的教学任务，从而避免了课程停开。

### 7.3.1 指派问题的一般模型

指派问题是一种“纯0-1整数规划”，即所有的决策变量均为0-1变量。指派问题可以利用常规的单纯形法解决,但是由于特殊的逻辑结构,匈牙利数学家考尼格(D. Konig)提出的匈牙利算法可以有效地解决指派问题。平衡型的指派问题的一般模型是:

$$\min Z = \sum_{i} \sum_{j} c_{ij} x_{ij}$$

$$\text{s.t.} \begin{cases} \sum_{i=1}^{n} x_{ij} = 1,\ i = 1, 2, \cdots, n \\ \sum_{j=1}^{n} x_{ij} = 1,\ j = 1, 2, \cdots, n \\ x_{ij} = 1 \text{ 或 } 0 \end{cases}$$

鉴于上述模型的行和列方向上的批量求和为 1 的结构特征,在指派问题的电子表格模型中,建议将决策变量设计成矩阵的形式(案例 2 中,瑞福公司的投资决策也是按照这个思路设计的决策变量矩阵),同时行列方向上的约束条件也围绕着这个矩阵开展。

标准的指派问题具有以下特点:

(1) 任务数与任务承担人数相同,即效率系数矩阵是个方阵;这是平衡型的指派问题的基本特点。

(2) 每个任务只能由一个任务承担人完成。

(3) 每个任务承担人只能完成一项任务。

(4) 每个任务与每个任务承担人之间存在一个效率系数(一般情况是成本)。

(5) 追求指派方案的总成本最小。

上述特点的任何一个的违背,都会带来指派问题的变形。本节将利用电子表格解决诸多变形的指派问题。另外,生产经营实践中很多指派规划问题并没有“任务”和“完成者”的概念,但是仍然能够归结到指派问题上来,请读者广义地理解指派问题中的“任务”和“完成者”的概念。

### 7.3.2 案例 7 问题 i 的建模和求解

模型计算文件在 7-3. xls 中的 Sheet1 上,规划模型表格和规划参数结果参考图 7.6 和图 7.7。规划的结果是:甲—D,乙—B、丙—A 和丁—C,最少备课时间 36 单位。其中部分单元格的逻辑公式见图 7.8。

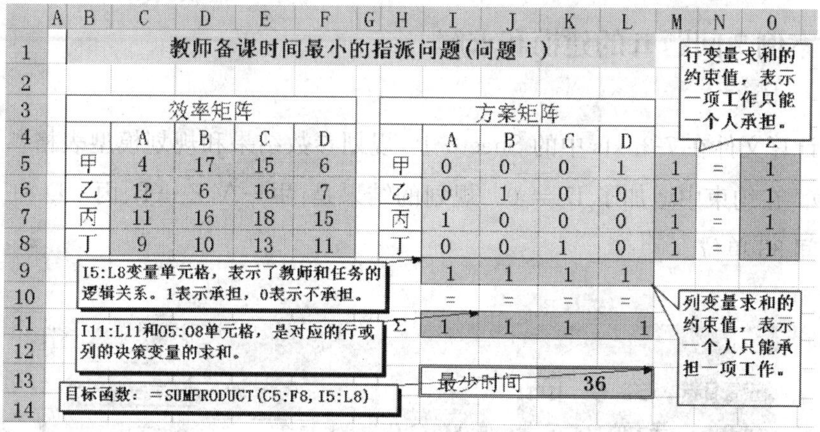


图 7.6 案例 7 问题 i 的电子表格模型

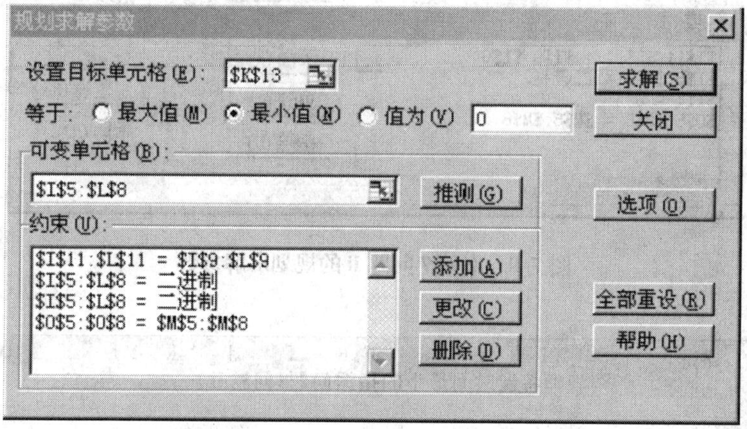


图 7.7 案例 7 问题 i 的规划求解参数

| | C | D | E | F |
|---|---|---|---|---|
| 13 | =SUM(C9:C11) | =SUM(D9:D11) | =SUM(E9:E11) | =SUM(F9:F11) |

| | J |
|---|---|
| 9 | =SUM(C9:F9) |
| 10 | =SUM(C10:F10) |
| 11 | =SUM(C11:F11) |

图 7.8 图 7.6 中的部分单元格的公式

### 7.3.3 案例7问题ii的建模和求解

模型计算文件在7-3.xls中的Sheet2上，规划参数结果和规划模型表格参考图7.9和图7.10。在约束中增加了I7＝0。规划的结果是：甲—A，乙—B、丙—D和丁—C，最少备课时间38单位。

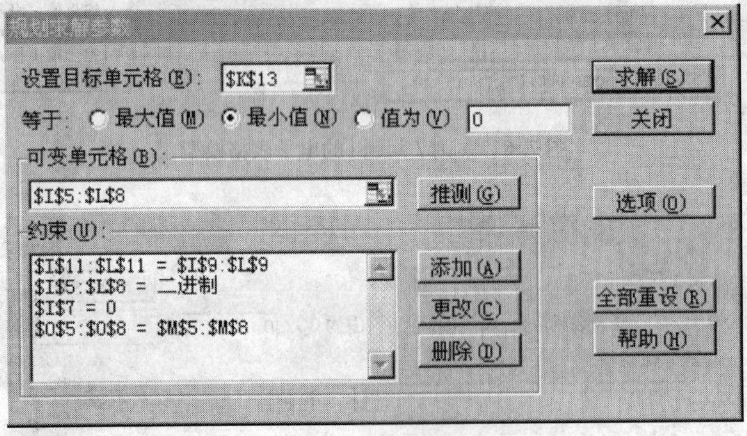


图7.9 案例7问题ii的规划求解参数

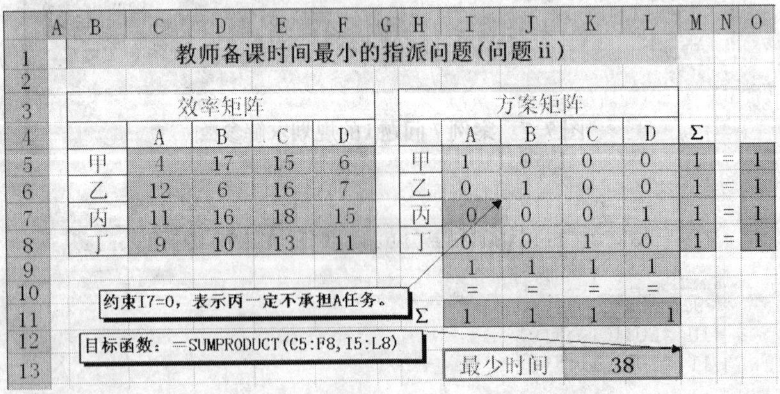


图7.10 案例7问题ii的电子表格模型

### 7.3.4 案例 7 问题 iii 的建模和求解

模型计算文件在 7-3. xls 中的 Sheet3 上，规划参数结果和规划模型表格参考图 7.11 和图 7.12。在约束中增加了 I7 = 0 和 I6 = 1。规划的结果是：甲—D，乙—A、丙—C 和丁—B，最少备课时间 46 单位。

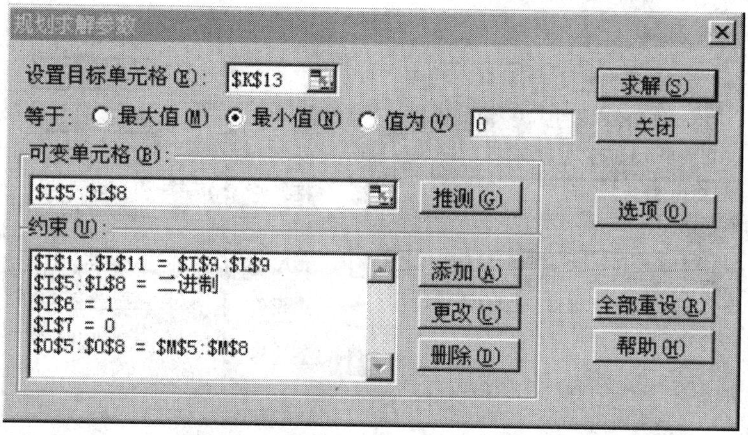


图 7.11　案例 7 问题 iii 的规划求解参数

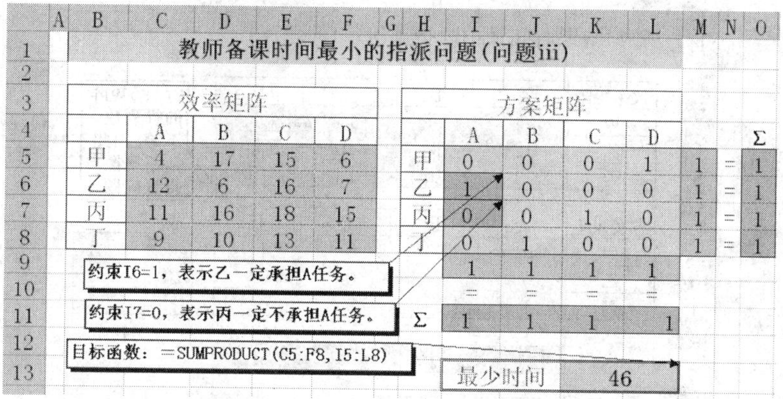


图 7.12　案例 7 问题 iii 的电子表格模型

### 7.3.5 案例7问题iv的建模和求解

由于教师丁不能参与任务的指派，因此问题成为不平衡的指派问题。模型计算文件在7-3.xls中的Sheet4上，规划参数结果和规划模型表格参考图7.13和图7.14。规划的结果是：甲—D，乙—B、丙—A，最少备课时间23单位。课程C暂时无人承担。

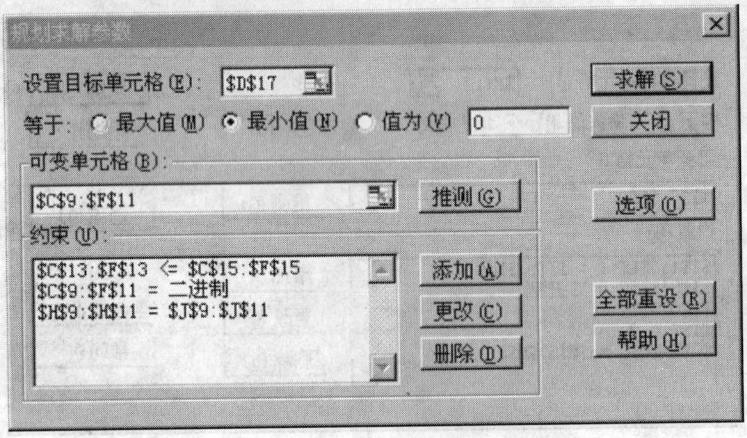


图7.13 案例7问题iv的规划求解参数

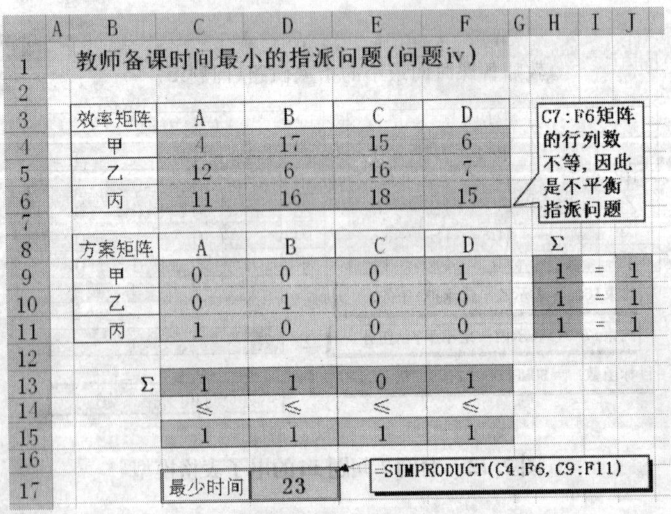

| | A | B | C | D | E | F | G | H | I | J |
|---|---|---|---|---|---|---|---|---|---|---|
| 1 | | 教师备课时间最小的指派问题(问题iv) | | | | | | | | |
| 2 | | | | | | | | | | |
| 3 | | 效率矩阵 | A | B | C | D | | | | |
| 4 | | 甲 | 4 | 17 | 15 | 6 | | | | |
| 5 | | 乙 | 12 | 6 | 16 | 7 | | | | |
| 6 | | 丙 | 11 | 16 | 18 | 15 | | | | |
| 7 | | | | | | | | | | |
| 8 | | 方案矩阵 | A | B | C | D | | Σ | | |
| 9 | | 甲 | 0 | 0 | 0 | 1 | | 1 | = | 1 |
| 10 | | 乙 | 0 | 1 | 0 | 0 | | 1 | = | 1 |
| 11 | | 丙 | 1 | 0 | 0 | 0 | | 1 | = | 1 |
| 12 | | | | | | | | | | |
| 13 | | Σ | 1 | 1 | 0 | 1 | | | | |
| 14 | | | ≤ | ≤ | ≤ | ≤ | | | | |
| 15 | | | 1 | 1 | 1 | 1 | | | | |
| 16 | | | | | | | | | | |
| 17 | | | 最少时间 | 23 | | | | | | |



图7.14 案例7问题iv的电子表格模型

### 7.3.6 案例7问题v的建模和求解

教师丁不能参与任务的指派,但是由于约束的放宽(允许某一位教师担任两门课程),因此问题变成一种变形的指派问题。

对于问题v给出以下两种建模解法:

(1) 设置"虚拟人"。构造一个虚拟的教师,此人的效率值是完成相应任务的三人中的最小值。(请读者思考,为什么这个虚拟的人的效率值是三人中的最小值,而不是最大值?)虚拟人的出现,使得问题再次变成平衡的指派问题。模型计算文件在7-3.xls中的Sheet5A上,规划参数结果和规划模型表格参考图7.15和图7.16。规划的直接结果是:甲—D,乙—B、丙—C和"虚拟人"—A,最少备课时间34单位。虚拟人承担课程A的效率值是4,而4显然是教师甲提供的。因此,最终的指派方案是:甲—A和D,乙—B、丙—C。

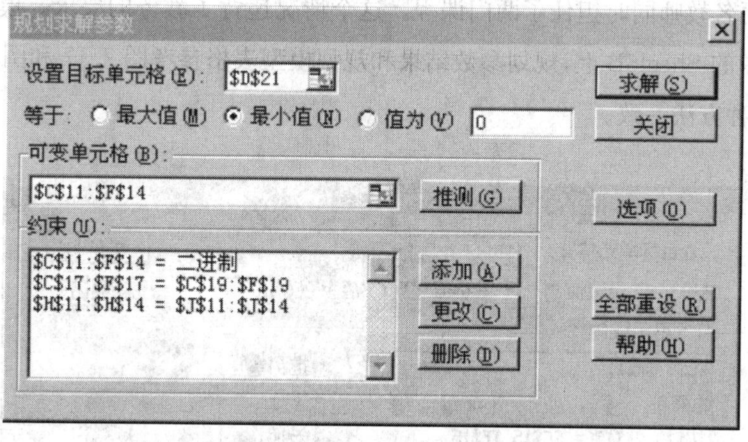


**图7.15 案例7问题v的规划求解参数**(利用虚拟人实现)

图7.16的模型中,C4:F4单元格中存在最小值函数MIN(),例如,C7利用MIN(C4:C6)实现。"规划求解"计算过程中,认为这些函数为非线性关系,因此需要注意在模型参数选项中避免选取"采用线性模型"复选框。

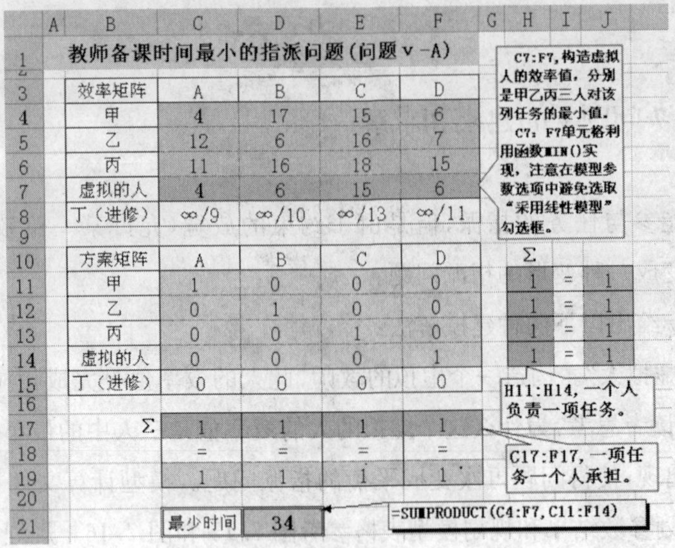


**图 7.16　案例 7 问题 v 的电子表格模型**(利用虚拟人实现)

(2) 按照抽屉原则约束行方向的求和结果。比如教师甲,既可以单独承担一门课程,也可以同时承担两门课程。但是必须保证没有教师不承担课程,否则按照抽屉原则可知,至少有两名教师同时担任了两门课程。这个情况违背了教务的要求。模型计算文件在 7-3. xls 中的 Sheet5B 上,规划参数结果和规划模型表格参考图 7.17 和图 7.18。规划结果与第一种方法一致。

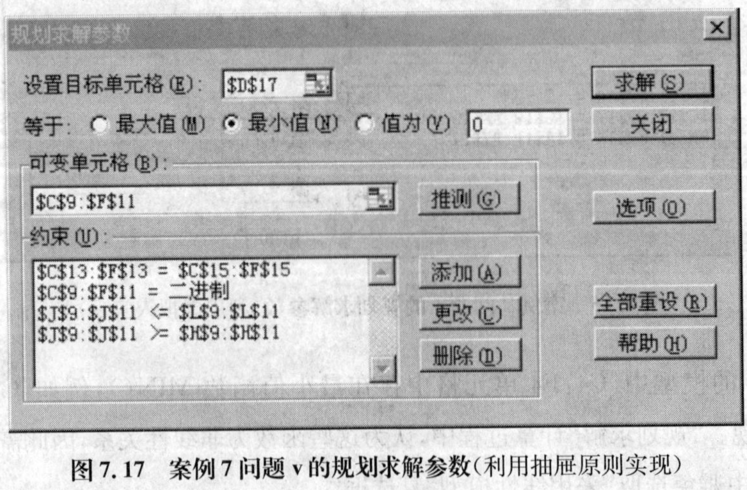


**图 7.17　案例 7 问题 v 的规划求解参数**(利用抽屉原则实现)

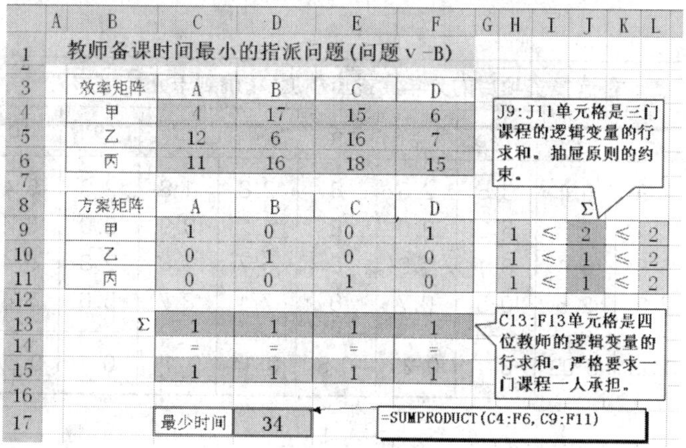


**图7.18　案例7问题v的电子表格模型**(利用抽屉原则实现)

## 7.4　背包问题

### 案例8　加利(ADDPROFIT)公司风险投资(VC)的规划问题

加利公司是一家专门管理风险创业项目的投资机构。公司现在制定了一个从2010年到2014年的5年投资计划,5年中每年初的可支配风险投资分别是25、30、40、40和45万元,合计180万元。现在预计在2010年初,将有10个5年期的投资项目可以选择。这些创业风险投资的特点是:一旦确定投资某项目,要求加利公司连续在5年中的每年年初按照合同规定额度注资。同时,该项目的投资回报是按照全部投资额度和合同协商的回报率,在第5年末偿还所有投资后一次交割。公司备选项目的阶段投资详情见表7.2。

请规划出该公司的最大投资回报的投资方案,并给出最大收益的预算。

**表7.2　公司备选项目的阶段投资详表**

| 年　度 | 备选投资项目的分年度投资额度(精确到千元) | | | | | | | | | | 当年公司资金限额(万元) |
|---|---|---|---|---|---|---|---|---|---|---|---|
| | 1 | 2 | 3 | 4 | 5 | 6 | 7 | 8 | 9 | 10 | |
| 2010 | 3.6 | 1.5 | 2.6 | 1.2 | 3.3 | 8 | 1.4 | 3.7 | 1.4 | 5.4 | 25 |

(续表)

| 年　度 | 备选投资项目的分年度投资额度(精确到千元) | | | | | | | | | | 当年公司资金限额(万元) |
|---|---|---|---|---|---|---|---|---|---|---|---|
| | 1 | 2 | 3 | 4 | 5 | 6 | 7 | 8 | 9 | 10 | |
| 2011 | 3.6 | 2.9 | 5.1 | 3.5 | 2.6 | 8 | 2.8 | 1.8 | 2.8 | 5.4 | 30 |
| 2012 | 3.6 | 4.4 | 7.7 | 5.8 | 2.0 | 8 | 4.2 | 0.9 | 5.6 | 5.4 | 40 |
| 2013 | 3.6 | 5.8 | 5.1 | 8.1 | 1.3 | 8 | 5.7 | 1.8 | 2.8 | 5.4 | 40 |
| 2014 | 3.6 | 7.3 | 2.6 | 10.5 | 0.7 | 8 | 7.1 | 3.7 | 5.6 | 5.4 | 45 |
| 回报率 | 0.1 | 0.15 | 0.08 | 0.1 | 0.25 | 0.3 | 0.14 | 0.15 | 0.1 | 0.07 | $\sum = 180$ |

### 7.4.1　背包问题的一般模型

设想一个登山者在起程前整理背包，这个背包有个最大的承重限度。现在登山者打算在这个承重限度内尽可能装入不同的器材和备品，在各种装载方案中，登山者希望寻找一个总效用最大的方案。这就是整数规划中的一个重要应用分支——背包问题。

所谓的背包问题，实际上借用了背包的引申含义，把某个约束力量的上限作为一个想象中的“背包”的最大承载，而通过合理地装入以整数为单位的种种“物品”，使得这个“背包”装载最大收益的物品集合。如果这个背包仅仅有一个所谓的上限(比如重量)，则这个问题属于“一维背包”问题；如果有两个不同上限(比如重量和容积)的上限，则属于“二维背包”问题。$k$ 维背包问题的一般模型是：

$$\max Z = \sum_{i=1}^{n} c_i x_i$$

$$\text{s.t.}\begin{cases}\sum\limits_{i=1}^{n} w_{si} x_i \leqslant a_s \\ x_i \text{ 是正整数}, i = 1, 2, \cdots, n \text{ 且 } s = 1, 2, \cdots, k\end{cases}$$

背包问题的决策变量是正整数时，表示“背包”中可以重复装载同样的物品。如果整数为特殊的 0-1 变量，表示该种物品或者装载一个，或者不装载。

### 7.4.2 加利公司的"背包问题"模型

1. 建模分析

由于背包问题可以以选择不同物品装载为阶段划分，所以多数背包问题可以用动态规划解决。本节不涉及这部分理论，仍用电子表格建立规划求解模型，并作为一个整数规划处理。

变量　由于10个备选项目均是赢利项目，因此公司希望这个180万元的"背包"尽可能高效地"装载"这些项目。对其中任意项目的投资决策，显然属于是或者非的判断，因此，这个问题的决策变量是10个0-1变量。如果把加利公司的这个5年的投资规划看作一个背包问题，我们会形象地看到：加利公司的"背包"容量是总投资的上限180万元。

目标　加利公司的投资目标是在第5年末取得所有确定注资项目的投资回报总和的最大值。各项目理论上的投资回报，是通过5年的全部投资乘上合同约定的投资回报率而得到。

约束　除了规定了变量的0-1特性之外，现在的问题似乎是公司总投资的上限限制了公司对各个项目的选择，其实这并不是问题的关键。事实上，由于公司的投资是分成5个阶段投资的，每个阶段的年度投资总额才限制了公司对这10个赢利项目的取舍。只要其中某一年的年度投资总额没有达到当年项目的要求，加利公司的整体投资计划也就全盘失败。因此可以感性地认识到：加利公司的这个背包是个5维的背包问题——每一年的年度投资总额满足当年各个项目的注资总额。易知，在满足了每一年的"小背包"实际投资不超过年度计划投资后，投资总额180万的"大背包"也一定不会超过上限，因此实际上这个总投资"约束"是自然而然成立的，没有必要画蛇添足地再次出现在"规划求解参数"对话中。

2. 电子表格模型

模型计算文件在7-4.xls中，规划模型表格、规划求解参数、电子表格中区域名称见图7.19。

3. 规划结果

加利公司应当投资项目1、项目3和项目8之外的其他7个项目，并在5年后获得最大的风险投资回报 27.315 万元。实际总投资为 167.2 万元，剩余 12.8 万元。其他具体的年度投资数据参考图 7.19。

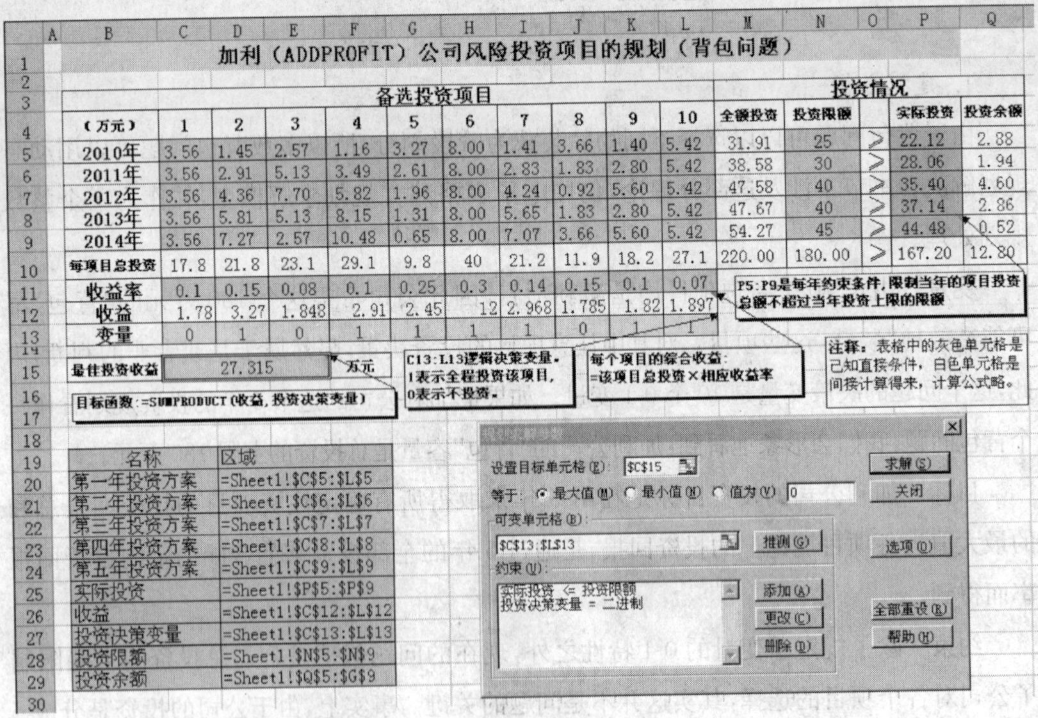

加利（ADDPROFIT）公司风险投资项目的规划（背包问题）

| （万元） | 1 | 2 | 3 | 4 | 5 | 6 | 7 | 8 | 9 | 10 | 全额投资 | 投资限额 | | 实际投资 | 投资余额 |
|---|---|---|---|---|---|---|---|---|---|---|---|---|---|---|---|
| 2010年 | 3.56 | 1.45 | 2.57 | 1.16 | 3.27 | 8.00 | 1.41 | 3.66 | 1.40 | 5.42 | 31.91 | 25 | ≥ | 22.12 | 2.88 |
| 2011年 | 3.56 | 2.91 | 5.13 | 3.49 | 2.61 | 8.00 | 2.83 | 1.83 | 2.80 | 5.42 | 38.58 | 30 | ≥ | 28.06 | 1.94 |
| 2012年 | 3.56 | 4.36 | 7.70 | 5.82 | 1.96 | 8.00 | 4.24 | 0.92 | 5.60 | 5.42 | 47.58 | 40 | ≥ | 35.40 | 4.60 |
| 2013年 | 3.56 | 5.81 | 5.13 | 8.15 | 1.31 | 8.00 | 5.65 | 1.83 | 2.80 | 5.42 | 47.67 | 40 | ≥ | 37.14 | 2.86 |
| 2014年 | 3.56 | 7.27 | 2.57 | 10.48 | 0.65 | 8.00 | 7.07 | 3.66 | 5.60 | 5.42 | 54.27 | 45 | ≥ | 44.48 | 0.52 |
| 每项目总投资 | 17.8 | 21.8 | 23.1 | 29.1 | 9.8 | 40 | 21.2 | 11.9 | 18.2 | 27.1 | 220.00 | 180.00 | ≥ | 167.20 | 12.80 |
| 收益率 | 0.1 | 0.15 | 0.08 | 0.1 | 0.25 | 0.3 | 0.14 | 0.15 | 0.1 | 0.07 | | | | | |
| 收益 | 1.78 | 3.27 | 1.848 | 2.91 | 2.45 | 12 | 2.968 | 1.785 | 1.82 | 1.897 | | | | | |
| 变量 | 0 | 1 | 0 | 1 | 1 | 1 | 1 | 0 | 1 | 1 | | | | | |

| 最佳投资收益 | 27.315 | 万元 |
|---|---|---|

| 名称 | 区域 |
|---|---|
| 第一年投资方案 | =Sheet1!$C$5:$L$5 |
| 第二年投资方案 | =Sheet1!$C$6:$L$6 |
| 第三年投资方案 | =Sheet1!$C$7:$L$7 |
| 第四年投资方案 | =Sheet1!$C$8:$L$8 |
| 第五年投资方案 | =Sheet1!$C$9:$L$9 |
| 实际投资 | =Sheet1!$P$5:$P$9 |
| 收益 | =Sheet1!$C$12:$L$12 |
| 投资决策变量 | =Sheet1!$C$13:$L$13 |
| 投资限额 | =Sheet1!$N$5:$N$9 |
| 投资余额 | =Sheet1!$Q$5:$G$9 |



图 7.19　案例 8 的电子表格模型和规划求解参数(包括区域名称)

## 思考与练习

1. 你在生活中遇到过带有整数变量的决策问题吗？你又是如何处理这些问题的？
2. 结合实际问题，讨论“四舍五入”的处理办法给整数规划带来的问题。
3. 请参考其他运筹学教程，学习分支限界法和割平面法的基本原理和求解步骤。
4. 独立完成案例 5，掌握“规划求解”中实现整数约束的方法。请结合该例，验证图解法的求解结果，并讨论图解法在应对整数规划问题时的优势和缺点。
5. 独立完成案例 6，熟悉利用“0-1 变量”实现“或”和“且”等逻辑约束的方法，以及整数约束的方法。

6. 独立完成案例7,掌握平衡型指派问题的建模规划步骤,进一步了解变形的指派问题的解决方法。
7. 背包问题的定义是什么?广义的背包问题模型特征是什么?请列举三个实践中的“背包问题”并为其进行初步的规划模型设计。
8. 独立完成案例8,掌握多维背包问题的建模方法和步骤。

# 第 8 章 运输问题

## 8.1 运输问题的基本概念

### 8.1.1 运输问题及其模型

运输行为是生产过程中的重要环节。运输对象在空间上的位移,也是一种创造效益的活动。很多学科对运输问题都有专门的研究,而运筹学研究领域中的运输问题,则主要是研究单一的运输对象在运输费率确定的运输网络中的整体配送效率问题。

运输问题的数学描述是:某种物资有 $m$ 个产地 $A_i$,各产地产量是 $a_i(i=1, 2, \cdots, m)$;有 $n$ 个销地 $B_j$,各销地销量是 $b_j(j=1, 2, \cdots, n)$。产地 $A_i$ 与销地 $B_j$ 之间的运输费率是 $c_{ij}$。如何合理安排运量,在满足产销关系的前提下达到总运输成本最小?

如果运输问题中的总产量恰等于总销量 $\left(\sum_{i=1}^{m} a_i = \sum_{j=1}^{n} b_j\right)$,则为平衡型的运输问题。模型是:

$$\min Z = \sum_{i=1}^{m}\sum_{j=1}^{n} c_{ij} x_{ij}$$

$$
\text{s. t.}\begin{cases}\sum_{i=1}^{m} x_{ij} = b_j,\ j=1,\ 2,\ \cdots,\ n\\ \sum_{j=1}^{n} x_{xj} = a_i,\ i=1,\ 2,\ \cdots,\ m\\ x_{xj} \geqslant 0\end{cases}
$$

上述模型的约束条件为 $(m+n)$ 个。由于存在等式平衡关系，可以证明上述模型中的 $(m+n)$ 个约束条件中，有且只有一个冗余的约束。也就是说，只要该问题中的 $a_i$ 和 $b_j$ 没有出现 0 值的情况下，约束条件构成的系数矩阵 $A_{ij}$ 的秩等于 $(m+n-1)$。运输模型与前一章的指派问题的数学模型十分类似。事实上，指派问题是一种特殊的运输问题，只不过在指派问题中“运输”的“物品”是“指派指令”，即 0-1 变量。因此，本章的电子表格模型与指派问题的模型有很多地方是类似的。

### 8.1.2 不平衡运输问题的讨论

1. “供不应求”和“供大于求”的运输问题模型

当运输模型中存在运输总量不等式

$$
\sum_{i=1}^{m} a_i < \sum_{j=1}^{n} b_j \quad \text{或} \quad \sum_{i=1}^{m} a_i > \sum_{j=1}^{n} b_j
$$

关系时，分别称之供不应求或供大于求的不平衡运输问题。

平衡运输问题的理论解法是运输表上作业法。不平衡的运输问题在使用运输作业表时，可以通过虚拟“产地”或“销地”，把不平衡运输问题转换成平衡问题来处理。由于 Excel 的“规划求解”功能对约束的输入比较灵活，因此建模者在处理不平衡运输问题时，虚拟地点的设置并不必要出现。

上述产销平衡关系的不等式应用在运输规划问题时可以分别写成以下数学模型：

$$
\min Z = \sum_{i=1}^{m} \sum_{j=1}^{n} c_{ij} x_{ij}
$$

$$\text{s.t.}\begin{cases}\sum_{i=1}^{m} x_{ij} \leqslant b_j,\ j=1,\ 2,\ \cdots,\ n \\ \sum_{j=1}^{n} x_{ij} = a_i,\ i=1,\ 2,\ \cdots,\ m \\ x_{ij} \geqslant 0\end{cases}$$

或

$$\min Z = \sum_{i=1}^{m}\sum_{j=1}^{n} c_{ij} x_{ij}$$

$$\text{s.t.}\begin{cases}\sum_{i=1}^{m} x_{ij} = b_j,\ j=1,\ 2,\ \cdots,\ n \\ \sum_{j=1}^{n} x_{ij} \leqslant a_i,\ i=1,\ 2,\ \cdots,\ m \\ x_{ij} \geqslant 0\end{cases}$$

2. 不平衡运输模型存在的一个“前提不完备”的问题

在运输总量不等式与运输问题数学模型的互化过程时，上文强调了“应用在运输规划问题时”的成立条件。事实上，严格地数学互化并不是完全等价的。看下面的约束例子：

某运输问题的总供给量是13(＝6＋7)，总需求量是10(＝5＋5)。因此这是一个“供大于求”的运输问题。假设存在以下一个运输方案，而且数学模型的约束是：

| 产地 \ 销地 | $B_1$ | $B_2$ | 产量 |
|---|---|---|---|
| $A_1$ | 4 | 3 | 6 |
| $A_2$ | 1 | 2 | 7 |
| 销量 | 5 | 5 | |

$$\text{s.t.}\begin{cases}4+3 \geqslant 6 \\ 1+2 \leqslant 7 \\ 4+1 = 5 \\ 3+2 = 5\end{cases}$$

显然上述约束并不完全符合所有产地均“供大于求”的运输模型形式，其中产地$A_1$的情况却是“供不应求”，但是整个运输系统仍旧是“供大于求”。上述模型“在数学意义上”并没有破坏“总供给大于总需求”的关系不等式。也就是说，从不平衡的运输模型可以得到整体运输问题的供需状况，但是却不能从整体运输问题推导还原出各个产地和销地的供需状况。多数运筹学教材都是把不平衡运输问题默认为本节给出的两种模型，阐述前提显然是不完备的。这个例子提醒我们：在整体上“供大于求”的运输系统里，也可能存在个别产销地“供不应求”的情况。因此，从数学上严格地说，运输系统的整体不平衡关系特征不能进一步得到每个产地（或者销地）同样的特征。也就是说，整体“供不应求”的运输体系中，可能仍会有部分产地的产品销售不完；而整体“供大于求”的另一种运输体系中，也可能会有部分销地的需求得不到完全满足。这个情况在现实中往往是常见的。

3. 维持上述情况“不完备但正确”的手段

然而，上面的两个运输模型虽然不完备，但是并未出错。原因在于有一些隐含的条件保证（或者预先处理）上述命题。以整体供大于求的运输系统为例，这个隐含条件是：在这种运输规划问题中，不允许出现供不应求的“不合理”的单独约束条件。一旦出现，运输系统的规划者拥有充分的能力将这些“大于”形式的约束条件，通过运输网络调配转换成“等于”甚至“小于”形式的约束条件。可以形象地描述：由于规划者的预先干预，在不平衡的运输网络中，进入到运筹规划前的模型状态不会存在“不合理”形式的约束条件。

仍旧以上述例子进一步分析。假设现在这个运输系统的规划决策者已经发现了不合理问题：在整体“供大于求”的系统下，产地 $A_1$“供不应求”的情况显然是“不合理”的。$A_1$ 的 1 单位产品的缺口可以转给 $A_2$ 来生产。于是 $A_1$ 产品销售得以平衡，而 $A_2$ 的销售压力也得到缓解，由原来的销售 3 剩余 4，变成现在的销售 4 而剩余 3。问题表现在以下的模型中：

| 销地<br>产地 | $B_1$ | $B_2$ | 产量 |
|---|---|---|---|
| $A_1$ | $4-1$ | 3 | 6 |
| $A_2$ | $1+1$ | 2 | 7 |
| 销量 | 5 | 5 | |

$$\text{s.t.}\begin{cases}6+3=6\\2+2\leqslant 7\\3+2=5\\3+2=5\end{cases}$$

4. 实现上述前提的思考

一个接受规划的运输系统必须是信息完备的系统，规划者必须掌握运输系统各个节点的实际情况。不能完全达到这一要求，不平衡运输问题的模型都未必能统一起来，更不用说规划求解了。所以，对于运输系统（当然也包括其他广义的运输系统）而言，存在一个处于所有运输主体(比如产地、中转商、销地等)之上而且信息完全的规划者是十分必要的。从这个角度上思考运输问题,单纯用市场力量来调节运输体系,往往不会得到系统最优的结果。因此可以这样认为:在一个规划者信息掌握不完全的运输网络中,整体运输网络的供需态势也许并不能用于描述个体运输节点的状态。另外,还有一个隐含的前提,就是运输问题中,已经默认各个节点之间的运输能力是无限的。如果某些节点之间的运输状态有另外的限制,则可以在约束条件中单独列出,或者进一步说,需要修改"规划求解"对话框中约束条件。

5. 两个有趣的思考

(1) 是否存在以下供需约束均未饱和的可能? 不可能的原因是什么?

$$\min Z = \sum_{i=1}^{m} \sum_{j=1}^{n} c_{ij} x_{ij}$$

$$\text{s. t.} \begin{cases} \sum_{i=1}^{m} x_{ij} \leqslant b_j,\ j = 1,\ 2,\ \cdots,\ n \\ \sum_{j=1}^{n} x_{ij} \leqslant a_i,\ i = 1,\ 2,\ \cdots,\ m \\ x_{ij} \geqslant 0 \end{cases}$$

运输问题有一个常识性的假设:运输网络仅仅会遇到三种市场状况——供需平衡、供不应求和供过于求。上述模型是一个违背现实逻辑的扭曲模型。

对于上述供需约束均未饱和的情况,应当将 $\sum_{i=1}^{m} a_i$ 和 $\sum_{j}^{n} b_j$ 中较小的约束组写成等式形式的约束平衡式。事实上,即便利用"规划求解"直接解决这个扭曲的运输模型,其结果也一定是:较小的约束组的所有约束条件均达到约束值的上限,实际上就是这组约束条件的所有的"≤"在"="成立。

(2) 任何运输问题一定存在最优解吗? 为什么?

对于某个规划问题,显然不能做出"一定存在最优解"的判断。但是对于运输问题而言,这个最优解存在性的判断是正确的。

我们按照以下思路依次得到:

首先,任何运输问题都可以利用增加虚拟产地或者销地的手段,转化成平衡型的运输问题。平衡后的运输量是 $Q = \sum a_i = \sum b_j$。

其次，常识告诉我们，运输问题无论是求最小运输成本还是最大运输收入，都不会是无穷大的结果。也就是说，运输问题的最优值一定是一个在0和某个上限之间的有界值。

最后，我们可以设计一个特殊的可行方案，让任意产地和销地之间的运输量为：

$$x_{ij} = \frac{a_i b_j}{Q}$$

易知，这个可行方案满足了所有产地和销地的各自供需要求。这是最关键的一个判断信息，也就是说，运输问题一定存在可行域。

因此，对于一个存在可行域而且最优值有界的规划问题，一定存在可以达到某个最优值的至少一个最优解方案。

## 8.2 运输问题的建模和求解

### 案例9 光明早餐公司最小成本运输方案的制定

光明公司是一家专门提供盒装早餐的企业，现在该公司的经营方式是通过全市不同位置的3个生产车间(代码为 $A_i$，$i = 1, 2, 3$) 为4个配送站(代码为 $B_j$，$j = 1, 2, 3, 4$) 提供质量一致的早餐。光明公司现在拥有自己的运输车队，并在每天4点前必须完成所有的配送业务。请帮助光明公司针对以下不同情况，合理规划出运输成本最小的配送方案。各车间的产量、各配送点的需求量以及之间单位产品的运输成本情况见表8.1。

表8.1 光明公司运价和产销情况　　运价单位：百元

| | B1 | B2 | B3 | B4 | 生产量 |
|---|---|---|---|---|---|
| A1 | 4 | 8 | 8 | 4 | 6 |
| A2 | 9 | 5 | 6 | 3 | 4 |
| A3 | 3 | 11 | 4 | 2 | 12 |
| 需求量 | 6 | 2 | 7 | 7 | 合计:22 |

i. 正常状况下的最少运输成本是多少?

ii. 若 A2 产品不许运往 B2,且 B3 不允许超过 1.5 单位。最少成本如何变化?

iii. 若 A3 因扩建施工停止生产,需求量由其他车间扩大加班生产来尽量满足(A1 生产 11 单位,A2 生产 8 单位)。这种非常情况下的运输方案将如何安排?

iv. 若公司采用灵活的配送方式,即不但增加了 4 个中转点(代码 $T_k$, $k=1,2,3,4$),还同意了车间、中转点和配送点之间开展转运(个别特殊规定除外)。中转点开始运作后的单位运输成本情况见表 8.2。那么这种方式采取后,是否有新的成本改进?

**表 8.2　增加转运点后的光明公司运价表**　　运价单位:百元

| | A1 | A2 | A3 | T1 | T2 | T3 | T4 | B1 | B2 | B3 |
|---|---|---|---|---|---|---|---|---|---|---|
| A2 | 2 | | | | | | | | | |
| A3 | 4 | 禁止 | | | | | | | | |
| T1 | 3 | 5 | 1 | | | | | | | |
| T2 | 2 | 3 | 不通 | 3 | | | | | | |
| T3 | 2 | 禁止 | 3 | 2 | 1 | | | | | |
| T4 | 4 | 3 | 2 | 1 | 2 | 4 | | | | |
| B1 | 4 | 9 | 3 | 2 | 4 | 1 | 1 | | | |
| B2 | 8 | 5 | 11 | 8 | 5 | 8 | 不通 | 3 | | |
| B3 | 8 | 6 | 4 | 4 | 2 | 2 | 2 | 4 | 1 | |
| B4 | 4 | 3 | 2 | 6 | 7 | 4 | 6 | 1 | 2 | 3 |

## 8.2.1　平衡运输问题的建模与求解

对于问题 i,光明公司的产量和配送量(即销量)均是 22 单位,是典型的平衡运输问题。由于问题变量结构是行列形式的矩阵结构,因此电子表格模型类似于第 7 章已经介绍的 0-1 规划模型。模型计算文件在 8-1. xls 中,规划模型表格和规划参数结果参考图 8.1 和图 8.2。

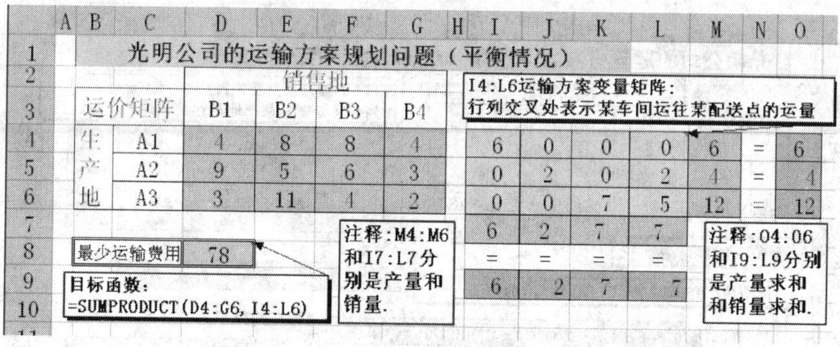


**图 8.1　案例 9 问题 i 的电子表格模型**（平衡情况）

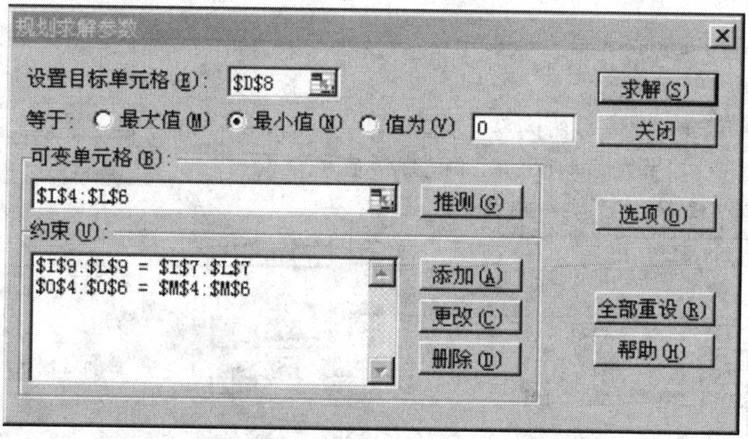


**图 8.2　案例 9 问题 i 的规划求解参数**（平衡情况）

规划的结果是：运输方案见图 8.1 的变量区域 I4：L6，该运输方案的最小运输成本是 7 800 元。

## 8.2.2　包含特殊要求的平衡运输问题的建模与求解

对于问题 ii，光明公司的产量和配送量的平衡仍旧维持，但是增加了“A2 产品不许运往 B2”和“B3 不允许超过 1.5 单位”的约束条件。如果在常规的运输表上作业法中，这种约束会给操作带来不少麻烦。但在电子表格模型中，可以通过简单的“规划求解”参数对话实现。

模型计算文件在 8-2. xls 中，规划模型表格和规划参数结果参考图 8.3 和图 8.4。规划求解参数对话框中添加了“J5 ＝ 0”和“L5 ＜＝ 1.5”。

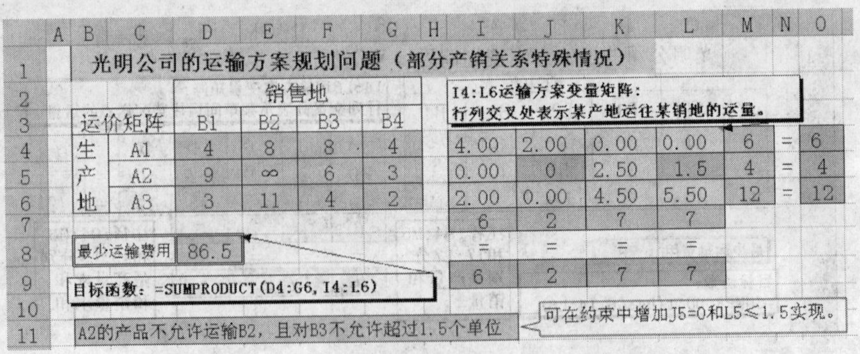


图 8.3　案例 9 问题 ii 的电子表格模型（部分产销关系特殊情况）

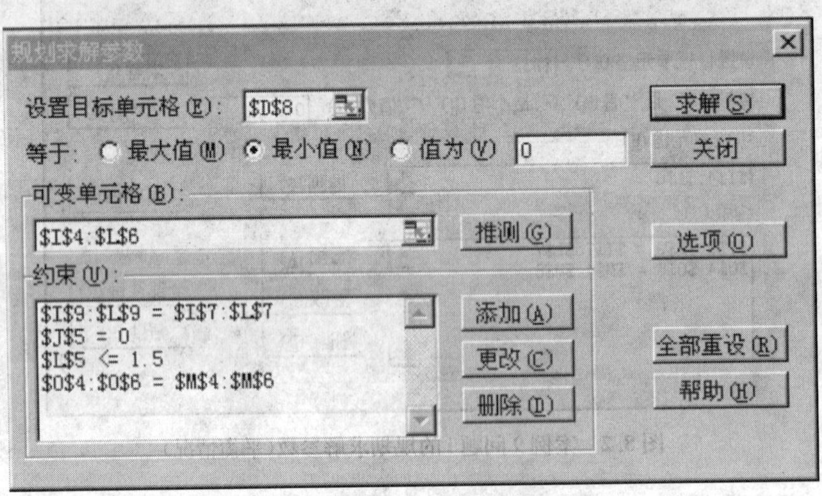


图 8.4　案例 9 问题 ii 的规划求解参数（部分产销关系特殊情况）

规划的结果是：运输方案见图 8.3 的变量区域，该运输方案的最小运输成本是 8 650 元。由于在原有问题上增加了新的约束，运输成本的增加是意料之中的事情。

### 8.2.3　不平衡运输问题的建模与求解

对于问题 iii，光明公司的产量和配送量的平衡被打破。由于总产量为 19，不能满足配送需求量 22，因此属于供不应求的运输体系。结合前面对不平衡问题的分析，建立的模型计算文件在 8-3. xls 中，规划模型表格和规划参数结果参考图 8.5 和图 8.6。

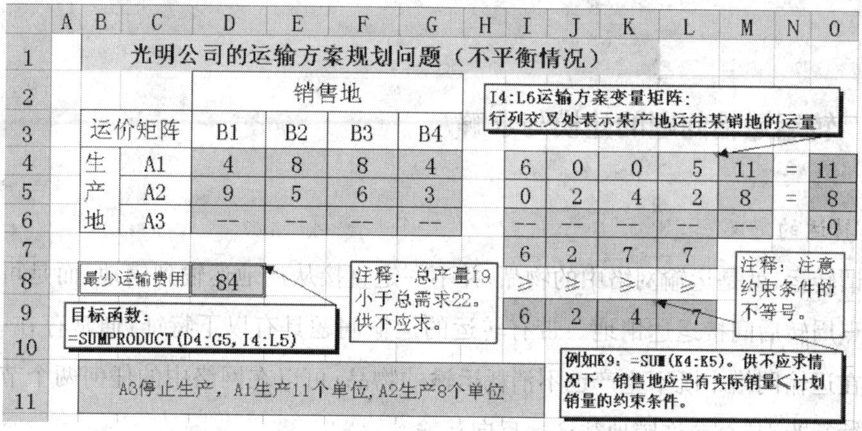


**图 8.5 案例 9 问题 iii 的电子表格模型**(不平衡情况)

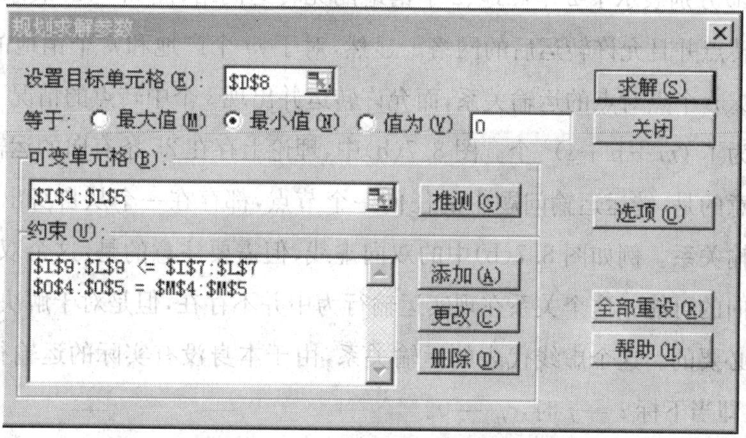


**图 8.6 案例 9 问题 iii 的规划求解参数**(不平衡情况)

规划的结果是:运输方案见图 8.5 的变量区域,该运输方案的最小运输成本是 8 400 元。配送点 B3 实际得到 4 单位运量,缺口 3 单位。

问题 iii 也可以用设置“虚拟产地”的方法进行求解。假设问题 iii 中的产地 A3“仍旧在生产”,而且“产量”恰是供需缺口 3 单位。由于 A3 并没有真正生产,所以与 A3 关联的运输单位成本均为 0。请读者在 8-3. xls 的电子模型上,按照增加“虚拟产地”的方法修改模型,观察规划结果的异同,体会将不平衡运输问题转换成平衡运输问题的思路。

### 8.2.4 转运运输问题的建模与求解

1. 转运的定义

所谓转运，就是运输网络中的物品，并不一定直接从产地运输到销地，而是可以通过其他节点周转后间接运达销地。带有转运的运输问题具有以下特征：通常存在中转点，这些点在运输网络中既不生产也不消耗运输的物品；可以在网络中的任何两个节点之间产生运输行为，甚至允许销地往产地反向运输。

2. 转运运输问题的理解

图 8.7(a)分别表示了 2 个产地、2 个销地的无转运网络，图 8.7(b)表示了这个网络增加一个中转点并且允许转运后的网络。显然，对于 $m$ 个产地和 $n$ 个销地的运输问题，可以存在 $m \times n$ 个点对点的运输关系，而允许转运并出现 $s$ 个中转点的情况下，点对点的运输关系成为了 $(m+n+s)^2$ 个。图 8.7(b)中，理论上存在 25 条有向的运输关系。

值得注意的是，转运运输问题中的任何一个节点，都存在一个从自身出发到自身结束的虚拟运输关系。例如图 8.7(b)中的双向虚线，但需要注意的是：这个双向虚线只能出现一个方向的可能。这个关系在现实运输行为中并不存在，但是对于解决转运问题的规划计算是必要的。这个虚线代表的运输关系，由于本身没有实际的运输行为，所以单位运价为 0，即当下标 $i = j$ 时，$c_{ij} = 0$。

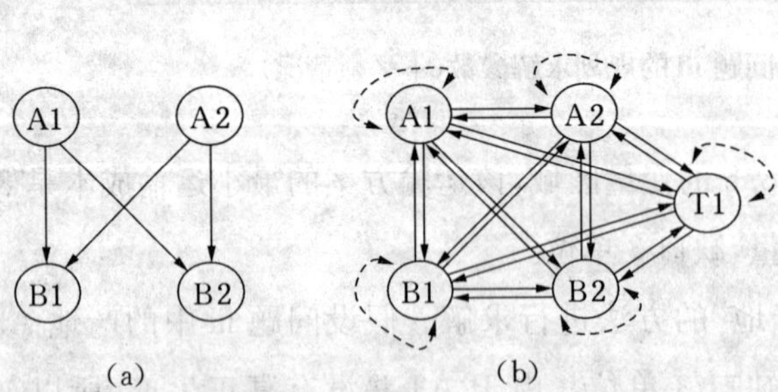


**图 8.7 没有转运关系和允许转运关系的运输网络对比**

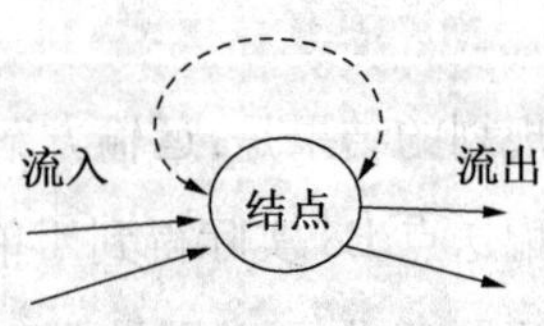


**图 8.8 包含虚拟回路的某节点运输流量示意**

3. 将转运运输问题转化成普通运输问题

现在单独考察转运运输问题上的任意一点，见图 8.8。这个节点所有的流出的运量总和减去所有的流入的运量总和的差值符合以下特点：当该节点是生产地时，差值等于该点产量；当是销售地时，差值等于负的销量；当是中转点时，差值为 0。

为了构造一个平衡的运输问题，现在将所有的节点（产地、销地和中转地）打破生产地或销地的狭义概念，同时作为广义的"发送地"和"接收地"构造一个行列均是 $(m+n+s)$ 个节点的运输效率矩阵，以及同样阶数的运输方案矩阵。由此可见，转运运输问题的决策变量是 $(m+n+s)^2$ 个。

4. "发送地"发送量和"接收地"接收量的确定

假设所有产地的产量和等于所有销地的销量和，为 $Q$。

将原本是产地的发送量设置成：$Q+a_i$，中转点和销地的发送量设置成：$Q$。

将原本是销地的接收量设置成：$Q+b_j$，中转点和产地的接收量设置成：$Q$。

以中转点为例来理解上述赋值的根据：对于某中转节点，一个极限的状态可能是流入或者流出的最大运输流量恰恰是 $Q$。一方面，如果超过了这个数，说明一定存在某批货物通过了这个中转节点两次。这显然是不经济而且不必要的。但是如果将这个点按照最大情况赋予了 $Q$ 流量，但在实际规划问题中达不到，那么这个差值由图 8.8 中的虚线回路来完成。不妨想象存在一个虚拟的运输量在这个单位运输成本为 0 的自身回路上"运输"，使得该中转点的发送和接受量始终保持 $Q$ 的定值。例如在图 8.9 中的规划结果，可以读出以下的周转信息：T4 实际周转 7 单位。这 7 单位来自 A3（单元格 I19），经 T4 周转后，发向 B3（单元格 L23）。而为了"配平"T4 点周转 22 单位，其中有 15 单位的运输虚拟发生在 T4 自身的"回路"上（单元格 I23）。另一方面，如果不到这个数，则存在这样一种可能：万一所有的运量 $Q$ 确实通过了这个节点，则模型没有考虑到这种极端特殊的情况而出错。因此，综上所述，中转节点的发送和接收量均应是 $Q$。确定发送点和接收点的量的原理同上，请读者自已理解。

5. 转运运输问题的电子表格模型

对于问题 iv，模型计算文件在 8-4.xls 中，模型表格和规划参数结果参考图 8.9 和图 8.10。这个模型需要专门说明的是：该运输网络里面存在很多不能产生运输行为的节点，在运价表上体现为运输成本的无穷大。然而，设计计算机程序来识别正无穷是困难的，因此，不妨换种角度思考——凡是存在正无穷的运输关系，在现实中等价于将相应运量单元格设为 0，即强制终止两个节点之间的供需关系。由于这些需要作为约束条件设置为 0 的单元格在电子表格上比较分散，为了批量实现约束输入操作，图 8.9 中的 32 和

**具有转运方案的光明公司运输规划问题**

| | A1 | A2 | A3 | T1 | T2 | T3 | T4 | B1 | B2 | B3 | B4 |
|---|---|---|---|---|---|---|---|---|---|---|---|
| A1 | 0 | 2 | 4 | 3 | 2 | 2 | 4 | 4 | 8 | 8 | 4 |
| A2 | 2 | 0 | ∞ | 5 | 3 | ∞ | 3 | 9 | 5 | 6 | 3 |
| A3 | 4 | ∞ | 0 | 1 | ∞ | 3 | 2 | 3 | 11 | 4 | 2 |
| T1 | 3 | 5 | 1 | 0 | 3 | 2 | 1 | 2 | 8 | 4 | 6 |
| T2 | 2 | 3 | ∞ | 3 | 0 | 1 | 2 | 4 | 5 | 2 | 7 |
| T3 | 2 | ∞ | 3 | 2 | 1 | 0 | 4 | 1 | 8 | 2 | 4 |
| T4 | 4 | 3 | 2 | 1 | 2 | 4 | 0 | 1 | ∞ | 2 | 6 |
| B1 | 4 | 9 | 3 | 2 | 4 | 1 | 1 | 0 | 3 | 4 | 1 |
| B2 | 8 | 5 | 11 | 8 | 5 | 8 | ∞ | 3 | 0 | 1 | 2 |
| B3 | 8 | 6 | 4 | 4 | 2 | 2 | 2 | 4 | 1 | 0 | 3 |
| B4 | 4 | 3 | 2 | 6 | 7 | 4 | 6 | 1 | 2 | 3 | 0 |

C4:M14(对称方阵)广义的运价矩阵。其中,对角线上的0表示虚拟货物在该点停留,不产生成本;∞表示无法直接运输的关系。

| | A1 | A2 | A3 | T1 | T2 | T3 | T4 | B1 | B2 | B3 | B4 | | | |
|---|---|---|---|---|---|---|---|---|---|---|---|---|---|---|
| A1 | 22 | 0 | 0 | 0 | 0 | 6 | 0 | 0 | 0 | 0 | 0 | 28 | = | 28 |
| A2 | 0 | 22 | 0 | 0 | 0 | 0 | 0 | 0 | 2 | 0 | 2 | 26 | = | 26 |
| A3 | 0 | 0 | 22 | 0 | 0 | 0 | 7 | 0 | 0 | 0 | 5 | 34 | = | 34 |
| T1 | 0 | 0 | 0 | 22 | 0 | 0 | 0 | 0 | 0 | 0 | 0 | 22 | = | 22 |
| T2 | 0 | 0 | 0 | 0 | 22 | 0 | 0 | 0 | 0 | 0 | 0 | 22 | = | 22 |
| T3 | 0 | 0 | 0 | 0 | 0 | 16 | 0 | 6 | 0 | 0 | 0 | 22 | = | 22 |
| T4 | 0 | 0 | 0 | 0 | 0 | 0 | 15 | 0 | 0 | 7 | 0 | 22 | = | 22 |
| B1 | 0 | 0 | 0 | 0 | 0 | 0 | 0 | 22 | 0 | 0 | 0 | 22 | = | 22 |
| B2 | 0 | 0 | 0 | 0 | 0 | 0 | 0 | 0 | 22 | 0 | 0 | 22 | = | 22 |
| B3 | 0 | 0 | 0 | 0 | 0 | 0 | 0 | 0 | 0 | 22 | 0 | 22 | = | 22 |
| B4 | 0 | 0 | 0 | 0 | 0 | 0 | 0 | 0 | 0 | 0 | 22 | 22 | = | 22 |
| | 22 | 22 | 22 | 22 | 22 | 22 | 22 | 28 | 24 | 29 | 29 | Σ 行=列 | | |
| | = | = | = | = | = | = | = | = | = | = | = | | | |
| | 22 | 22 | 22 | 22 | 22 | 22 | 22 | 28 | 24 | 29 | 29 | | | |

C17:M27 广义的方案矩阵。其中,对角线值表示该点虚拟货物流根。若对角线上的单元格等于全部货物流量,则该点未参与转运。否则,与总运量的差值是真实转运值。

| 定义不可行的运输单元格 | E18 | D19 | H18 | G19 | E21 | D22 | K23 | I25 |
|---|---|---|---|---|---|---|---|---|
| 约束批量定义为0,强制终止供需关系 | 0 | 0 | 0 | 0 | 0 | 0 | 0 | 0 |

目标函数:=SUMPRODUCT(C4:M14,C17:M27)

| 最少运输费用 | 72 |
|---|---|

图 8.9 案例 9 问题 iv 的电子表格模型(转运情况)

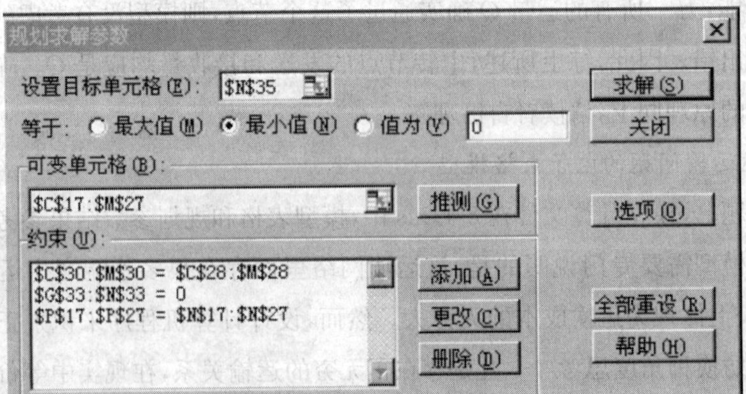


图 8.10 案例 9 问题 iv 的规划求解参数(转运情况)

33行,将运量矩阵中的这些可变单元格集中起来,并构造了相等的逻辑关系。例如G32单元格中,输入"=E18"。将模型上的约束条件尽量做到"批量"操作,是建模者需要逐渐培养的一个基础能力。本例的这种操作技巧,希望对读者也有所启发。在其他遇到"无穷"或者"大M"的场合,不妨考虑这种处理手段的可行性。

规划的结果是:运输方案见图8.9的变量区域,该运输方案的最小运输成本是7 200元。与没有转运的问题i相比较,转运发生在:A1→T3→B1之间的6单位、A3→T4→B3之间的7单位。问题i中的A1生产的6单位直接运输到B1(运输费率4百元/单位),而问题iv经由T3周转到B1(运输费率2+1=3百元/单位),节省了600元。问题i中的A3生产的7单位直接运输到B3(运输费率4百元/单位),而问题iv经由T4周转到B3(运输费率2+2=4百元/单位),没有节省。因此,问题iv最小成本相对没有转运的问题i,每天总计节省600元。对于光明公司而言,如果增加的四个中转站的每天运营成本不超过600元,实施转运运输方案的决策是可行的。

通常来讲,在原始运输价格不变的情况下,在运输网络上增加转运节点,重新规划后的运输总成本不会超过原总成本。这个原因是由于增加转运节点和转运条件,实际上不是"紧缩"而是"放松"了对原运输规划问题的整体约束,因此带来了系统"优化"的机会。

## 8.3 运输问题的拓展应用

### 案例10 京华公司一季度综合生产运作方案的规划问题

京华公司是一家生产数控车床的高科技企业,公司现在已经与另外一家企业签订了为期三个月的一份产品合同,涉及京华公司的甲乙两种车床,合同要求第一季度的三个月中,每月交付车床8台,其中1月份甲5台、乙3台;2月份甲3台、乙5台;3月份甲、乙各4台。京华公司通常主要由自己本厂内生产两种车床,但是在生产能力紧张的情况下,也可以高于厂内正常成本将产品外包生产,以满足合同。生产能力和成本情况见表8.3,表中的"最大能力"是指当月某种生产方式生产两种车床的总能力。

表 8.3　京华公司生产数据表

| 月份 | 厂内生产 | | | 外包生产 | | |
|---|---|---|---|---|---|---|
| | 甲车床成本 | 乙车床成本 | 最大能力 | 甲车床成本 | 乙车床成本 | 最大能力 |
| 1 | 15 | 16 | 10 | 18 | 20 | 3 |
| 2 | 17 | 15 | 8 | 20 | 18 | 2 |
| 3 | 19 | 17 | 10 | 20 | 20 | 3 |

注:成本单位:千元;生产单位:台。

京华公司决策层发现:无论是厂内生产还是任务外包,第一季度的制造成本逐月上升,于是感到每月生产当月合同数量可能不是使成本最小的生产方式。公司现在试图寻找一种生产方式,提前将车床制造出来并作为成品库存,以满足后期的月度合同。当前每台车床的每月库存保管费用是 1 千元/台。

请合理规划京华公司的月度生产计划,使得在确保整个第一季度合同兑现的前提下综合成本最小。

## 8.3.1　问题的分析

我们现在将京华公司的月度计划研究拓展到运输问题上来研究。然而,上述案例中三个"变形"掩盖了这个"运输问题"的本质形式:一是存在两种产品,而常规运输问题往往是针对一种运输对象的;二是不在同一时点,而常规运输问题是同一时间段内的规划,往往不涉及时间问题。三是生产成本和库存成本同时影响总成本,而常规运输问题只有一个运输费率因素。

运输问题的一般特征是一组"产地"和一组"销地"之间的同一种"物品"流动。对于京华公司的上述案例,不妨作以下理解:"物品"就是车床,虽然存在甲、乙两种产品,我们可以理解成不同的运输路径,从而统一到一个"运输网络"中。"产地"是不同月份的厂内和外包节点,"产量"是这些节点各自的生产能力。"销地"是公司在不同月份能提供的甲产品和乙产品的数量,"销量"是这些节点的合同额。这些拓展理解后的"产地"和"销地"

之间的运输费率必须间接计算得出。比如1月份的厂内生产的1台甲车床，在3月份交付合同方的成本是1月份的生产成本15千元，再加上库存两个月的成本2千元，合计17千元。再如2月份外包生产的1台乙车床，在当月交付的成本是18千元，而到3月份交付的成本是18千元再加上1千元的库存成本，合计19千元。需要注意的是，由于时间的不可逆性，不可能出现大月份生产的产品去满足小月份的合同要求，因此这种不可逆的逻辑关系在"运输费率表"上，表现为正无穷的"运价"。

### 8.3.2 模型的建立

变量　经过上述分析可知，京华公司的"产地"有6个，即：1月份的厂内生产、1月份外包生产、2月份的厂内生产、2月份外包生产、3月份的厂内生产、3月份外包生产。"销地"有6个，即：1月份的厂内生产的合同交付、1月份外包生产的合同交付、2月份的厂内生产的合同交付、2月份外包生产的合同交付、3月份的厂内生产的合同交付、3月份外包生产的合同交付。因此，需要 $6\times6=36$ 个变量单元格分别表示实际生产值。

目标　通过合理地提前超额生产，利用成品库存，避开后期的成本上涨带来的综合成本增加，使得最终的公司总成本最小。

约束　每个月份的厂内生产和外包生产的实际生产不超过对应的生产能力；每个月份的甲产品和乙产品的实际生产严格等于合同值。由于生产能力大于合同值，属于"供大于求"的不平衡运输问题。与前面的案例9类似，这个模型中也存在很多正无穷的"运价"，考虑到计算机对"无穷大"识别的困难，该例中仍旧利用了强制正无穷运价时运量为0的思路。

### 8.3.3 电子表格和约束参数

建立的模型计算文件在8-5.xls中，规划参数结果和规划模型表格参考图8.11和图8.12。

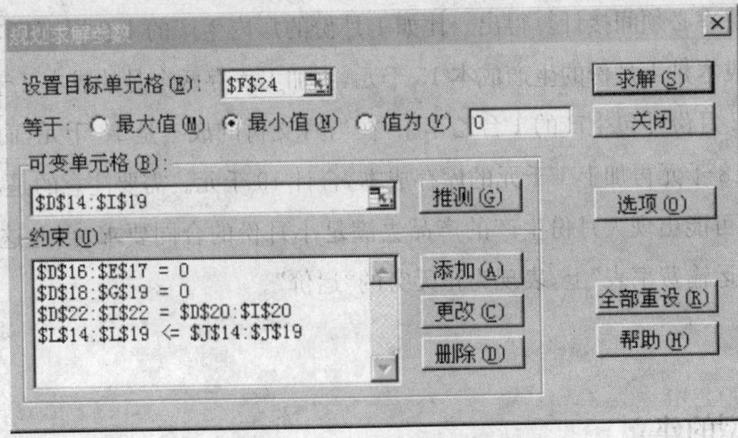


图 8.11　案例 10 的规划求解参数

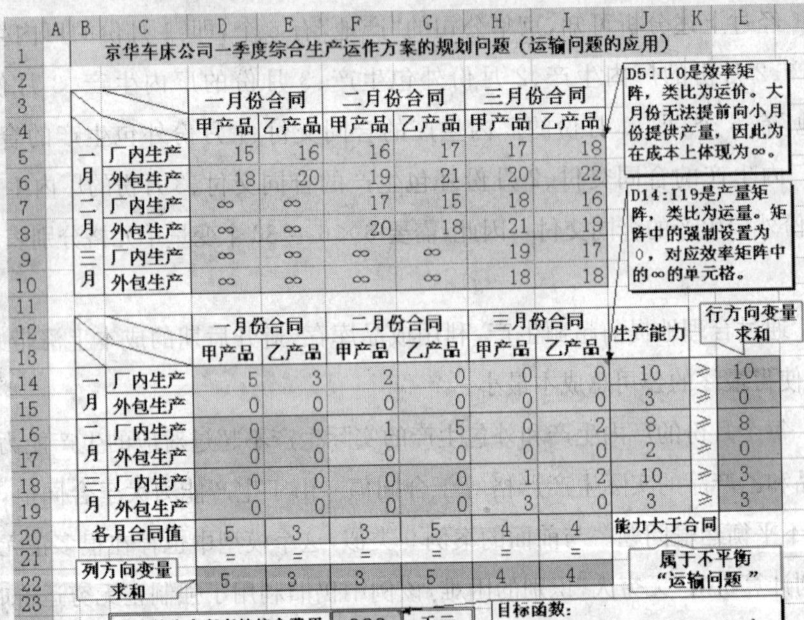

京华车床公司一季度综合生产运作方案的规划问题（运输问题的应用）

| | | 一月份合同 | | 二月份合同 | | 三月份合同 | |
|---|---|---|---|---|---|---|---|
| | | 甲产品 | 乙产品 | 甲产品 | 乙产品 | 甲产品 | 乙产品 |
| 一月 | 厂内生产 | 15 | 16 | 16 | 17 | 17 | 18 |
| | 外包生产 | 18 | 20 | 19 | 21 | 20 | 22 |
| 二月 | 厂内生产 | ∞ | ∞ | 17 | 15 | 18 | 16 |
| | 外包生产 | ∞ | ∞ | 20 | 18 | 21 | 19 |
| 三月 | 厂内生产 | ∞ | ∞ | ∞ | ∞ | 19 | 17 |
| | 外包生产 | ∞ | ∞ | ∞ | ∞ | 18 | 18 |

| | | 一月份合同 | | 二月份合同 | | 三月份合同 | | 生产能力 | | 行方向变量求和 |
|---|---|---|---|---|---|---|---|---|---|---|
| | | 甲产品 | 乙产品 | 甲产品 | 乙产品 | 甲产品 | 乙产品 | | | |
| 一月 | 厂内生产 | 5 | 3 | 2 | 0 | 0 | 0 | 10 | ≥ | 10 |
| | 外包生产 | 0 | 0 | 0 | 0 | 0 | 0 | 3 | ≥ | 0 |
| 二月 | 厂内生产 | 0 | 0 | 1 | 5 | 0 | 2 | 8 | ≥ | 8 |
| | 外包生产 | 0 | 0 | 0 | 0 | 0 | 0 | 2 | ≥ | 0 |
| 三月 | 厂内生产 | 0 | 0 | 0 | 0 | 1 | 2 | 10 | ≥ | 3 |
| | 外包生产 | 0 | 0 | 0 | 0 | 3 | 0 | 3 | ≥ | 3 |
| 各月合同值 | | 5 | 3 | 3 | 5 | 4 | 4 | | | |
| | | = | = | = | = | = | = | | | |
| 列方向变量求和 | | 5 | 3 | 3 | 5 | 4 | 4 | | | |

最小的生产和存储综合费用　386　千元



图 8.12　案例 10 的电子表格模型

## 8.3.4　规划结果

1 月份，厂内生产甲产品 7 台，乙产品 3 台。不需要外包生产。

2月份，厂内生产甲产品2台，乙产品6台。不需要外包生产。

3月份，厂内生产乙产品6台。需要外包生产甲产品3台。

1月份合同：甲产品的5台由当月产品交付，乙产品的3台由当月产品交付。

2月份合同：甲产品的3台由当月产品交付2台，并调用1月份生产的库存1台。乙产品的5台由当月产品交付。

3月份合同：甲产品的4台由当月产品交付2台，并调用1月份生产的库存1台。乙产品的4台由当月产品交付2台，并调用2月份生产的库存1台。

上述生产月度计划是最佳方案，综合成本是38.6万元。

## 思考与练习

1. 运输问题的定义是什么？平衡型运输问题模型的特征又是什么？
2. 为什么说“指派问题”就是一个特殊的运输问题？
3. 请参考其他运筹学教程，学习“运输表上作业法”的基本原理和求解步骤。
4. 不平衡运输问题的解决方法有哪些？利用电子表格模型又是如何做到的？
5. 独立完成案例9，掌握解决不平衡运输问题以及存在特殊约束的运输问题的规划求解方法。
6. 理解转运问题的特征和建模原理。你是如何理解“发送地”发送量和“接收地”接收量的确定依据的？
7. 独立完成案例10，进一步拓展运输问题的思路，学会利用运输问题的原理，解决广义的运输规划问题。
8. 请参考本章案例10，再列举一个广义上的“运输规划问题”并初步进行建模分析。

# 第9章 网络分析与网络规划

## 9.1 网络模型的基本概念

图形具有简洁、清晰和信息含量大等优点，一些用语言或者代数描述相对麻烦的问题，可以用“点”和“边”的集合做出简洁的逻辑关系图。大量的管理实践问题常常可以用图形表示。生产供给、交通运输、城市规划、网线布置、物资调配、人事安排、信息流程、资金运作、项目管理等等，都可以抽象地用适当的图形来进行模拟。本章要研究的“图”与几何学研究的图形不同，我们着重关心点和边的“逻辑关系”，而不是“具体形状”。作为运筹学重要分支的图论，就是专门研究这方面的内容。

然而在实际问题中，往往仅用表达逻辑关系的“图”还是不够的，与“图”联系在一起的通常还有与点或者边有关的数量指标，就是“权”的概念。“权”可以表示距离、费用、收益、容量等等。带有权重信息的图，称为网络。

网络模型可以解决很多实际问题，运筹学理论研究中，解决网络问题的优秀模型算法很多。事实上，前面章节中的很多问题，也可以借助网络的手段进行描述和解决。本章将利用电子表格建模的方法，解决网络分析领域的最短路径问题、最大流问题、最小费用流问题，以及网络计划技术方面的关键路径问题。

## 9.2 最短路径问题

### 案例11 搬家公司的最近路程安排

某搬家公司负责一户人家的搬家业务，从出发点V1到新居V7之间的各段路径距离见图9.1(单位:km)。请问搬家公司如何安排路径，使运输距离最短？

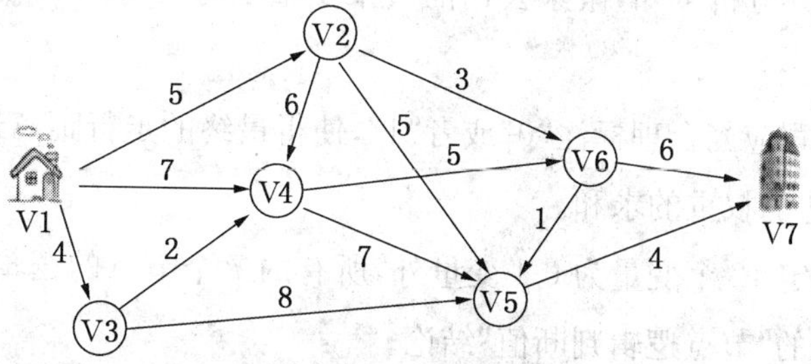


**图9.1 搬家公司线路图**

### 9.2.1 问题分析

最短路径问题是网络分析中的一个最基本问题。通常最短路径解决有方向的网络问题。比如图9.1中的V4到V5之间的路程便是网络有向边的权重，即5 km，而从V5直接到V4没有通路。最短路径的常规算法是Dijkstra算法，这是目前公认的最有效的方法。还有Floyd法、逐步逼近法等。因篇幅所限，本章不再单独介绍这些算法。

设想有一部搬家的货车从V1出发，沿着理论上的最短路径行驶到目的地V7。凡是货车经过的“边”标注上“1”，没有经过的“边”标注上“0”。如果每条边对应一个“0-1变量”的话，现在问题变换成一个“0-1规划问题”。考察网络上的节点情况：以某点为离开点且边上的被标注“1”的边的总和，减去以V1为进入点且边上的被标注“1”的边的总和，得到一个"节点逻辑判断值"。这意味着作为网络最短路径的唯一起点，在网络上货车进入该点 $n$ 次，一定会有 $n+1$ 次离开。这个值应当等于"1"。同样的道理，作为唯一的终点，这个差值等于"$-1$"。而其他所有的中间点，这个值严格为"0"。

### 9.2.2 模型的建立

本书以前章节的案例以及模型，基本上都是由各种数学关系表达式构成的。本章讨论的网络问题，其最大的特点是"图形化"模型。这些规划问题的电子表格模型建立，仍旧涉及变量、目标和约束三部分内容。

变量　经过上述分析可知，搬家公司的决策变量是与所有的 12 条"边"一一对应的 12 个 0-1 变量。

目标　搬家公司应当合理标注"0"或者"1"，使得最终的走行距离最短。目标函数是所有标注上"1"的边的权重的求和。

约束　除了规定 12 个变量为 0-1 变量外，所有的 7 个节点的逻辑判断值，必须符合上面分析已经得到的"节点逻辑判断值"结论。

### 9.2.3 电子表格和约束参数

为"网络图形"建立电子表格模型，工作目的仍旧是让 Excel 软件理解即将"规划求解"的网络图。图由边和点构成，因此在电子表格上，也要用相应的数学关系表达式来反映。建立的模型计算文件在 9-1. xls 中，规划模型表格和规划参数结果参考图 9.2 和图 9.3。

本例使用了区域命名，区域名称参见图 9.3 中提示。12 条边分别对应设置了 12 个 0-1 变量，记录是否通过的逻辑状态。每条边均有四个重要的信息：从点、至点、路程权重和是否经过。7 个顶点分别设置了 7 个"节点逻辑判断值"。

以顶点 V1 为例，单元格 H4 中公式是：SUMIF(进入方向，G4，是否经过)－SUMIF(到达方向，G4，是否经过)。SUMIF()是 Excel 里面的"根据指定条件对若干单元格求和"函数。该函数的语法是 SUMIF(range, criteria, sum_range)，其中 range 为用于条件

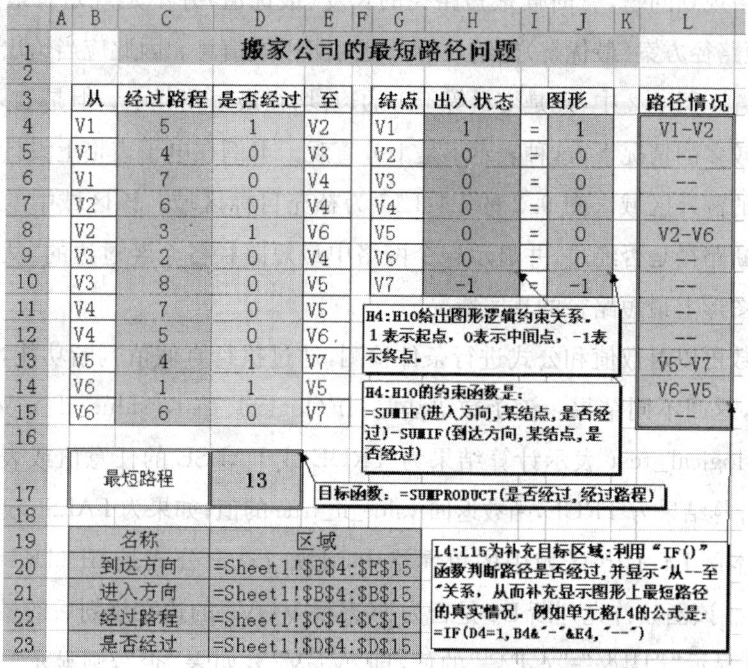


**图9.2　案例11的电子表格模型**

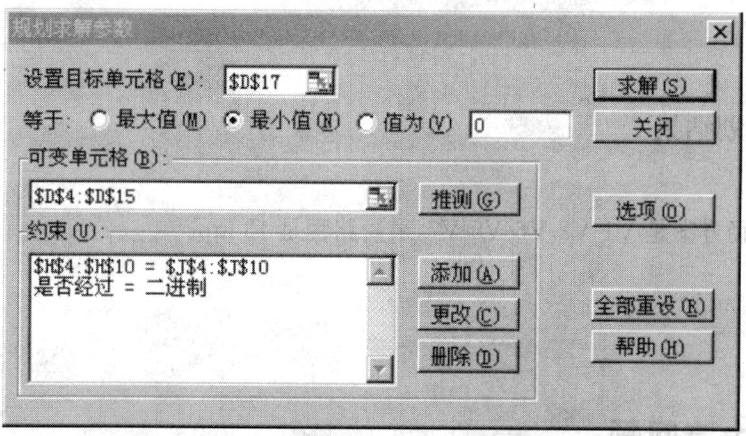


**图9.3　案例11的规划求解参数**

判断的单元格区域，criteria为确定哪些单元格将被相加求和的条件，其形式可以为数字、表达式或文本。sum_range是需要求和的实际单元格。请读者结合本例的命名区域，理解上述公式如何实现"流入量减去流出量"的"节点逻辑判断值"。

本例的目标值在单元格D17中，公式是：=SUMPRODUCT(是否经过,经过路程)。

对于网络规划问题，有时候最短路径的长度（最优值）并不是规划者最感兴趣的结果，反而最短路径方案（最优解）能给人带来更为实用的信息。因此应当给出网络中的具体路径的位置。图 9.2 中，凡是变量等于 1 的边，均在最短路径上。但是如果网络复杂，尤其是边比较多的情况下，这种表示不是十分直观。本例在电子表格上设计了一个显示“路径情况”的额外区域。图 9.2 的 L4：L15 为补充目标区域。该区域中的单元格利用 IF()函数判断路径是否经过，并显示这个网络中最短路径各个经过边的“从至”关系，从而补充显示图形上最短路径的真实情况。

IF()函数可以对数值和公式进行条件检测，通过执行真假值判断功能，根据逻辑计算的真假值，返回不同结果。该函数语法是：IF(logical_test，value_if_true，value_if_false)，其中 logical_test 表示计算结果为 TRUE 或 FALSE 的任意值或表达式。如果 logical_test 计算结果为 TRUE，函数返回 value_if_true 的值；如果为 FALSE，返回 value_if_false 的值。本例 L4：L15 区域中的单元格中，比如 L4 中公式是：IF(D4＝1，B4&"-"&E4，"--")。该函数首先判断 D4 是否为 1(表示 V1-V2 的边在规划后的最短路径上)，如果“是”，则显示“"B4&"-"&E4"”的值，即“V1-V2”，如果“否”，则显示“--”。“""”和“&”的用法，参考第 5 章相关部分的介绍。

### 9.2.4 规划结果

最短路径方案是 V1-V2-V6-V5-V7，最短路程是 13 km。

## 9.3 最大流问题

### 案例 12 高速公路的区段通过能力分析

高速公路的 S 点到 T 点之间的网络结构如图 9.4。车流从 S 点分流后在 T 点汇流。分流后的车辆可以由 A3 到 A2 或者 A4 到 A1 之间的单向立交匝道变更主干道。各个路段的最大通过能力分别标在了图上(标准换算单位/h)。现在请求出高速公路 S 到 T 之间的最大通过能力是多少？公路运能饱和时，各路段状态如何？

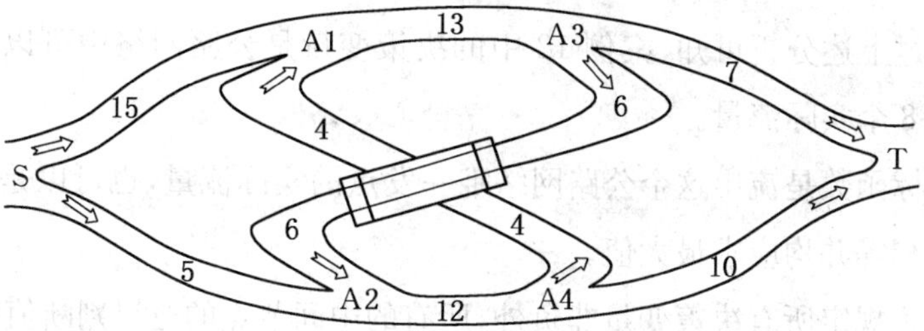


**图 9.4　高速公路某区段实勘图**

## 9.3.1　问题分析

“流”的概念在生产管理实践中往往可以表示为资金流、物资流、交通流，供应系统中的水流、管道石油，甚至不可见的信息流、电流、控制流等等。最大流问题也是网络分析中的另一个基本问题，是从满足容量限制前提下的另一角度的规划问题。

“容量”是最大流网络上对“边”的权重的称呼，表示该单独边上的最大通过能力空间。对于有方向的边，更准确的称呼是“弧”。与“容量”一一对应的是“流量”。容量是某边的理论最大值，流量是实际值。网络最大流的研究是在有向的“容量网络”上开展的。无论网络上是否达到了最大流量，每条边上的实际流量一定不能超过该边的容量。常规的最大流求解思路是借助增值链的概念，通俗地说就是从一个没有任何流量的网络起始状态开始，不断在各个增值链上增加流量，直至再也无法增加为止(最大流状态下的网络应当没有任何增值链)。最大流的常规算法是“标号”算法。因篇幅所限，本章不再单独介绍这种算法。

考察容量网络上的节点情况：中间点的逻辑状态是流入该点的流量总和严格等于流出该节点的流量总和。与前面分析的最短路径的起点和终点不同的是，最大流问题的发点和收点不能以约束的形式出现，而应当作为最大流问题的规划目标。最大流问题中，发点的流量一定等于收点的流量。不妨把各中间节点的流入和流出量相等作为逻辑判断的约束指标。

### 9.3.2 模型的建立

变量　经过上述分析可知，案例 12 中的决策变量是公路网络中可以由节点分割开的 8 条边上的 8 个实际流量。

目标　目标函数是流出这个公路网络唯一发点的实际流量，也可以是汇入收点的实际流量。两者相等并均应求最大值。

约束　除了规定所有决策变量非负外，所有的中间节点的逻辑判断值等于 0，即流入量等于流出量。

### 9.3.3 电子表格和约束参数

最大流问题的模型结构与前例的最短路径问题类似。本例使用了区域命名，区域名称参见图 9.6 中的提示。最大流问题模型与最短路径问题模型之间的区别是，前者变量是各边上的实际流量，后者则是代表是否经过的 0-1 变量。本例有 8 条边，因此设计 8 个非负变量。图中有 6 个节点，4 个中间节点的逻辑判断值等于 0，实现方法参考前例。发点和收点的逻辑判断值表达出来后，应当作为"规划求解"目标值。如果以发点的值(流出量是正值)作为目标值，应当求最大值；如果以收点的值(流入量是负值)作为目标值，则应当求最小值。

本例中的各边的实际流量必须小于等于容量。这是一组重要的约束，在电子表格中分别计算各边的容量与流量的差，并确保这些差的非负性。图 9.6 中的 F4:F11 是增值空间约束区。各弧的增值空间＝各自的弧容量－各自的弧流量。剩余空间也是增值空间。增值空间不能为负。K4:K9 单元格的公式，借助了 SUMIF()函数。例如 K5，公式是:＝SUMIF(流入方向,J5,弧流量)－SUMIF(流出方向,J5,弧流量)。K5:K8 是节点的逻辑约束区。各中间节点的流量应当进出平衡。发点和收点不受此限制，且运算结束的值是最优值。

建立的模型计算文件在 9-2.xls 中，规划参数结果和规划模型表格参考图 9.5 和图 9.6。

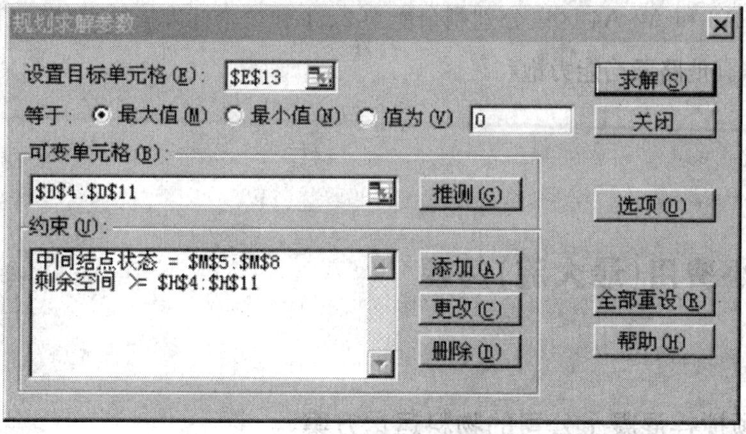


图 9.5 案例 12 的规划求解参数

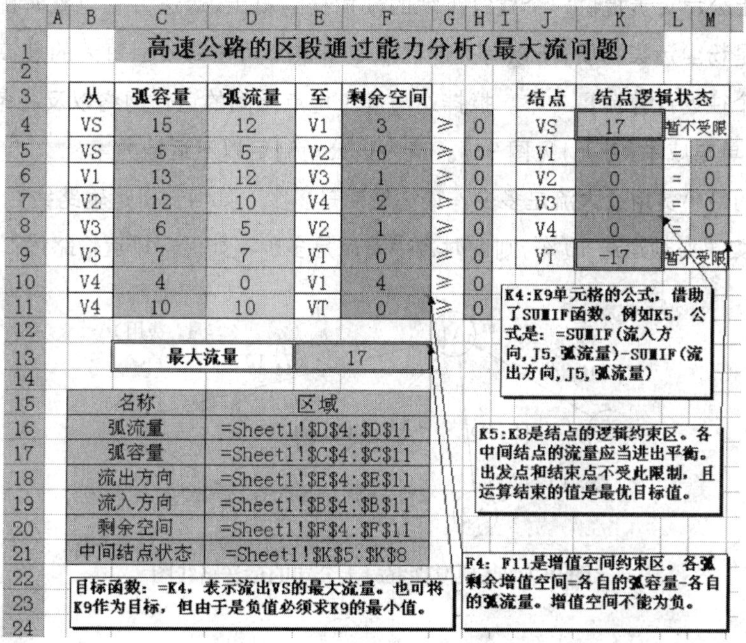


图 9.6 案例 12 的电子表格模型

## 9.3.4 规划结果

该高速公路的区段最大通过能力是 17 个标准换算单位/h。在实现最大流的状态下,S-A1、S-A2 和 A2-A4 区段分别剩余能力 2、1 和 2 个标准换算单位/h,A4-A1 的匝道完全空闲,其他路段均能力饱和。

## 9.4 最小费用(最大流)问题

### 案例 13 预搅拌混凝土公司的物料运送方案

某混凝土公司负责提供一个建筑工地的预搅拌混凝土,运送方式以整车配送。由于运输的混凝土是粉尘污染物质,所以有关部门规定了该公司在路段上每天的最高运输往返辆次。每车每个往返计算流量 1 车。搅拌站与施工地点之间的运输网络以及各条的路径的容量(车/天)和单车成本(百元)见图 9.7。请为该公司制定以下运输方案:

i. 公司的最小费用最大流是多少? 最小费用是多少? 如何安排运输路线?

ii. 公司如果必须运送 10 车,则此时最小费用是多少? 如何安排运输路线?

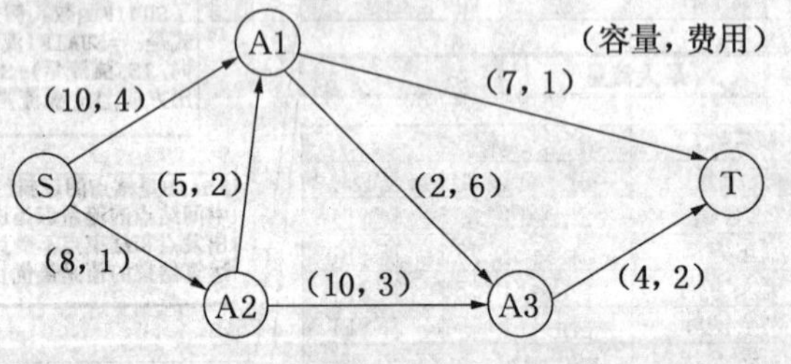


图 9.7 某预搅拌混凝土公司的运送路线图

### 9.4.1 问题分析

前面分别讨论了网络分析中的最短路径和最大流问题。但是在生产实际中,往往还会考虑费用问题,尤其是同时顾及流量和费用问题,于是就出现了最小费用最大流问题。欲使一个容量网络的成本最小,则流量为 0 的情况符合条件(成本为零);而想要一个容量网络的流量最大，则在不计成本的时候最容易实现。因此单从字面上看，最小费用和最大流同时出现在一个问题的规划目标中，似乎是“相互矛盾”的。为了避免语意上的误解，在一些教材中，“最小费用最大流”往往直接表达成“最小费用”。所谓的“最小费用问题”，就是指在一个特定的运输流量下，从不同的流量配置方案中规划出一个费用最小的方案。类似的，所谓的“最小费用最大流问题”，就是保证网络在最大流的情况下，如果有多个最大流量运输方案，则寻求其中一个最小费用的方案。最小费用最大流问题，是最小费用流的特殊情况。因此，仍旧是单一目标的规划问题。最小费用流的常规有效算法是对偶算法，因篇幅所限，本章不再单独介绍这种算法。

利用Excel中“规划求解”功能来实现最小费用流问题十分简洁。在约束条件中，强制规定流量等于特定值后，由模型进行规划最小费用流。如果问题明确提出求最小费用最大流问题，则问题可以分成两步走(建立两个模型)：第一步按照前面介绍的方法，求出问题不考虑成本时的最大流量；第二步是将前步确定的最大流量作为新的约束条件，添加到求最小费用的模型中去。

### 9.4.2 案例13问题i的建模和求解

1. 模型的建立

经过上述分析可知，案例13的最小费用最大流问题需要借助两个先后接续的电子表格模型。第一步就是求问题的最大流问题。建模细节参考本章案例11的操作过程。

第二步，模型结构并无大的变化，只是将第一步中规划出来的发点和收点最大流量，在第二步中作为强制约束写入模型。同时目标函数通过综合运输成本来表达。

由于问题以整车为单位，所以本例同时也是一个整数规划问题。

2. 电子表格和约束参数

第一步的模型计算文件在9-3.xls中的Sheet1上，规划模型表格和规划参数结果参考图9.8和图9.9。

第二步的模型计算文件在9-3.xls中的Sheet2上，规划模型表格和规划参数结果参

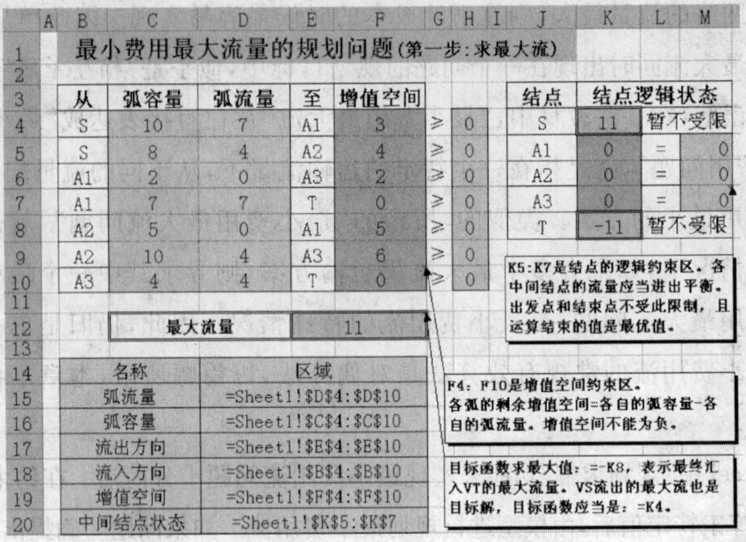


**图 9.8　案例 13 的电子表格模型(第一步)**

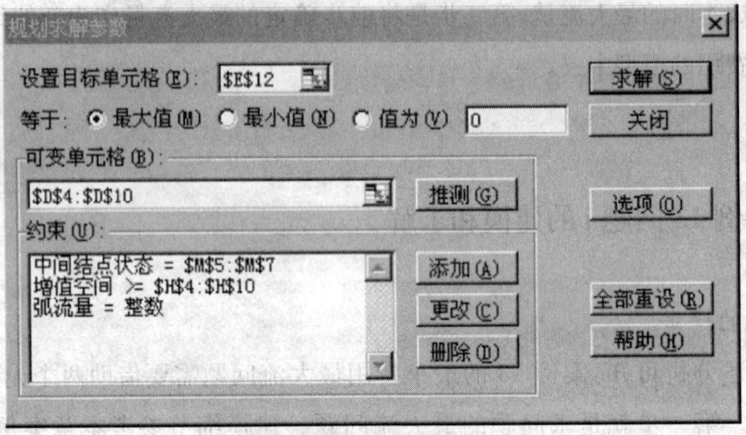


**图 9.9　案例 13 的规划求解参数(第一步)**

考图 9.10 和图 9.11。该电子表格中的单元格 N4 除了可以人工输入第一步规划结果 11 外，还可以输入公式：=Sheet1！E12。这种格式是在同一工作簿文件的不同电子表格之间的引用。请读者注意并逐步掌握这种关联方法。

3. 规划结果

在 9-3. xls 中的 Sheet2 上，可以得出在最大流量 11 整车的情况下，该混凝土公司的最小运输费用是 5 500 元。对比 Sheet1 可知，虽然都是最大流的状态，Sheet2 上的最佳运输方案与 Sheet1 上的方案不同。

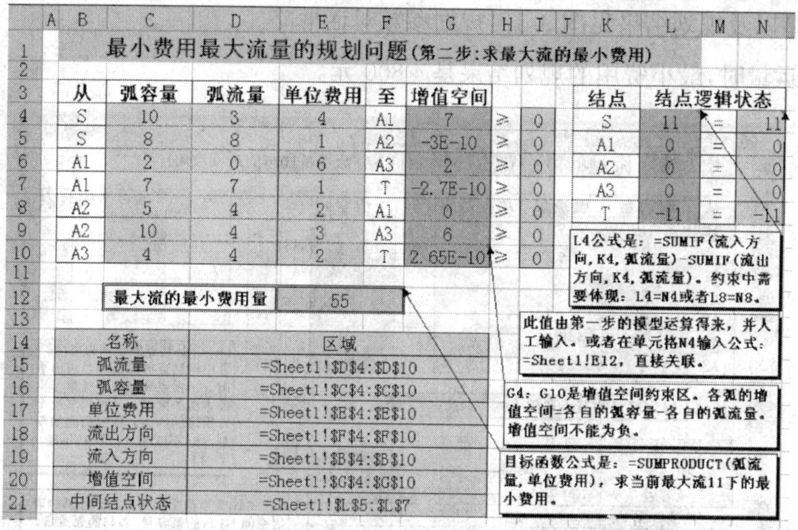


**图 9.10　案例 13 的电子表格模型(第二步)**

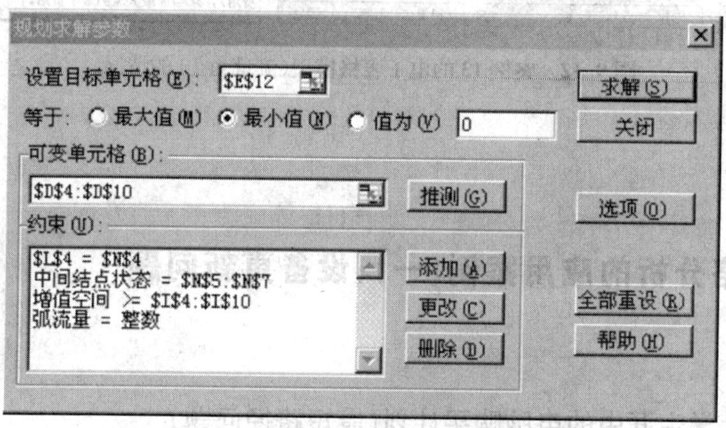


**图 9.11　案例 13 的规划求解参数(第二步)**

## 9.4.3　案例 13 问题 ii 的建模和求解

问题 ii 没有考虑到最大流的前提,要求 10 车流量的最小费用流。由于已经明确了流量,因此只需要一个模型就可以解决。问题 ii 的建模和求解,基本类似问题 i 的第二步模型,只要在 Sheet2 的模型中,代表流入量的 N4 单元格修改成 10。代表流出量的 N8 单元格由于有公式:=－N4,所以无须修改。模型计算文件在 9-3. xls 中的 Sheet3 上,电子表格模型以及规划结果见图 9.12，规划参数对话框略。

10 车运量时，最小费用的规划结果是 4 800 元。

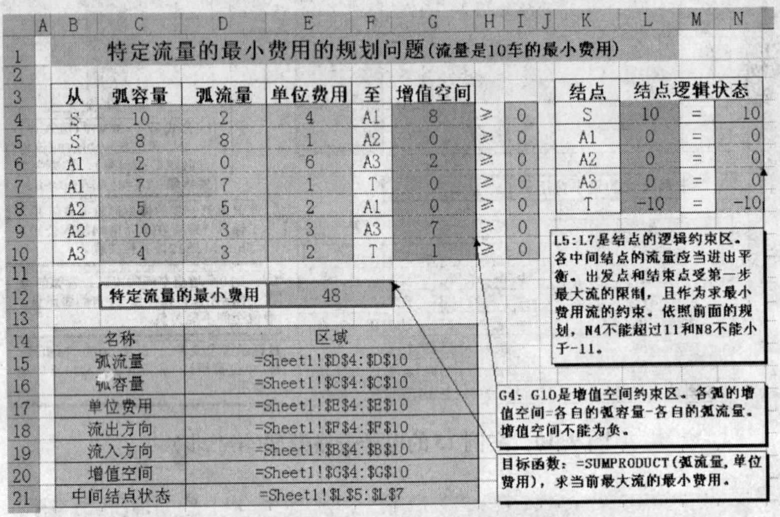

特定流量的最小费用的规划问题(流量是10车的最小费用)

| 从 | 弧容量 | 弧流量 | 单位费用 | 至 | 增值空间 | | |
|---|---|---|---|---|---|---|---|
| S | 10 | 2 | 4 | A1 | 8 | ≥ | 0 |
| S | 8 | 8 | 1 | A2 | 0 | ≥ | 0 |
| A1 | 2 | 0 | 6 | A3 | 2 | ≥ | 0 |
| A1 | 7 | 7 | 1 | T | 0 | ≥ | 0 |
| A2 | 5 | 5 | 2 | A1 | 0 | ≥ | 0 |
| A2 | 10 | 3 | 3 | A3 | 7 | ≥ | 0 |
| A3 | 4 | 3 | 2 | T | 1 | ≥ | 0 |

| 结点 | 结点逻辑状态 | | |
|---|---|---|---|
| S | 10 | = | 10 |
| A1 | 0 | = | 0 |
| A2 | 0 | = | 0 |
| A3 | 0 | = | 0 |
| T | -10 | = | -10 |

| 特定流量的最小费用 | 48 |
|---|---|

| 名称 | 区域 |
|---|---|
| 弧流量 | =Sheet1!$D$4:$D$10 |
| 弧容量 | =Sheet1!$C$4:$C$10 |
| 单位费用 | =Sheet1!$E$4:$E$10 |
| 流出方向 | =Sheet1!$F$4:$F$10 |
| 流入方向 | =Sheet1!$B$4:$B$10 |
| 增值空间 | =Sheet1!$G$4:$G$10 |
| 中间结点状态 | =Sheet1!$L$5:$L$7 |

L5:L7是结点的逻辑约束区。各中间结点的流量应当进出平衡。出发点和结束点受第一步最大流的限制，且作为求最小费用流的约束。依照前面的规划，N4不能超过11和N8不能小于-11。

G4: G10是增值空间约束区。各弧的增值空间=各自的弧容量-各自的弧流量。增值空间不能为负。

目标函数：=SUMPRODUCT(弧流量,单位费用)，求当前最大流的最小费用。

**图 9.12　案例 13 的电子表格模型**(流量为 10 的情况)

# 9.5　网络分析的应用案例(一)：设备更新问题

## 案例 14　大学生涯中的电脑购买计划(最短路径问题)

刚刚收到某高校录取通知书的小明同学打算在 4 年学习生涯中认真地学习和使用计算机。小明原本计划在开学初买一部新电脑，并使用 4 年后在二手市场卖掉。这个计划在小明拿到如表 9.1 所示的电脑行情表时产生了动摇。

除了购置成本，小明预测自己在使用计算机的过程中会有维修、软件维护、硬件升级等额外支出。按照经验，一部新电脑使用一年额外支出是 100 元，连续使用 2 年是 300 元，连续使用 3 年是 500 元。一部连续使用 4 年的电脑，额外支出高达 1 000 元。

假设小明购买新电脑或者出售旧电脑的时刻总是在学年交接的时点。请问小明 4 年的大学生涯中，如何安排购买计划，使得支出总额最小?

表9.1 年度电脑行情表 单位:元

| 年 级 | 当年初预测价格 | 当年末二手价格 |
|---|---|---|
| 第一学年 | 9 900 | 7 500 |
| 第二学年 | 7 000 | 6 000 |
| 第三学年 | 6 000 | 4 000 |
| 第四学年 | 5 000 | 3 500 |

## 9.5.1 设备更新问题

在生产运作过程中,设备总会遇到陈旧或者毁损而需要更新替换的规划决策问题。某设备的使用时间应当从综合效益的角度上考虑,而不是设备的实际使用寿命。如何科学地安排设备的维修、更新计划,从而实现总效益最大(或总成本最小)便是设备更新问题。本节案例实质上就是一个设备更新问题。

设备更新问题通常涉及以下几个函数逻辑关系和概念:

(1) 役龄 $t$,表示该设备使用过的时间,比如以年为单位。

(2) 效益函数 $r(t)$,表示役龄为 $t$ 的设备,再使用一单位时间得到的收益。通常 $r(t)$ 是减函数。

(3) 维修费用函数 $u(t)$,表示役龄为 $t$ 的设备,再使用一单位时间支出的维修费用。通常 $u(t)$是增函数。

(4) 更新费用函数 $c(t)$,表示卖掉役龄为 $t$ 的设备,再买进新设备的净支出费用。$c(t)$应是非负的,通常是价格不变情况下的增函数。

设备更新问题可以用动态规划的方法解决,也可以参考本例介绍的最短路径方法。

## 9.5.2 问题分析

我们知道,如果一个系统由增函数和减函数两个力量共同决定,则一般会存在某个点使得系统达到最小值。小明原本打算的“入学后买一部的新电脑,并使用 4 年后在二手市场卖掉”的方案，仅仅是众多可行方案中的最特殊的一个。事实上，小明可以在某些学年交替的时刻“买新卖旧”，而且这些方案理论上存在比小明最初打算还要优惠的可能性。这种可能性主要是由于：其一，电脑连续使用时间越长，单位年度成本就越高；其二，购机价格与部分年度的二手价格权衡，差值相对要优惠。

如果把小明所有的可行方案列举出来，图 9.13 所示网络包含了所有的可行方案。

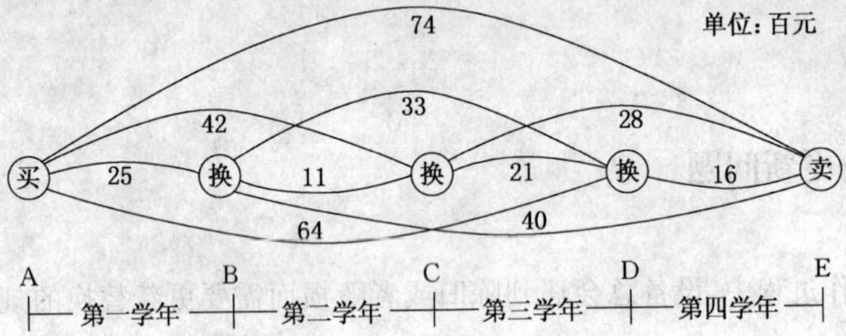


**图 9.13　将设备更新问题绘制成网络图**

图中把小明的大学生涯分成了 4 个学年时段，时段的更替点按照时间先后分别命名为 A、B、C、D 和 E 点。A 和 E 的行为分别是“买新”和“卖旧”，B、C、D 点则是在该时刻“买新卖旧”。显然小明一定从 A 点出发（入学），最终一定到 E 点结束（毕业），但是是否经过期间的 B、C 或者 D 点，要看实际情况决定。

按照小明掌握的各年的新旧电脑行情以及使用电脑的额外支出情况，可以把图中任意两点（按照组合理论，应当存在 $C_5^2=10$ 条关系边）之间的具体成本计算出来。例如第二年初（也即第一年末）到第三年末（也即第四年初）的 BD 边，成本将是 3 300 元。这个成本是第二年初的 7 000 元购买新机成本，减去第三年末的二手机残值回收 4 000 元，再加上为期两年的使用成本 300 元。同理其他 9 条边的实际成本也可以一一计算出来。读者可以参考本例模型计算文件 9-4. xls 的电子表格上的计算细节。现在问题转化成了一个在上述网络中求最短路径的问题。这个网络显然也应当是“有向图”，图中隐含的方向是：所有的边因时间发展的原因，均是自左至右的方向。

## 9.5.3　电子表格和约束参数

最短路径问题的模型本章已经阐述过，此处不在赘述。小明同学建立的模型计算文件在 9-4.xls 中，规划模型表格和规划参数结果参考图 9.14 和图 9.15。

**图 9.14 案例 14 的电子表格模型**

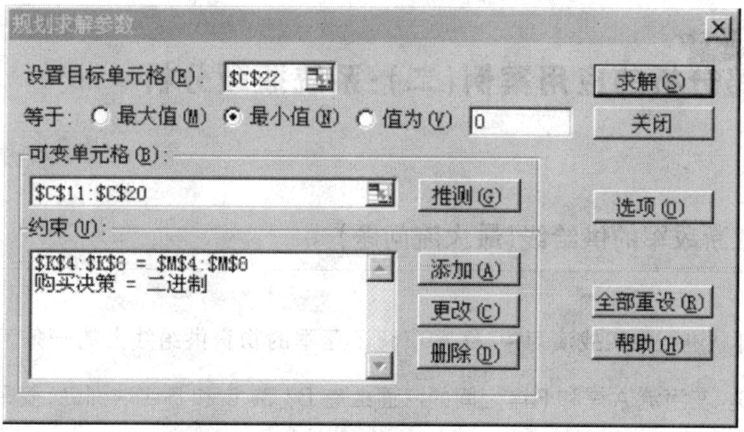


**图 9.15 案例 14 的规划求解参数**

### 9.5.4 规划结果

小明为期 4 年的大学生涯中最合理的电脑购买计划是：

第一步(A 点，购买新机)。入学初以 9 900 元价格购买新计算机一部，在当年末即以二手货卖掉回收 7 500 元，当年支出额外的使用费用 100 元。这个时段净支出 2 500 元。

第二步(B 点，以旧换新)，在第二学年初再次购买新计算机一部，价格是 7 000 元，在当年末即以二手货卖掉回收 6 000 元，当年支出额外的使用费用 100 元。此时段净支出 1 100 元。

第三次(C 点，以旧换新)，在第三学年初再次购买新计算机一部，价格是 6 000 元，在连续使用两年后的第四学期末以二手货卖掉回收 3 500 元，两年支出额外的使用费用 300 元(注意，不是 100×2)。这个时段净支出 2 800 元。

小明大学期间最节省的计算机使用综合成本是 6 400 元。其他任何使用方案，其成本都不会少于这个最优值。显然，如果小明不去精心地规划，按照原始的打算(即：入学买新计算机，毕业卖掉)则总支出将是 (9 900 − 3 500 + 1 000) = 7 400 元。

## 9.6 网络分析的应用案例(二)：系统瓶颈分析

### 案例 15 截断敌军的供给线(最大流问题)

现在某部队进行的实战演习中，红军侦获了蓝军的物资供给线上的一条河流的工事地图，见图 9.16。在河流 A 岸和 F 岸之间的江面上有 B、C、D 和 E 四块洲岛，蓝军借助地势搭建了 1 至 13 号浮桥。红军指挥员决定由空对地制导轰炸浮桥的方式，彻底切断蓝军的供给线。请帮助红军制定出最有效的轰炸方案，以破坏最少的浮桥达到该战术目的。

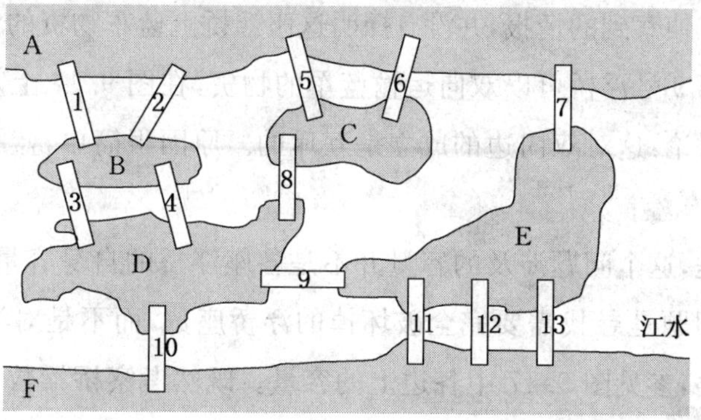


图 9.16 演习阵地的军事工事地图

### 9.6.1 问题分析

图 9.16 中的江水是横亘在蓝军物资运输线上的一个障碍。由于网络分析通常解决的是有方向规定的图，因此把原始图转换成有向图是一项不可缺少的准备工作。现在不妨(不失一般性)假设蓝军的物资从 A 岸运送到 F 岸。针对不同问题可以依照时间发展、工序顺序、地点转换等定义图的方向。事实上，上节案例 14 中，按照学年顺序自左向右规定计划进度也是将图赋予方向的准备工作。

现在把实际的军事工事地图抽象成图 9.17。

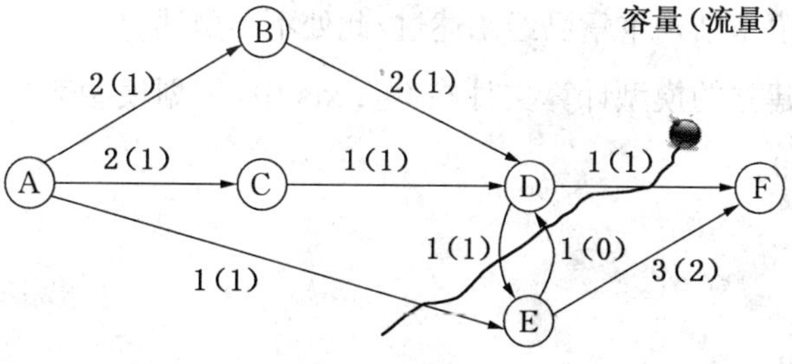


图 9.17 将地图抽象绘制成最大流网络

现实中的两岸以及沙洲均抽象成了图 9.17 中的诸节点，而连接这些江岸和沙洲的浮桥则抽象成了“有向”的边。由于已经预先假定了蓝军自 A 至 F 撤退方向，图中边的方向不难确定，但是 D 和 E 之间的“边”(即第 9 号浮桥)平行于江岸，因此方向不能盲目确定。因为红军现在侦察到的情报，并没有探明这座浮桥上蓝军物资的流向。同样不失一般性，不妨假设：第9号浮桥可以双向运输蓝军的物资，在图9.17上表示为存在双向的两条边。进一步讨论：这对双向边的成立是互斥的。原因很简单，蓝军不可能在9号浮桥上来回运动。

容易混淆的是，这个问题涉及的容量并不是各座浮桥的自身容量，而是节点之间的"浮桥数"。因为问题是寻找需要完全破坏掉的浮桥座数，而不是对浮桥具体容量的影响。按照这个思路，参见图9.17中各边上的容量。既然考察桥梁数，从这个角度上讲，问题同样也是一个整数规划问题。

现在问题转化成了一个网络分析问题。对蓝军最乐观的情况是蓝军的物资运输部队找到了这个网络中最大流。而对于红军来说，"完全切断蓝军的物资供给线"这个任务，就等同于破坏掉这个最大流方案。这也是为什么蓝红双方均在努力求出最大流的原因。读者可以设想一下：假如红军破坏的不是蓝军的最大流方案，那么蓝军的物资运输状况又将如何？

网络规划中的最大流问题可以帮助决策者寻找系统中的"限制瓶颈"，比如运输网络、通讯系统、输送管路等，均可以由最大流来标定该系统的限制能力。

### 9.6.2 电子表格和约束参数

最大流问题的模型结构本章已经阐述过，此处不再赘述。

红军作战部门建立的模型计算文件在9-5.xls中，规划模型表格和规划参数结果参考图9.18和图9.19。

### 9.6.3 规划结果

蓝军的最大流是三座桥，因此红军要在网络图9.17上截断这个最大流，就是至少要破坏三座浮桥。这是最有效的战术方案。

如何确定这最少三座桥，利用了图论中割集截量概念。通俗地说，割集就是这样一

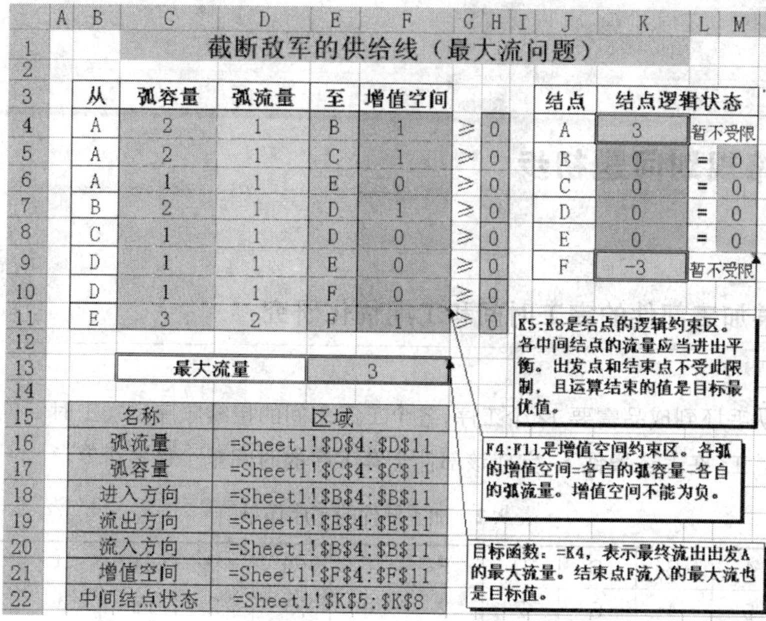

截断敌军的供给线（最大流问题）

| 从 | 弧容量 | 弧流量 | 至 | 增值空间 | | |
|---|---|---|---|---|---|---|
| A | 2 | 1 | B | 1 | ≥ | 0 |
| A | 2 | 1 | C | 1 | ≥ | 0 |
| A | 1 | 1 | E | 0 | ≥ | 0 |
| B | 2 | 1 | D | 1 | ≥ | 0 |
| C | 1 | 1 | D | 0 | ≥ | 0 |
| D | 1 | 1 | E | 0 | ≥ | 0 |
| D | 1 | 1 | F | 0 | ≥ | 0 |
| E | 3 | 2 | F | 1 | ≥ | 0 |

| 结点 | 结点逻辑状态 | | |
|---|---|---|---|
| A | 3 | 暂不受限 | |
| B | 0 | = | 0 |
| C | 0 | = | 0 |
| D | 0 | = | 0 |
| E | 0 | = | 0 |
| F | -3 | 暂不受限 | |

| 最大流量 | 3 |
|---|---|

| 名称 | 区域 |
|---|---|
| 弧流量 | =Sheet1!$D$4:$D$11 |
| 弧容量 | =Sheet1!$C$4:$C$11 |
| 进入方向 | =Sheet1!$B$4:$B$11 |
| 流出方向 | =Sheet1!$B$4:$E$11 |
| 流入方向 | =Sheet1!$B$4:$B$11 |
| 增值空间 | =Sheet1!$F$4:$F$11 |
| 中间结点状态 | =Sheet1!$K$5:$K$8 |



**图 9.18　案例 15 的电子表格模型**

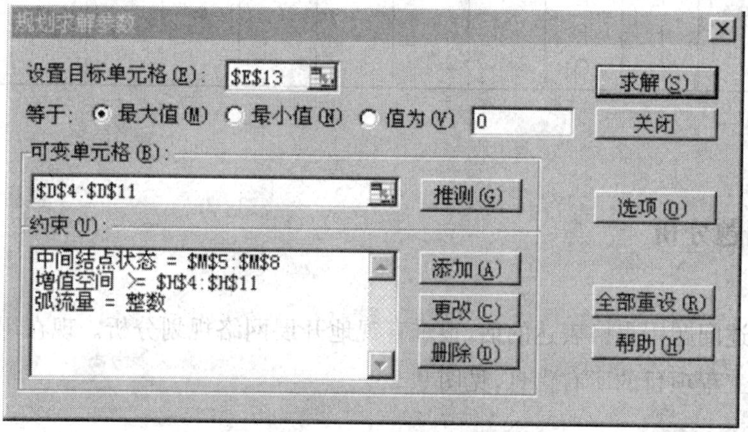



**图 9.19　案例 15 的规划求解参数**

个边的集合，把这个集合拿走，则网络就分离成两个互不连通的部分，但是放回这个集合中的任意一条边，两个部分就连通起来。割集截量是对应的割集的所有边的容量和。最大流的一个有用的性质是：最大流量等于最小的割集截量。按照这个原则考察图 9.17，图中的带炸弹的线，就是通过了一个截量为 3 的割集。这个割集就是红军恰要炸掉的第 7、9、10 号浮桥。

# 9.7 网络规划问题初步

## 案例 16 某加工部件的完工时间和工期优化研究

某零件从毛坯到成品需要 12 个工序，各个工序之间的接续顺序和加工时间见表 9.2。现在需要尽早完工，在上述条件下，完成该部件全套工序的时间至少是多少？

表 9.2 加工部件的工序详单

| 活动 | A | B | C | D | E | F | G | H | I | J | K | L |
|---|---|---|---|---|---|---|---|---|---|---|---|---|
| 时间(h) | 5 | 4 | 6 | 2 | 2 | 4 | 3 | 2 | 5 | 4 | 5 | 4 |
| 紧后活动 | B | D<br>E<br>F | D<br>E<br>F<br>G | H | H | H | I<br>J | K | K | L | L | — |

### 9.7.1 问题分析

如果上述问题用表格表达的话，很难直观地开展网络规划分析。现在用有向的网络图描述这个工程项目的所有信息，见图 9.20。

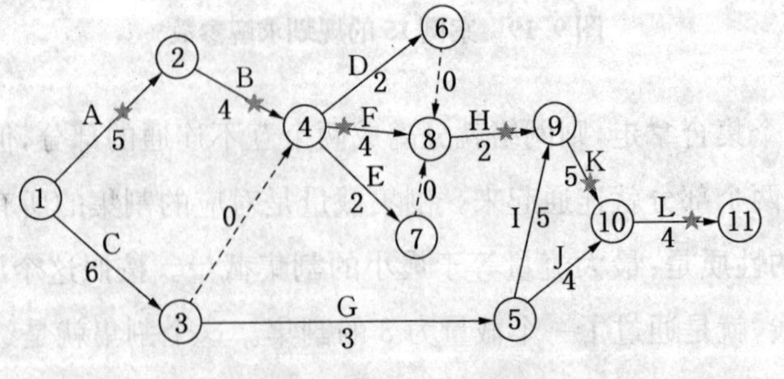


图 9.20 按照工序关系绘制的项目网络图(已标记关键路径)

图中，圈表示不占任何资源的节点，箭线表示工序，虚线表示传递逻辑关系的虚工序。工序时间作为网络图诸边的权重。网络计划问题中的一个重要概念是关键路径。关键路径就是时间网络图中用时最长的路径。因此，这个问题实质上是网络的"最长路径"问题。运筹学中有专门寻找网络关键路径的方法，而在 Excel 的"规划求解"中，只要简单地改动"规划求解参数"的内容即可。

## 9.7.2 电子表格和约束参数

最长路径的规划算法与前面介绍的最短路径问题的模型的唯一区别在于："规划求解参数"对话框中，目标函数是向"最大值"方向规划的。具体的建模细节，可以参考本章案例 11。

模型计算文件在 9-6. xls 中，规划模型表格和规划参数结果参考图 9.21 和图 9.22。

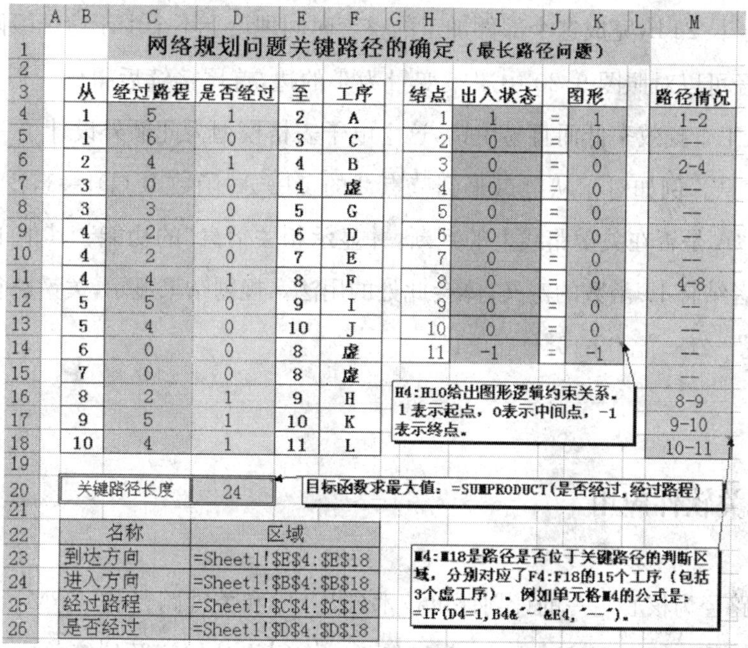

网络规划问题关键路径的确定（最长路径问题）

| 从 | 经过路程 | 是否经过 | 至 | 工序 | 结点 | 出入状态 | | 图形 | 路径情况 |
|---|---|---|---|---|---|---|---|---|---|
| 1 | 5 | 1 | 2 | A | 1 | 1 | = | 1 | 1-2 |
| 1 | 6 | 0 | 3 | C | 2 | 0 | = | 0 | -- |
| 2 | 4 | 1 | 4 | B | 3 | 0 | = | 0 | 2-4 |
| 3 | 0 | 0 | 4 | 虚 | 4 | 0 | = | 0 | -- |
| 3 | 3 | 0 | 5 | G | 5 | 0 | = | 0 | -- |
| 4 | 2 | 0 | 6 | D | 6 | 0 | = | 0 | -- |
| 4 | 2 | 0 | 7 | E | 7 | 0 | = | 0 | -- |
| 4 | 4 | 1 | 8 | F | 8 | 0 | = | 0 | 4-8 |
| 5 | 5 | 0 | 9 | I | 9 | 0 | = | 0 | -- |
| 5 | 4 | 0 | 10 | J | 10 | 0 | = | 0 | -- |
| 6 | 0 | 0 | 8 | 虚 | 11 | -1 | = | -1 | -- |
| 7 | 0 | 0 | 8 | 虚 | | | | | -- |
| 8 | 2 | 1 | 9 | H | | | | | 8-9 |
| 9 | 5 | 1 | 10 | K | | | | | 9-10 |
| 10 | 4 | 1 | 11 | L | | | | | 10-11 |

关键路径长度 24

| 名称 | 区域 |
|---|---|
| 到达方向 | =Sheet1!$E$4:$E$18 |
| 进入方向 | =Sheet1!$B$4:$B$18 |
| 经过路程 | =Sheet1!$C$4:$C$18 |
| 是否经过 | =Sheet1!$D$4:$D$18 |



图 9.21 案例 16 的电子表格模型

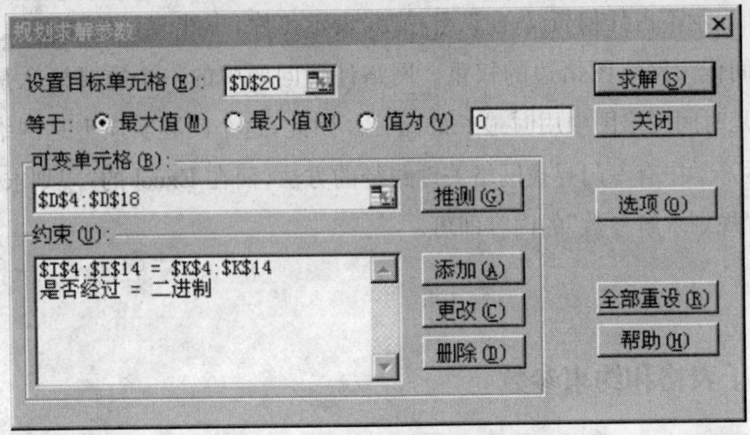


图 9.22　案例 16 的规划求解参数

## 9.7.3　规划结果

关键路径长 24 h,完成这个部件加工的整套时间理论上不会少于这个极限值。

关键路径可以对照图 9.20 中决策变量为 1 的边,首尾接续后得到。但是复杂的网络图中,靠人工查找效率低而且易出错,这个电子表格模型为此额外设计了一列“路径情况”的补充信息。例如对于从节点 1 到节点 2 的工序 A,函数 IF(D4=1,B4&"-"&E4,"--")实现了“A 是否在关键路线上的判断,并显示相关信息”的功能。其他工序的判断,同理。请读者结合 IF 函数的定义,体会此处的用法。规划结果显示,关键路径是“1-2”—“2-4”—“4-8”—“8-9”—“9-10”—“10-11”。

## 9.7.4　相关软件应用

以关键路径为核心之一的计划评审技术(PERT)和关键路径法(CPM),当前已经广泛应用在项目管理诸多领域。案例 16 仅仅是一个网络计划问题的简单应用,而实践中的网络规划要复杂得多,往往包括进度计划编制、进度计划优化、进度跟踪反馈、进度分析控制、多方案比较等内容。由于规划工作的复杂性,几乎所有的实际网络规划问题都离不开计算机的帮助。现代的计算机技术已经完全实现了网络规划各种功能，同时更加方便、实用和友好，并且向面向对象的图形智能化操作发展。近年来关于网络规划的计算机软件的开发和研究发展很快，有不少优秀的商业软件可供用户选择，其中包括：Time Line、Project Scheduler、MS Project 等。Excel 虽然可以在一定程度上解决网络规划工作，但实际运用最多的仍旧是 Project 等专业软件包，建议有兴趣的读者专门开展这个方面知识的学习。

不论选择哪种软件，作为专业解决网络规划的电子工具，计算和规划的两个主要问题仍旧是进度和费用。在此基础上，开展网络规划前的一项重要准备工作是开展工作分解结构(work breakdown structure，WBS)，即指将一个项目按照层次和树状的结构进行分解。分解的程度应当按照建模者对实际问题的要求而定，一般来说分解的层次在许可的情况下尽量多一些、细一些。WBS 是网络规划分析以及建立模型过程中的基础性工作，这项工作直接影响到网络规划中的基础数据和逻辑关系，因此建模者必须高度重视这项工作。

## 思考与练习

1. 请参考其他运筹学教程，初步了解关于“图”的一系列基本概念。
2. 最短路径问题的模型特征是什么？解决最短路径问题的基本原理又是什么？
3. 独立完成案例 11，掌握利用电子表格模型解决常规的最短路径问题的原理和方法。
4. 请在 Excel 电子表格上练习 SUMIF()函数的功能和特点。
5. 独立完成案例 12，掌握利用电子表格模型解决常规的最大流问题的原理和方法。
6. 独立完成案例 13 和案例 14，进一步拓展网络分析问题的思路，学会利用网络分析的原理，解决广义的网络分析问题。
7. 请参考其他运筹学教程，进一步了解关于“网络规划”的基本原理和操作步骤。
8. 在理解表 9.2 的基础上，独立绘制出项目网络图。
9. 独立完成案例 15，掌握利用电子表格模型求解网络关键路径的原理和方法。
10. 请参考其他运筹学教程，初步了解关于压缩“关键路径”的基本原理和步骤。
11. 请查阅相关资料，了解具有“网络规划”功能的部分专业软件的基本知识。

# 第10章 数据包络分析(DEA)问题

## 案例17 银行分理处相对工作效率的评价分析

某银行支行在一个城区设有甲、乙、丙、丁4所分理处,现在支行决定对他们的工作效率进行评比排序。经过上级部门研究,决定把每个分理处的员工数和营业面积作为投入考核指标,每月办理的业务次数作为产出考核指标。各分理处的投入和产出情况见表10.1。

表10.1 银行分理处工作绩效考核表

| 分理处 | 投入 | | 产出(业务数/月) | | |
|---|---|---|---|---|---|
| | 员工(人) | 营业面积($m^2$) | 存款 | 贷款 | 中间 |
| 甲 | 25 | 180 | 1 800 | 200 | 1 600 |
| 乙 | 40 | 150 | 1 000 | 350 | 1 000 |
| 丙 | 35 | 170 | 800 | 210 | 1 100 |
| 丁 | 20 | 250 | 900 | 420 | 1 500 |

i. 各分理处均完成了产出各项指标,那么在不考虑产出差异的前提下,如何从投入方面评价各个分理处的相对效率?

ii. 如果将产出指标和投入指标进行综合评价,各分理处的相对效率又如何排序?

## 10.1 数据包络分析的基本概念

### 10.1.1 数据包络简介

生产和社会活动中常常需要对具有相同类型的部门或单位(称为决策单元,decision making unit, DMU)进行评价,其评价的依据是决策单元的“输入”数据和“输出”数据。输入数据是指决策单元在某种活动中需要消耗或占用的某些量,例如投入的资金总额,动用的总劳动力数,占地面积等等;输出数据是决策单元经过一定的输入之后,产生的表明该活动成效的某些指标量,例如不同类型的产品数量、工作质量、经济效益等等。比如上述案例中,可以把员工和营业面积作为决策单元的输入,而把业务数作为输出。根据输入数据和输出数据来评价决策单元的优劣,即评价部门(或单位)间的相对有效性。

数据包络分析(data envelopment analysis, DEA)是应对多输入和多输出系统评价的一个有效方法,是线性规划理论在绩效评估方面的一个应用。对于一个具有多项投入和多项产出特征的生产运作系统,这个系统内部由多个类似的部门组成,衡量这些部门之间运作效率高低的基本方法就是将投入和产出换算成统一的单位,比如货币单位,然后统一计算各部门的投入产出比值,并按照各自比值的大小进行排序。但是统一单位的过程,往往会遇到很多问题。比如上述案例中,投入部分的员工(人)与营业面积($m^2$)如何统一起来?再比如在产出部分,即使是同一指标单位的业务数,存款业务数与贷款业务数也不能简单地相加。即便是采用加权换算,那么权重又如何确定?数据包络分析可以解决这种类型的评价问题,并从“DEA 是否有效”的角度,判断相对有效性。

### 10.1.2 包络线与生产前沿面

实际上,问题 i 的隐含假设是:将所有分理处的产出表现看作是“无差异”的。因此投入多的单元，效率就相对低。图 10.1 中仅仅表示了投入的信息，其中横坐标表示员工数，纵坐标表示营业面积。

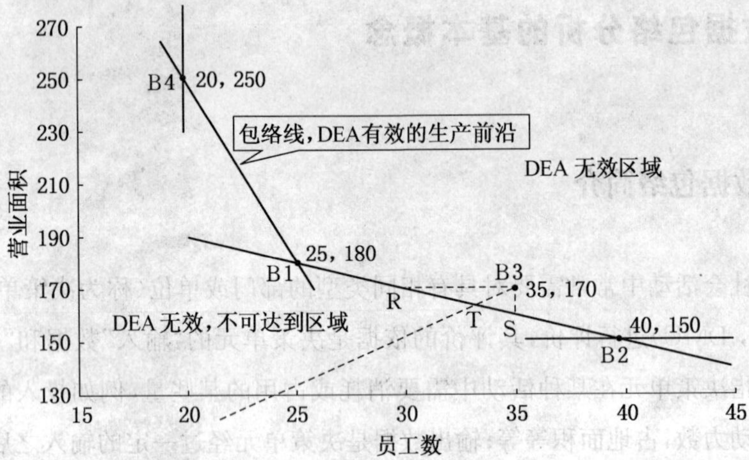


**图 10.1　包络线和生产前沿面示意图**

四个分理处的员工数和营业面积的投入组合分别在图中 B1、B2、B3 和 B4 点表示。如果在任意两点之间连线，会有 6($C_4^2=6$) 条直线，再画出最上方的通过点 B4 的垂线和最右方的通过点 B2 的平行线，图中将会有 8 条直线。在这些直线中，能将所有的点“包围”起来的线段，组成了“包络线”，即图中的“垂线”—“B4-B1”—“B1-B2”—“水平线”。其他不组成包络线的直线没有在图中画出，比如 B4 与 B2 之间的连线，显然把 B1 割离在外了。

读者可以想象到，对于多维情况，“包络”甚至可以是多维的空间“面”。在 DEA 分析工作中，包络线称为“生产前沿面”。由于线性关系，落在 B1 和 B2 的线段上的任何一点，都可以由 $\alpha\%$的 B1 和 $(1-\alpha\%)$ 的 B2 所构成。也就是说，R(在 B3 的水平左方)、S(在 B3 点垂直下方)和 T(B3 与原点连线同线段 B1B2 的交点)点的投入效果都是 B1 和 B2 的线性等价组合，它们之间的区别仅仅是构成比例 $\alpha\%$的不同。此时可以对比 R、S、T 与包络线右上方的 B3 点的效率差异。落在包络线上的点，称为“DEA 有效”的点。以下分析可以看出，作为包络线的生产前沿面上的点是帕累托(Pareto)最优的位置。帕累托最优通常是指资源分配系统的一种状态，即在不使系统内任何成员境况变坏的情况下，不可能再使某些成员的处境变好。本例的所谓帕累托最优是指某个决策单元处于这样一种效率状态，就是不存在保持其他产出不变的情况下，而减少某一项投入的水平。

简证:可以容易求得:R(30,170)、S(35,160)和T(33.54,162.92)。已知B3(35,170),与R比较,B3要达到同样的产出效果需要单方面多投入5名员工的投入。与S比较,B3要达到同样的产出效果需要单方面多投入10 $m^2$ 营业面积的投入。与T比较,B3要达到同样的产出效果需要同时增加投入1.46名员工和7.08 $m^2$ 营业面积的投入。因此,无论从上述哪个参照点分析,B3都不是帕累托最优状态,而B1、B2以及R、S和T点,均是帕累托最优状态。为了统一分析B3的相对效率,通常以T点为参考点进行数量上的效率计算。T点是B3与原点连线穿过生产前沿面的交点。计算 $33.54/35 = 162.92/170 = 0.958$,这个百分比95.8%称为B3相对于T点状态(由B1和B2的某个组合比例构成)的DEA相对效率。显然,比值小于1时是"无效率"的。

图10.1中,包络线把第一象限分成两个区域。在包络线右(内)上方,是DEA无效区域,或者称为非DEA有效区域。注意,这里的"效"是效率的意思。在包络线左(外)下方,是DEA不可达到的区域,因为DEA有效点全部落在了作为生产前沿面的包络分界线上了。

### 10.1.3 问题i的初步解决

上述分析可知,如果假定产出不作数量上的区别而认为是一致的,那么四个分理处的DEA效率分别是:甲、乙、丁、均是DEA有效,而丙是非DEA有效,仅仅相当于甲和乙某种线性组合的95.8%。这个组合方式也可以随后计算出来。

## 10.2 数据包络分析的数学模型

### 10.2.1 模型的原理

案例的问题i利用的是图解方法,但是如果投入超过3个指标的话,这种方法就不太适用了。另外,问题i的最大限制还在于:如果同时要考虑多项产出和多项投入指标的情况下，就需要借助线性规划的方法。本节介绍一般性的 DEA 评价模型，这种模型实现了多元投入和多元产出的评价方法。

一个评价系统中有 $n$ 个不同的决策单元 $(j=1, 2, \cdots, n)$，每个决策单元包含 $m$ 个投入指标 $(i=1, 2, \cdots, m)$ 和 $s$ 个产出指标 $(r=1, 2, \cdots, s)$。可以将系统的投入产出数据写成如图 10.2 的矩阵形式。

$$\begin{matrix} \lambda_1 & \lambda_2 & \cdots & \lambda_n \\ \Updownarrow & \Updownarrow & & \Updownarrow \end{matrix}$$

$$\begin{bmatrix} x_{11} & x_{12} & \cdots & x_{1n} \\ x_{21} & x_{22} & \cdots & x_{2n} \\ \vdots & \vdots & x_{ij} & \vdots \\ x_{m1} & x_{m2} & \cdots & x_{mn} \\ y_{11} & y_{12} & \cdots & y_{1n} \\ y_{21} & y_{22} & \cdots & y_{2n} \\ \vdots & \vdots & y_{rj} & \vdots \\ y_{s1} & y_{s2} & \cdots & y_{sn} \end{bmatrix}$$

**图 10.2　$n$ 个决策单元的投入产出矩阵结构**

其中：列方向上是决策单元，系统中有 $n$ 个决策单元；行方向上是评价指标，前 $m$ 行是投入指标数据，后 $s$ 行是产出指标数据。

不失一般性，现在假设存在一个可以由上述矩阵 $n$ 列"线性组合"出来的第 $n+1$ 个假想决策单元 $(j^*=n+1)$，这个单元相对原先 $n$ 个决策单元是最有效率的。于是，存在以下关系：

$$\sum_{j=1}^{n}\lambda_j = 1,\ \lambda_j \geqslant 0\ (j=1, 2, \cdots, n)$$

$$\sum_{j=1}^{n}\lambda_j x_{ij} = x_{ij^*}\ (i=1, 2, \cdots, m)$$

$$\sum_{j=1}^{n}\lambda_j y_{rj} = y_{rj^*}\ (r=1, 2, \cdots, s)$$

上面的这个"最有效"的线性组合系数 $\lambda_j$ 可以理解为权重。经过线性组合后的第 $j^*$

个假想决策单元无论在投入还是产出方面,与第 $j_0$ 个决策单元相比,都是帕累托最优状态。如果第 $j_0$ 个决策单元本身就是 DEA 有效的,$\lambda_{j_0}$ 取 1 就能满足上述关系。如果第 $j_0$ 个决策单元并不是 DEA 有效的,显然上述关系的约束过于宽松,于是引入一个效率系数(或者"紧缩系数")$E$ 进行关系的"紧缩"。如果确实发生了"紧缩",则 DEA 效率情况就水落石出了。以单独评价第 $j_0$ 个决策单元为目的,构造以下"DEA 线性规划模型":

$$\min Z = E$$

$$\text{s.t.}\begin{cases}\sum_{j=1}^{n}\lambda_j x_{ij} \leqslant E x_{ij_0}\ (i=1,\ 2,\ \cdots,\ m)\\ \sum_{j=1}^{n}\lambda_j y_{rj} \geqslant y_{rj_0}\ (r=1,\ 2,\ \cdots,\ s)\\ \sum_{j=1}^{n}\lambda_j = 1,\ \lambda_j \geqslant 0\ (j=1,\ 2,\ \cdots,\ n)\\ 0 \leqslant E \leqslant 1\end{cases}$$

### 10.2.2 建模求解的步骤

(1) 首先将问题归结到型如图 10.2 的矩阵形式。

(2) 确定待评价的决策单元,即矩阵中的某列($j_0$)数据。

(3) 设计变量。包括效率系数 $E$ 和 $\lambda_j$。

(4) 明确规划的目标。确定"紧缩系数"的最小值。

(5) 计算单纯形表或者输入电子表格模型准备"规划求解"。

(6) 解读结果。

### 10.2.3 电子表格模型的注意点以及规划结果解释

上述"DEA 线性规划模型"每次只能对一个指定的决策单元开展评价。对于由 $n$ 个决策单元构成系统的综合排序,通常需要更换模型中第 $j_0$ 个决策单元的所有评价指标数据，然后分别评价 $n$ 次，结合计算出各决策单元的紧缩系数 $E$ 开展评价。

模型中的紧缩系数 $E$ 的特殊之处是：这个系数既是决策变量，又以目标函数形式出现。虽然在电子表格上可以是同一单元格，但建议建模者还是在电子表格上用不同的单元格分别表示。另外，“DEA 线性规划模型”增加了 $E$ 的约束条件不等式的右边已经不再是约束值常数，而 Excel 的“规划求解”对话框要求约束条件的右端为约束值常量。因此电子表格模型中应将 $Ex_{ij_0}$ 移项到不等式左边，移项后的不等式右边为 0。

经过对模型的规划求解，如果 $E$ 的最小值等于 1，说明该待评价的决策单元 DEA 有效。如果是小于 1 的正数，则说明非 DEA 有效。请读者联系上一节图解法的示意分析，进一步思考为什么 $E$ 不可能大于 1 的原因。

## 10.3 数据包络分析的电子表格模型求解

### 10.3.1 问题分析和模型的建立

对于问题 ii，显然需要分别对甲、乙、丙和丁分别进行 DEA 评价。下面以对分理处丙的评价为例。其他分理处的评价，可以在同一模型中替换待评价单元的数据而一一实现。

线性规划模型如下：

$$\min Z = E$$

$$\text{s.t.}\begin{cases}25w1 + 40w2 + 35w3 + 20w4 - 35E \leqslant 0 \\ 180w1 + 150w2 + 170w3 + 250w4 - 170E \leqslant 0 \\ 1\,800w1 + 1\,000w2 + 800w3 + 900w4 - 800 \geqslant 0 \\ 200w1 + 350w2 + 210w3 + 420w4 - 210 \geqslant 0 \\ 1\,600w1 + 1\,000w2 + 1\,100w3 + 1\,500w4 - 1\,500 \geqslant 0 \\ w1 + w2 + w3 + w4 = 1,\ w1,\ w2,\ w3,\ w4 \geqslant 0 \\ 0 \leqslant E \leqslant 1\end{cases}$$

其中，$w1$、$w2$、$w3$ 和 $w4$ 构成“假想决策单元”的权重系数 $\lambda$。$E$ 是紧缩系数。作为模型的目标，规划求解出最小值的 $E$，其含义是：待评价决策单元（分理处丙）的投入指标组，相比假想决策单元（按 $w1$、$w2$、$w3$ 和 $w4$ 的比例构成的最优单元）的投入指标组的让步程度。如果 $E$ 的最小值等于 1，说明该待评价决策单元无法让步。如果 $E$ 是小于 1 的正数，说明该单元与假想中的单元对比存在效率差距——通俗地说就是该待评价单元存在效率挖掘的空间，当前属于 DEA 无效。

### 10.3.2 电子表格和约束参数

建立的模型计算文件在 10-1.xls 中，规划模型表格和规划参数结果参考图 10.3 和图 10.4。电子表格中的部分公式见图 10.5。其他分理处的评价模型类似分理处丙的评价过程从略。

**图 10.3 案例 17 的电子表格模型**（待评价单元：分理处丙）

### 10.3.3 规划求解后的评价结果

经过规划求解后得到分理处丙的紧缩系数 $E$ 是 0.958 3，说明分理处丙是非 DEA 有

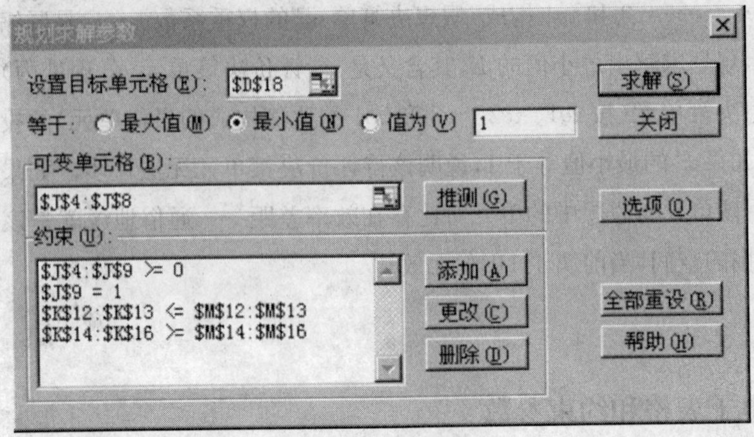


**图 10.4 案例 17 的规划求解参数**(待评价单元:分理处丙)

效状态。同样在将模型中的 G12:G16 分别用甲、乙或者丁的投入产出数据替换后,可以得出各自的 $E$ 是 1,说明这个分理处是 DEA 有效。

进一步考察分理处丙规划得出紧缩系数 $E$ 的最小值的组合系数 $w$(对应一般模型中的 $\lambda$)的细节信息:$w1=0.431$,$w2=0.569$,$w3=w4=0$。表明以下基于 DEA 模型的相对效率判断:如果由分理处甲的 43.1%和分理处乙的 56.9%来提供投入组合的话,这个组合以后的产出不会低于分理处丙的各项对应的产出。或者说,达到分理处丙目前的产出水平,仅仅需要分理处丙综合投入的 95.83%。显然从这个评价角度上说,分理处丙是"DEA 无效"的。

| | D | F | I | K |
|---|---|---|---|---|
| 12 | =SUMPRODUCT(C5:C8, J5:J8) | =G12*I12 | =J4 | =D12-F12 |
| 13 | =SUMPRODUCT(D5:D8, J5:J8) | =G13*I13 | =J4 | =D13-F13 |
| 14 | =SUMPRODUCT(E5:E8, J5:J8) | =G14*I14 | 1 | =D14-F14 |
| 15 | =SUMPRODUCT(F5:F8, J5:J8) | =G15*I15 | 1 | =D15-F15 |
| 16 | =SUMPRODUCT(G5:G8, J5:J8) | =G16*I16 | 1 | =D16-F16 |
| 18 | =J4 | | | |

**图 10.5 电子表格中的部分公式**

### 10.3.4 DEA 评价的应用

已经证明,DEA 有效性与相应的多目标规划问题的帕累托有效解(或非支配解)是等价的。建立在线性规划理论上的数据包络分析可以看作是一种统计分析的新方法,它是根据一组关于输入一输出的观察值来估计有效生产前沿面的。而在经济学和计量经济学中,估计有效生产前沿面,通常使用统计回归以及其他的一些统计方法,这些方法估计出的生产函数并没有表现出实际的前沿面,得出的函数实际上是非有效的。因为这种估计是将有效决策单元与非有效决策单元混为一谈而得出来的。读者可以通过实际例子去验证这个有趣的问题:常规的评价框架中,同时扩大或者缩小投入和产出双方的倍数,并不影响对决策单元的评价结果。但是在DEA视角的评价框架中,可能会影响评价结果,因此并不能轻率地进行这样的数学"等价"变换。在有效性的评价方面,除了DEA方法以外,还有其他的一些方法,但是很多方法几乎仅限于单输出的情况,相比之下,DEA方法处理多输出和多输出问题的能力是具有绝对优势的。同时,DEA方法不仅可以用线性规划来判断决策单元对应的点是否位于有效生产前沿面上,同时又可获得许多有价值的管理信息,比如本章案例中的组合权重信息等。因此,DAE方法比其他的一些方法(包括采用统计的方法)优越,使用也更为广泛。

自从A. Charnes、W. Cooper和E. Rhodes等人在1978年第一次成功开发应用DEA案例之后,数据包络分析的优点吸引了众多的使用者,这一方法应用的领域正在不断地扩大。它也可以用来研究多种方案之间的相对有效性(例如投资项目评价)、应对权重无法确定的社会问题(比如就业安置、社会福利等问题)、预测决策实施后的相对效果(例如建立新厂后,新厂相对于已有的一些工厂是否更有效),DEA模型还可以用来进行政策评价。

数据包络分析是运筹学的一个不断发展的研究领域。数据包络方法和模型,以及对DEA方法的理解和应用还在不断的发展和深入,多年来已经开发了多个研究分支,众多DEA模型的应用领域已经触及社会的方方面面。本章初步介绍了数据包络分析的初步理论和简单的电子表格建模的方法,仅仅是DEA理论领域的冰山一角,请有兴趣的读者参阅进一步的DEA教程和应用文献,更深地了解和掌握这种有效的评价方法。

## 思考与练习

1. 数据包络分析的概念是什么?这种评价方法的适用范围和特点是什么?

2. 请结合线性规划知识，阐述数据包络分析的原理。

3. 请简要解释以下几个概念：帕累托状态、包络线、生产前沿面、决策单元（DMU）、紧缩系数。

4. 独立完成案例17，结合电子表格模型进一步掌握数据包络分析的各个参数和结果的具体含义。请用自己的理解，阐述该案例得出的评价结论。

5. 在参考了案例17对分理处丙DEA评价基础上，请独立完成分理处甲、乙和丁的评价。

6. 结合本章的知识，列举或者构造几个可以利用数据包络分析模型进行评价的对象，并简要说明评价操作的思路和步骤。

7. 请参考其他运筹学教程和阅读相关资料，了解数据包络分析研究的发展前沿和应用进展。

# 第11章 利用电子表格进行决策树分析

## 案例 18 忙碌的推销员

某工厂有个推销员，计划某天到甲、乙两公司推销一批产品。该推销员事先知道，与每个公司洽谈成交的概率与洽谈时间是上午还是下午有关：在甲公司成交的概率上午是 0.8，下午是 0.7；在乙公司成交的概率上午是 0.5，下午是 0.4。如果在某公司谈成则不需再到另外一家公司，如果上午在某公司没有谈成，可等下午继续谈，也可以去另一家公司。与甲公司成交后，可以获利润 8 000 元，与乙公司成交后，可获利润 10 000 元。请问这位推销员如何安排行动方案，以期获得当天的最大收益？

## 11.1 决策树的基本概念

### 11.1.1 决策树结构

决策树是用二叉（或者多叉）树形图来表示处理逻辑的一种启发式的决策分析工具。

决策树可以直观、清晰地表达整个决策事件的逻辑判断过程，特别适合于判断因素概率型、逻辑组合清晰的随机型决策情况。

决策树通常有节点和分支两种组成元素。其中分支分成决策支和概率支，节点分成决策点、事件点和结果点。

决策点：用方块表示，代表了在这一点上需要进行的决策。最初的节点称为根节点，是整个决策树的开始。

决策支：由决策点引出的分支称为决策支，每个分支代表决策点做出的其中一个方案。

事件点：用圆圈表示，代表了决策导致的在这一点上的事件。

概率支：由事件点引出的分支称为概率支，每个分支代表事件点不同的概率状态。通常要求事件点后的各个概率支组成事件概率全集，并且各概率支之间的交集为空。

结果点：用三角表示，代表了某方案在某状态下的最终结果。结果点存在明确的效益指标值，通常位于决策树的末端。结果点后面不再有事件的发展，因此又可形象地称为"叶子"。

### 11.1.2 规划决策树的加载宏

当前已经开发出很多形形色色的决策树处理软件，比较常用的一款是 Decision Toolworks 公司开发的 TreePlan 加载宏插件。该插件必须在 Excel 环境下使用。它的主要开发者是美国旧金山大学商学院的迈克·米得顿(M. Middleton)教授，本书采用了这款软件的试用版。试用版下载地址是 http://www.treeplan.com。

另外，该公司网页上同时还提供敏感性分析的"Sensitivity Analysis Add-in"插件和风险模拟分析的"Monte Carlo Simulation Add-in"插件，均可以作为电子表格决策分析的有利工具。安装方法参考加前面章节的有关加载宏方面的介绍。读者在 15 天试用评价期满后，请主动删除或注册支付软件费用。

## 11.2 决策树的电子表格软件操作

### 11.2.1 创建新决策树

在打开一个空白电子表格的状态下，选择 Excel 工具菜单中的“Decision Tree”或者按快捷键 Ctrl＋Shift＋T 直接进入，出现对话窗口，见图 11.1。

图 11.1 建立新决策树对话框

点击确定“New Tree”后，系统建立一个最简单的“二叉”默认决策树。例如图 11.2 所示的一个决策树由一个决策点和两个决策支组成。

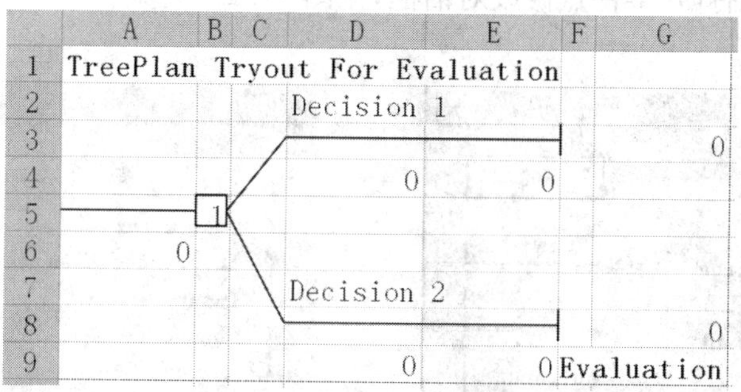


图 11.2 系统默认建立的最初决策树

以决策支 1 为例，各相关单元格的含义说明如下:决策支的上方是标签，表达决策的名称，单元格 D2 可以直接进行文字修改。如果该决策支不再生长，即单元格 F3 已经是结果点，建模者可以直接在单元格 G3 输入该结果的具体收益(或支出)数值。如果这个决策支还要进一步生长，则 G3 无须输入，由软件回卷(rollback)计算进一步的结果。如果需要考虑到决策树中的净现金流，则决策支下方左侧的单元格(比如 D4)可以输入该决策的现金流值。决策树的结果点的具体收益(或者支出)如果没有人工输入，则由这个结果点所在的完整决策路径上的所有现金流汇总得到。决策支下方右侧的单元格(比如E4)无须输入,由软件回卷计算到当前的期望值。决策点前的单元格(比如A6)自动比较并显示G3和G8中的最大值,同时在B5单元格显示一个数字,该数字表示该决策点后应当决策的决策支序数。

对于事件支相关的各个单元格的含义,基本类同决策支。假设图11.2中的决策支1进一步生长出一个三个分支的事件支(参见后文图11.7)。事件支与决策支的最大不同分别是:事件支的标签的紧上单元格(比如H1)必须输入相应的发生概率。事件点前的单元格(比如E9)利用函数自动判断其后的所有事件支的概率加总是否为等于1的全集,否则报错。如果通过了概率全集为1的判断,则在该事件点前的分支的右下方单元格(比如E9)自动计算紧随其后的事件支的数学期望值(即概率加权求和)。

如果该决策点后的决策支多于两个,可以增加决策支。方法是:选择决策点所在的单元格B5,然后再打开工具菜单中的"Decision Tree",弹出对话框,见图11.3。选择增加决策支功能,确定后增加一支。该对话框还可以将决策点直接修改成事件点。选择事件点所在的单元格,则打开事件点修改对话框,见图11.4。

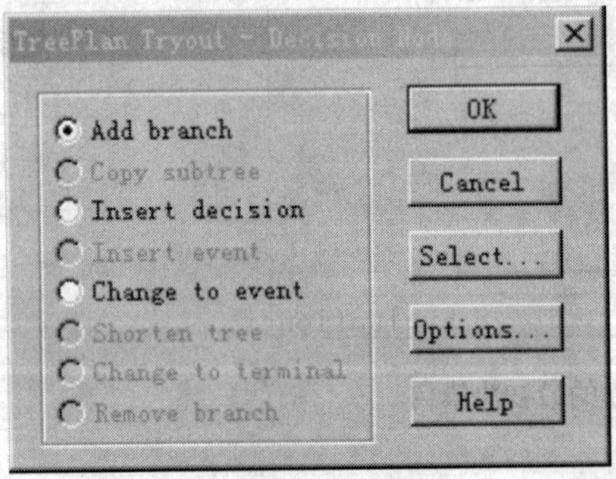


**图 11.3　决策点修改对话框**

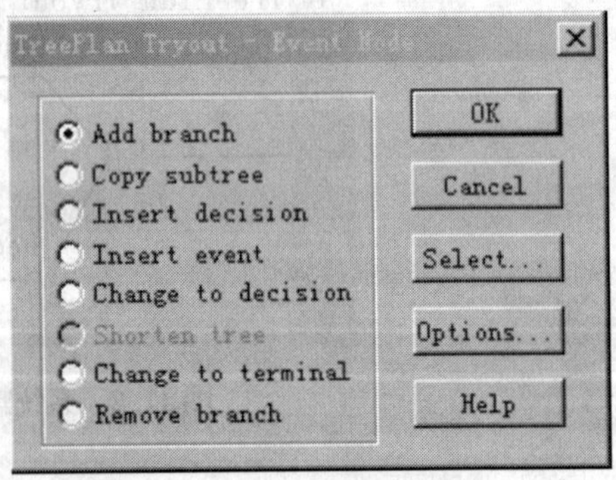


**图 11.4　事件点修改对话框**

### 11.2.2　增加决策树的元素(决策树的生长)

在已有的决策树的任何一个分支的紧末端,可以增添决策树的诸多元素。比如在

图 11.2 中，可以选择单元格 F3 后，再打开工具菜单中的“Decision Tree”，弹出对话框，见图 11.5。

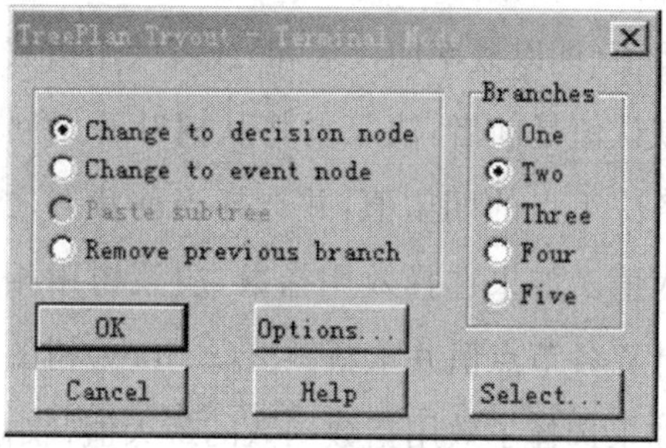


**图 11.5　决策树对话框**

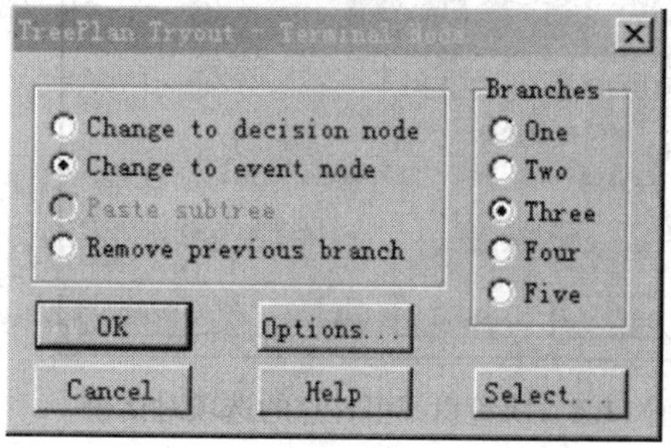


**图 11.6　决策树在当前末端点的选择结果**

通过该对话框，可以在当前末端位置增加、改变和删除决策树。例如在图 11.2 的决策枝 1 后增加一个有三个事件支的结构，操作如下：首先将单元格选择在 F3 单元格，然后打开对话框，点击“转换成事件点”和“分支数为 3”对应选项，见图 11.6。

点击“OK”后，得到成长后的新决策树，见图 11.7。

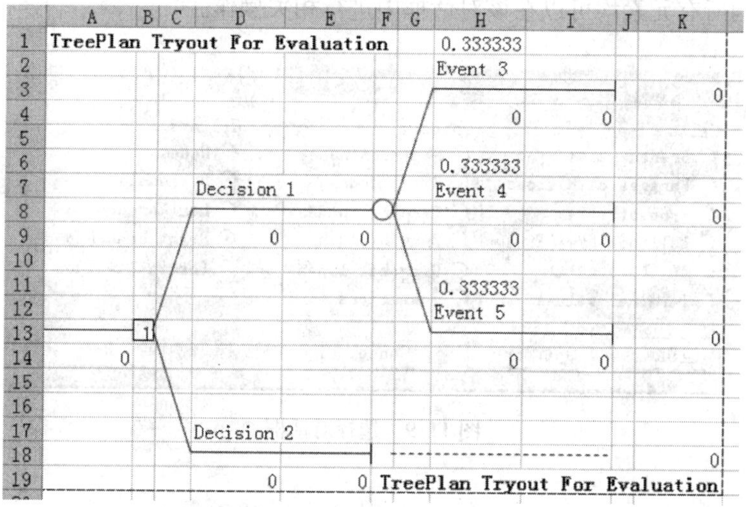


**图 11.7　决策树的继续生长示意图**(F8 后有 3 个等概率的事项分支)

软件默认将事件支的概率按照数量均匀分配，比如上述 3 个分支的事件点，每个事件的发生概率分别是 33.333 3%。建模者可以根据实际问题修改这些概率值，但要保证该事项点后面的全概率条件。

图 11.4 的对话框的“选项”(Options)功能可以打开如图 11.8 的对话框。建模者可以根据情况选择决策树的贝叶斯决策方法，包括期望值(即以概率加权求和)或者效用指数函数。默认值是前者，决策树将从树叶开始回卷计算各决策点的期望值，并选择当前状态之前的最大值。如果选择效用指数，决策树用相关公式计算各节点值并重新做出(redraw)树图。

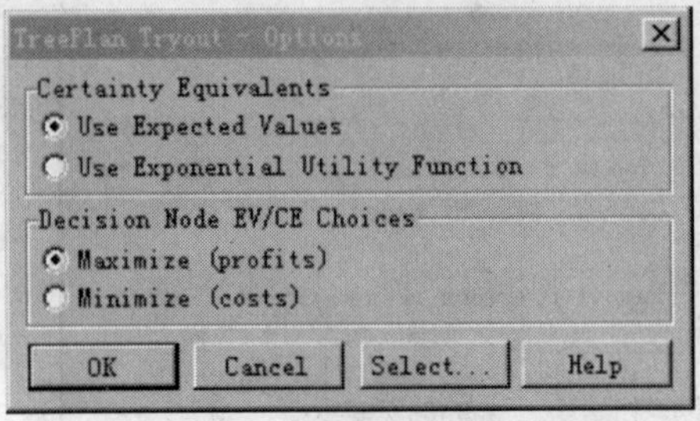


**图 11.8　决策点或事件点的选项对话框**

如果选择了效用指数函数的最大值(收益)选项，回卷公式是：U = A − B ∗ EXP(X/RT) 和 CE =− LN((A − EU)/B) ∗ RT，其中 X 和 EU 是相应单元格值。如果选择效用指数的最小值(成本)，公式是 U = A − B ∗ EXP(X/RT) 和 CE = LN((A − EU)/B) ∗ RT，其中 RT 是效用指数函数的允许度参数。上述公式中的 A 和 B 代表决策度(determine scaling)参数。选择效用指数时，A、B 和 RT 的默认值分别是 A = 1、B = 1、RT = 999 999 999 999。

图 11.4 的对话框的“选择”(Select)功能可以打开如图 11.9 所示的对话框。决策树分析所涉及的所有元素均可以在该对话框中进行相关操作。

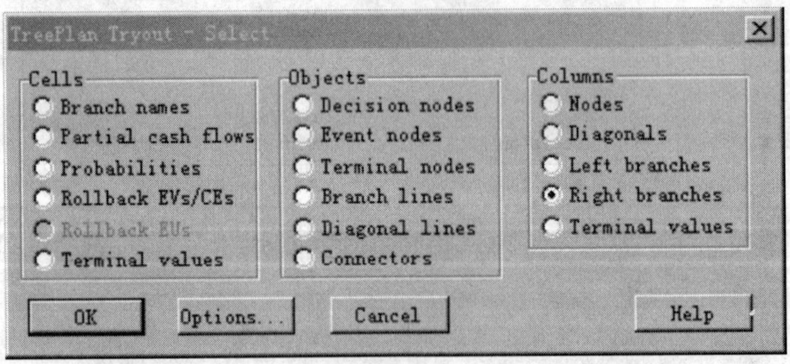


**图 11.9　选择对话框**

## 11.2.3　编辑决策树

对于编辑过程中的决策树，同样可以进行删除、增加、复制、粘贴等编辑工作。

将单元格选定到需要修改的点所在的单元格或者支的开端，点击工具菜单中的“Decision Tree”，打开编辑对话框，见前文图 11.5。通过该对话框，可以进行增添分支、拷贝子支、插入决策点、插入事件点、决策点（事件点或结果点）的互换、删除分支等操作。

### 11.2.4 输入数据和修饰决策树

对于初步编辑完成后的决策树，仅仅是结构上的构建。要求决策树进行最后的决策分析还需要进行相关数据的输入，而中间数据由软件计算并显示在决策树的相应位置。常需要输入的数据是结果点的收益值，以及各个事件支的发生概率值。

对于计算完毕的决策树，由于软件自动地生成了诸多公式或逻辑关系，因此建模者应当对当前电子表格的行列的删除或者增添操作尽量谨慎，以免影响决策树逻辑结构和运算结果。对于电子表格的修饰（字体、图形、注释、颜色等单元格格式操作），基本上按照 Excel 的常规操作规则即可。

## 11.3 决策树的电子表格模型求解

### 11.3.1 问题分析

对于例 18 中的推销员而言，此人需要先后做出两次决策，即分别在上午和下午做出前往哪两个公司的决定。由于各个公司在上午和下午的谈判成功概率不同，需要分别考虑不同方案之间成功期望的差别。这是一个典型的随机型决策问题，以下首先绘制出这个问题的决策树草图，见图 11.10。图中已经人工计算出各点期望值，如果是电子表格操作则自动计算期望，无须专门计算。决策树计算信息完备后，可以在图上开展决策活动，这个过程有时被形象地称为“剪枝”。“剪枝”的对象只能是决策点后面的决策支，一般留下期望值最大的决策支。如果有相同的期望值，则均留下来。由于事项的各种概率状态无法人为控制，因此绝对不可以修剪事项点后面的概率支。

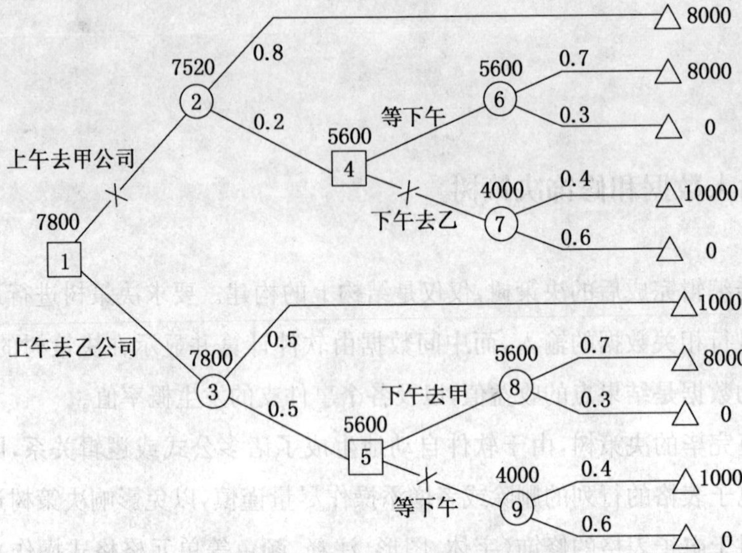


**图 11.10　案例 18 的决策树分析过程和“剪枝”结果**

## 11.3.2　电子表格模型

例 18 的电子表格模型建立计算文件在 11-1. xls 中，决策树结构和运算结果参考图 11.11。建模软件操作过程参考前面的相关介绍。电子文件中，方框为决策点，圆圈为事件点。模型显然使用了期望值原则，没有涉及效用问题。需要输入的数据分别是各个事件分支标签上方的概率值，以及表第 S 列上的 10 个结果节点(软件不生成三角形)的收益值。

## 11.3.3　模型结果

在完成电子表格相关数据的输入后，模型的结果也计算完毕。图 11.11 可见：推销员的最优期望是7 800元。欲得到这个期望，需要：上午去乙公司，如果没有成功，则下午去甲公司。图中黑色实线均是可能出现的状态。

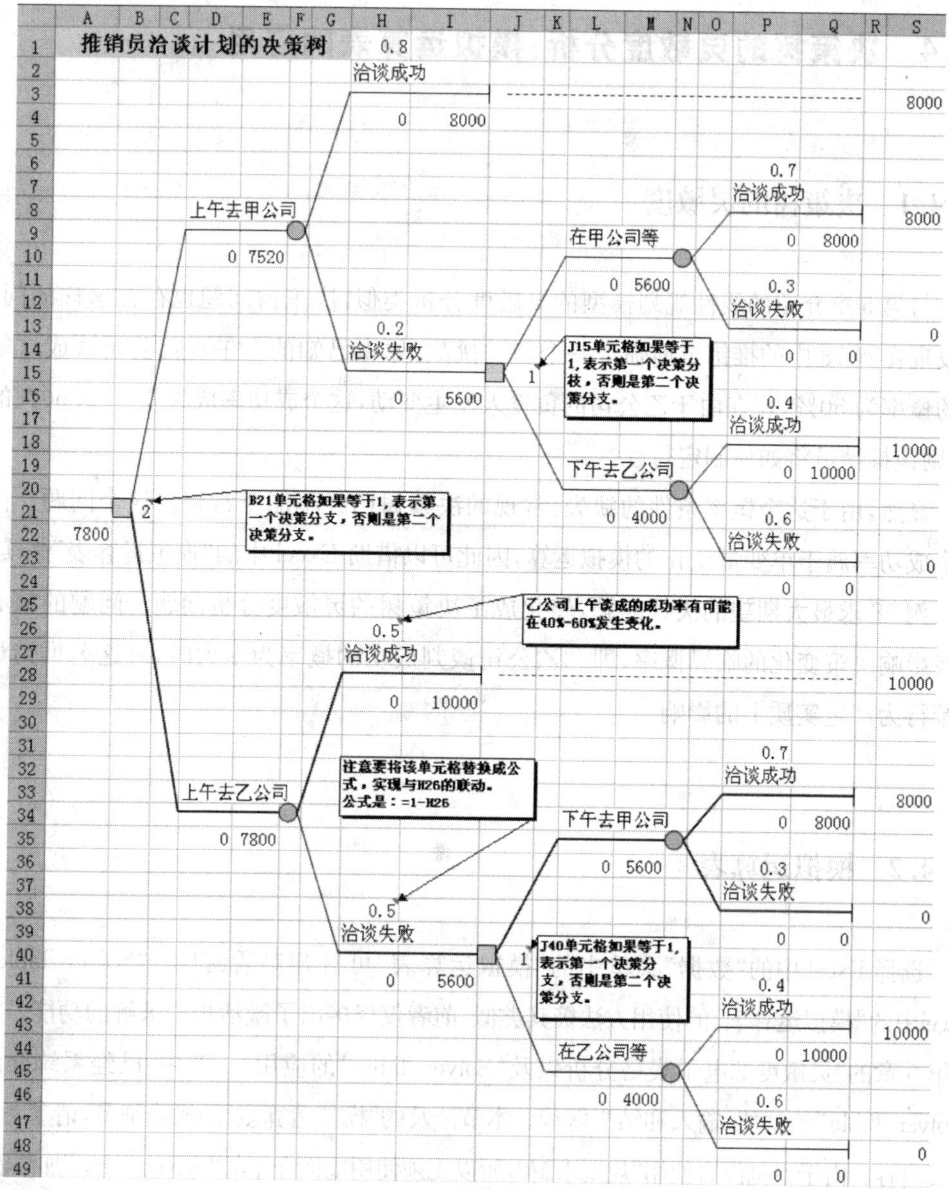


**图11.11 案例18的电子决策树模型**

## 11.4 决策树的灵敏度分析:模拟运算表的应用

### 11.4.1 决策树的灵敏度

与第5章介绍的线性规划模型的灵敏度分析类似,决策树问题也存在这样的问题。假设现在例18中的推销员面临了一个新的挑战:原本已知的上午在乙公司谈成这笔业务的概率为50%,现在由于乙公司的负责人发生变动,这个成功率成为40%到60%的变数,则该推销员将如何制定行程?

显然,由于这个概率条件的缺失,常规的决策树已经不能正常解决这个问题。由于这个成功率属于单变量变化的模拟运算,因此可以借助Excel中的"模拟运算表"来实现。现在例18求最大期望的决策问题,转化成了决策树的灵敏度分析问题。问题的核心是寻找影响决策变化的临界概率,即和乙公司谈判成功的概率为多大时,对这名推销员的决策行为产生实质上的影响。

### 11.4.2 模拟运算表

选择Excel中的"数据"菜单中的"模拟运算表"可打开对话窗口。"Solver Table"与Excel中的"模拟运算表"的使用方法极其类似,前者仅仅多出了激活规划求解的功能。本书的第5章的"灵敏度的电子表格分析以及'Solver Table'的应用"一节中,已经系统介绍了"Solver Table"的功能、输入和结果解读。本节涉及的"模拟运算表"的操作细节,请参考前文相关内容。由于本例没有使用"规划求解",所以无须使用前面介绍的"Solver Table"加载宏。

"模拟运算表"既可以批量运算单变量,也可以应对双变量的电子表格模拟运算。因此,同本书前面介绍的"Solver Table"加载宏功能类似,"模拟运算表"也是分析灵敏度问题的一个有力工具。

### 11.4.3 模拟运算表的使用实例

由于推销员上午在乙公司的成功率(图 11.11 中的单元格 H26)处于 0.4～0.6 的区间,不妨以 0.01 的递增,利用“模拟运算表”进行批量模拟运算。逻辑表头是单元格 V3、W3 和 X3。单元格 V3 关联了最终的期望值,公式是:＝A22&"元";单元格 W3 关联推销员上午的决策行为,借助决策树中决策点 B21 的结算逻辑结果(B21 单元格如果等于 1;表示第一个决策分支,否则是第二个决策分支),公式是:＝IF(B21＝1,"上午去甲","上午去乙");单元格 X3 关联了推销员上午的决策行为,借助决策树中决策点 J15 和 J40 的结算逻辑结果的公式是:＝IF(E10＞＝E35,IF(J15＝1,"在甲等待","下午去乙"),IF(J40＝1,"下午去甲","下午在乙等待"))。为了使模拟运算的结果更加直观和可读,本例电子表格中给模拟运算结果设计了上述的显示功能,请读者认真领会“IF()”函数在此处的应用。

需要注意的是:决策树加载宏虽然能自动平均分配一个事件节点后的各事件概率,但是一旦人工修改后,自动机制不再作用。例如在将“模拟运算表”的单元格 H26 调整到 0.3,“上午在乙公司不成功的概率值”(单元格 H38)仍然保持 0.5,并不会自动调整为 0.7。此时,决策树将会因为全概率事件不为 1 而报错。要使自动修改起作用,必须将原始模型中的 H38 改写成公式形式,即“＝1－H26”。

上述工作完成后,利用鼠标拖曳,选择 U3:X24 区域。打开“数据”—“模拟运算表”对话窗口,见图 11.12。由于模拟运算在列方向上,因此在引用列对话处输入“H26”。

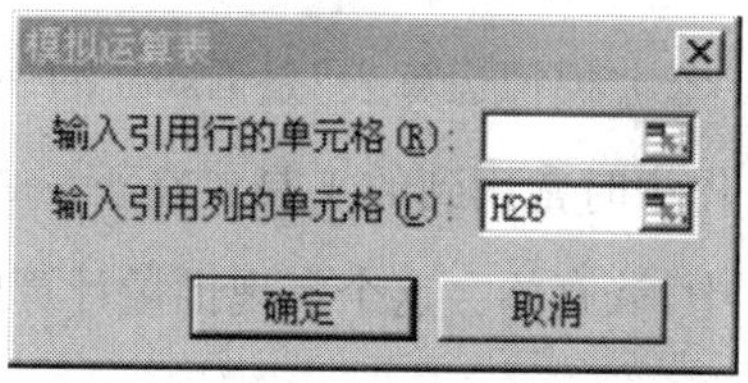


图 11.12 模拟运算表对话框

运算结果也在文件 11-1.xls 中,参考图 11.13。可见,“上午在乙公司成功的概率值”在 0.40～0.43 之间时,这名推销员的合理决策是:上午去甲公司,如果没有成功,则下午仍在甲公司洽谈。虽然决策行为受到甲、乙两个公司的共同影响,但是由于最终的期望值并未涉及乙公司的任何数据,因此期望值始终是 7 520 元。但是概率值在 0.44～0.60 之间时,这名推销员的合理决策变化为:上午去乙公司,如果没有成功,则下午去甲公司。由于乙公司的数据已经纳入期望计算过程，因此这种决策方案的最终期望值随着谈判的逐渐乐观化，从 7 580 元逐渐增加到 8 240 元。“上午在乙公司成功的概率值”为 0.5 的特例，其决策方案与期望结果与前文一致，为 7 800 元。

| | U | V | W | X |
|---|---|---|---|---|
| 1 | 乙公司上午成功率在40-60%的灵敏度分析 | | | |
| 2 | 上午乙公司的成功概率 | 最终期望值 | 上午的决策 | 下午的决策 |
| 3 | (增加率是0.01) | 7800元 | 上午去乙 | 下午去甲 |
| 4 | 0.4 | 7520元 | 上午去甲 | 在甲等待 |
| 5 | 0.41 | 7520元 | 上午去甲 | 在甲等待 |
| 6 | 0.42 | 7520元 | 上午去甲 | 在甲等待 |
| 7 | 0.43 | 7520元 | 上午去甲 | 在甲等待 |
| 8 | 0.44 | 7536元 | 上午去乙 | 下午去甲 |
| 9 | 0.45 | 7580元 | 上午去乙 | 下午去甲 |
| 10 | 0.46 | 7624元 | 上午去乙 | 下午去甲 |
| 11 | 0.47 | 7668元 | 上午去乙 | 下午去甲 |
| 12 | 0.48 | 7712元 | 上午去乙 | 下午去甲 |
| 13 | 0.49 | 7756元 | 上午去乙 | 下午去甲 |
| 14 | 0.5 | 7800元 | 上午去乙 | 下午去甲 |
| 15 | 0.51 | 7844元 | 上午去乙 | 下午去甲 |
| 16 | 0.52 | 7888元 | 上午去乙 | 下午去甲 |
| 17 | 0.53 | 7932元 | 上午去乙 | 下午去甲 |
| 18 | 0.54 | 7976元 | 上午去乙 | 下午去甲 |
| 19 | 0.55 | 8020元 | 上午去乙 | 下午去甲 |
| 20 | 0.56 | 8064元 | 上午去乙 | 下午去甲 |
| 21 | 0.57 | 8108元 | 上午去乙 | 下午去甲 |
| 22 | 0.58 | 8152元 | 上午去乙 | 下午去甲 |
| 23 | 0.59 | 8196元 | 上午去乙 | 下午去甲 |
| 24 | 0.6 | 8240元 | 上午去乙 | 下午去甲 |

**图 11.13 乙公司上午洽谈成功概率对决策影响的灵敏度分析**

“模拟运算表”是 Excel 的一个自带功能，在很多场合可以方便调用，更是规划求解工作中时常用到的工具。在下一章中，将在多个案例中使用到。请读者在进一步的实践中，认真体会这个实现批量计算的工具带来的便利性和实用性。

## 思考与练习

1. 决策树的概念是什么？组成决策树的基本元素是什么，各自代表什么含义？

2. 加载安装“Decision Tree”宏，在电子表格上练习决策树的新建、编辑、修改和完善等工作。
3. 独立完成案例18，在电子表格上建立决策树，并进行决策分析。
4. 请读者查阅关于效用理论方面的材料，尝试将案例18中的贝叶斯决策规则指定为指数效用函数，并模拟相关的参数，观察决策树的变化。
5. 复习第5章介绍的“Solver Table”加载宏知识，对比“模拟运算表”功能和使用方法的区别。
6. 请读者分析上午去甲公司的成功率在80%～100%之间变化时，推销员决策行为的变化。使用“模拟运算表”对案例18展开灵敏度分析(结果可参考：电子文档11-1. xls的Sheet2)。

# 第12章 电子表格在管理实践中的若干应用及案例

本章分9个专题，介绍电子表格工具在不同的管理实际问题中的初步应用。这些问题包括：矩阵对策问题、重心法选址、计算机仿真、盈亏平衡分析、单周期随机库存分析、装载/下料安排、复合系统可靠性问题、马尔可夫过程应用、生产排班问题。上述这些管理问题原理本书不作详细的阐述，而是把注意力落在Excel软件的实际建模应用和常用技巧之上。事实上，运筹学的思想、理论、方法在管理实际问题中贯穿始终且无处不在。希望读者通过学习本章抛砖引玉式的内容，能够进一步熟悉运筹理论指导下的电子表格工具，在日常的管理实践中加以广泛作用，并在各自的专业领域中不断积累和逐步强化，真正转化为一种现实的管理决策能力。

## 12.1 矩阵对策问题

### 案例19 想赢就千万别亮底牌

两个局中人甲和乙之间存在一个零和博弈，两人各有3个行为对策。甲的决策行为以行方向考察，乙的决策行为以列方向考察。其中局中人甲的支付矩阵如下：

$$A = \begin{bmatrix} 3 & 2 & 3 \\ 2 & 3 & 4 \\ 5 & 4 & 2 \end{bmatrix}$$

请分别为甲、乙制定利益最大化的合理策略方案。

### 12.1.1 矩阵对策问题规划解法简介

矩阵对策是博弈论(game theory)研究范畴中的一类特殊问题,通常所指的是双方收支平衡,即没有产生和消耗新收益的零和博弈(zero-sum game)情况。对策问题中,会涉及以下基本概念:参加博弈行为的局中人(player)、局中人采取行为策略(strategy)、相应的策略给局中人带来的支付(payoff)等。

矩阵对策可以利用"最大最小准则"寻找纯策略解(鞍点解)。并不是所有的矩阵对策均存在纯策略解,但是一定存在一个混合策略解。人们常说的"任何对局都有一个玩法"就是指"混合策略的存在性"。

求解矩阵对策的方法有多种。对于一般的矩阵对策问题,可以使用线性规划的方法。对于一个支付矩阵 $A$ 确定的对策问题 $G = \{S_1, S_2, A\}$,其中局中人甲的策略集合是 $S_1 = \{\alpha_1, \cdots, \alpha_m\}$,局中人乙的策略集合是 $S_2 = \{\beta_1, \cdots, \beta_n\}$。其混合扩充是 $G^* = \{S_1^*, S_2^*, E(x, y)\}$,其中:

$$E(x, y) = \sum_{i=1}^{m}\sum_{j=1}^{n} a_{ij} x_i y_j$$

$x_i$ 是局中人甲采取相应对策选项 $\alpha_i$ 的概率,$y_j$ 是局中人乙采取相应对策选项 $\beta_j$ 的概率。其中,$\sum_{i=1}^{m} x_i = 1$,$\sum_{j=1}^{n} y_j = 1$。

当局中人甲选定了任一混合策略 $X = \{x_1, \cdots, x_m\}$ ($x_j$ 组成全概率事件)时,局中人乙的诸个对策便有以下损失:

$$\sum_{i=1}^{m} a_{ij} x_i \quad (j = 1, 2, \cdots, n)$$

于是,局中人甲的支付期望:

$$V_1 = \sum_{j=1}^{n} \left( \sum_{i=1}^{m} a_{ij} x_j \right) y_j = E(x, y)$$

根据零和对策的性质，局中人甲的收益便是局中人乙的损失。因此，局中人乙必定出于自身利益考虑而采取某个混合策略 $Y^* = \{y_1^*, \cdots, y_n^*\}$，使得 $V_1$ 最小。对于甲的每组混合策略，均可以算出这样的期望支付值。根据有界集合必有上限的原理，在所有的最小值其中必然存在一个最大的期望支付值，即在某个混合策略下 $X^* = \{x_1^*, \cdots, x_m^*\}$，满足：

$$V_1^* = \max_{X \in S_1^*} \left[ \min_{1 \leqslant j \leqslant n} \left( \sum_{i=1}^{m} a_{ij} x_i \right) \right]$$

同理，从局中人乙的角度考察，有：

$$V_2^* = \min_{Y \in S_2^*} \left[ \max_{1 \leqslant i \leqslant m} \left( \sum_{j=1}^{n} a_{ij} y_i \right) \right]$$

矩阵对策的基本定理是：任意一个矩阵对策 $G = \{S_1, S_2, A\}$ 一定存在混合策略意义上的解，且若 $G$ 的期望值是 $V$，则以下两组不等式的解分别是局中人甲和局中人乙的最优策略：

$$\begin{cases} \sum_{i=1}^{m} a_{ij} x_i \geqslant V & j = 1, 2, \cdots, n \\ \sum_{i=1}^{m} x_i = 1 & x_i \geqslant 0, i = 1, 2, \cdots, m \end{cases}$$

$$\begin{cases} \sum_{j=1}^{n} a_{ij} y_j \leqslant V & i = 1, 2, \cdots, m \\ \sum_{j=1}^{n} y_j = 1 & y_j \geqslant 0, j = 1, 2, \cdots, n \end{cases}$$

博弈的结局必定是：$V_1^* = V_2^* = V(i = 1, 2, \cdots, m \quad j = 1, 2, \cdots, n)$。不失一般性，假设两人零和博弈中的局中人甲始终是零和博弈双方中的支付为正者，即在 $V_1 > 0$。同时，令 $x'_i = x_i / V$，局中人甲的策略问题进一步变形为：

$$\begin{cases} \sum_{i=1}^{m} a_{ij} x'_i \geqslant 1 & j = 1, 2, \cdots, n \\ \sum_{i=1}^{m} x'_i = 1/V & x'_i \geqslant 0, i = 1, 2, \cdots, m \end{cases}$$

结合混合策略的定义，可以构造出以下线性模型描述局中人甲的规划行为：

$$\min Z(X') = \sum_{i=1}^{m} x'_i$$

$$\text{s. t.} \begin{cases} \sum_{i=1}^{m} a_{ij} x'_i \geqslant 1 & j = 1,\ 2,\ \cdots,\ n \\ x'_i \geqslant 0 & i = 1,\ 2,\ \cdots,\ m \end{cases}$$

同理，局中人乙的规划行为模型是：

$$\max W(Y') = \sum_{j=1}^{n} y'_j$$

$$\text{s. t.} \begin{cases} \sum_{j=1}^{n} a_{ij} y'_j \leqslant 1 & i = 1,\ 2,\ \cdots,\ m \\ y'_j \geqslant 0 & j = 1,\ 2,\ \cdots,\ n \end{cases}$$

### 12.1.2 规划模型的改进

上述模型是大多数运筹学教材推荐的模型。优点是：符合矩阵对策的分析思路，数据清晰而且没有直接涉及矩阵对策的期望收益值。缺点是：没有直接给出局中人的决策解，规划求解后还要进一步按照全概率的性质进行标准化处理；另外矩阵对策的期望收益是模型目标值的倒数，即 $Z^*(X') = W^*(Y') = 1/V$，不够直观。

笔者建议读者在电子表格上建立矩阵对策的规划求解模型时，使用以下改进后的模型。改进的思路是努力将矩阵对策的期望收益 $V$，在规划过程中体现出来。按照 $x'_i = x_i/V$ 的关系，我们可以得到：

$$V \times \sum x'_i = \sum x_i = 1$$

因此，未改进模型的目标函数中求 $\sum x'$ 的最小值，等价于改进模型的目标函数中求 $V$ 的最大值。将 $V$ 乘到 $\sum ax' \geqslant 1$ 的两侧，并将变量项全部移项到不等式左边。另外，在改进的模型中，增加体现全概率事件的约束条件。经过上述修改后的新矩阵对策规划求解模型的优点是:可以直接求出局中人的最优策略解,而无须进一步的处理;目标函数值就是这个矩阵对策的期望收益。修改后的新模型的结构是:

$$\max Z(X) = V_1$$

$$\text{s.t.}\begin{cases}\sum a_{ij}x_i - V_1 \geqslant 0 & (j = 1,\ 2,\ \cdots,\ n)\\ \sum_i x_i = 1 & (i = 1,\ 2,\ \cdots,\ m)\\ x_i,\ V_1 \geqslant 0\end{cases}$$

同理,从局中人乙的角度考察,有新模型:

$$\min W(Y) = V_2$$

$$\text{s.t.}\begin{cases}\sum a_{ij}y_j - V_2 \leqslant 0 & (i = 1,\ 2,\ \cdots,\ m)\\ \sum_j y_j = 1 & (j = 1,\ 2,\ \cdots,\ n)\\ y_j,\ V_2 \geqslant 0\end{cases}$$

事实上,上述分别描述双方局中人的两个线性规划模型是互为对偶问题。两个模型的最优值是相等的,即:$V_1^* = V_2^* = V$。

## 12.1.3 模型求解

1. 局中人甲的最优策略求解

案例 19 中,经过对局中人甲的支付矩阵的初步研究,发现并不存在作为纯策略的鞍点解。因此,两名局中人需要随机采取各自的策略行为。双方为了保证自己的收益最大,必须不能让对方猜测出自己的决策偏好。这种“不亮底牌”的做法实际上是:在这种静态博弈条件下,唯一的手段是使自己(甲)的混合策略即便被对方所知晓,但是对方(乙)按照这个混合策略计算出的自身(乙)的收益期望没有任何差异,反之亦然。现在,假设甲和乙的混合策略分别是 $X = \{x_1,\ x_2,\ x_3\}$ 和 $Y = \{y_1,\ y_2,\ y_3\}$。以下是从局中人甲的角度建立该对策问题的规划模型:

$$\max Z(X) = U$$

$$\text{s. t.}\begin{cases} 3x_1 + 2x_2 + 5x_3 - U \geqslant 0 \\ 2x_1 + 3x_2 + 4x_3 - U \geqslant 0 \\ 3x_1 + 4x_2 + 2x_3 - U \geqslant 0 \\ x_1 + x_2 + x_3 = 1 \\ x_1,\ x_2,\ x_3,\ U \geqslant 0 \end{cases}$$

模型中需要注意的是：甲采取的策略概率 $x_1$, $x_2$, $x_3$ 是决策变量，$U$ 也是一个“决策变量”。表示 $U$ 的目标单元格 D7 中没有任何公式，但是形式上却以目标值出现（请读者参考本书第 10 章中的 DEA 问题中的紧缩系数 $E$）。在电子表格上建立常规的线性规划模型，模型计算文件在 12-1. xls 中的 Sheet1 上，规划模型表格和规划参数结果参考图 12.1和图 12.2。

提示：对于分散并且要求多选的可变单元格，可以按住键盘的“Ctrl”键后，用鼠标分别点击选择。

经过规划模型计算，得到局中人甲的混合策略是（0，0.6，0.4），最优期望收益是 3.2。通俗地说，只要局中人甲分别以 60%的概率采取第二策略，以 40%的概率采取第三策略，同时避免采取第一策略，则在这场博弈中取得的收益期望不会少于 3.2。

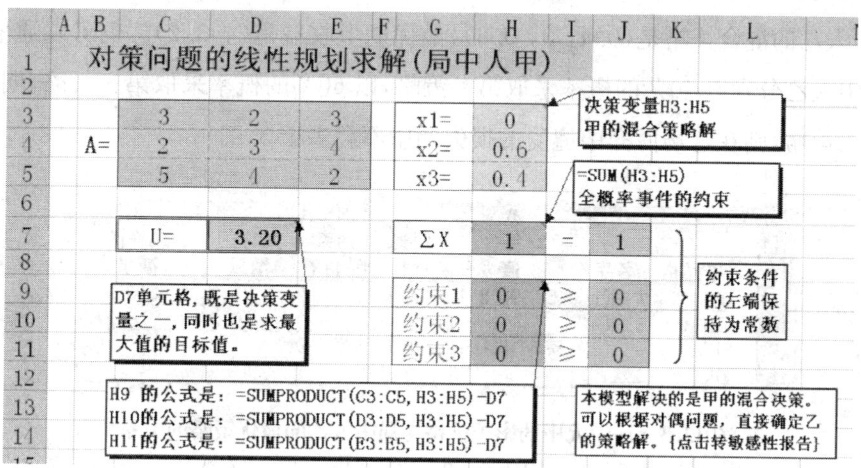


**图 12.1　案例 19 的电子表格模型**（局中人甲）

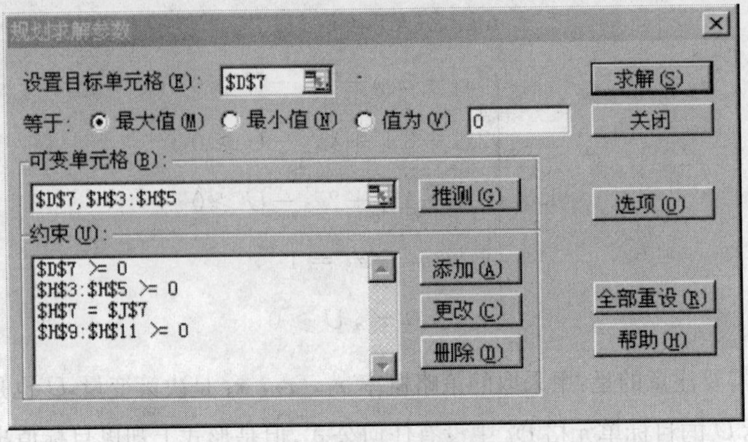


**图 12.2　案例 19 的规划求解参数(局中人甲)**

2. 局中人乙的最优策略求解(利用对偶性质得到)

对于局中人乙而言,其损失的期望是相反数,即最少的期望损失是 3.2。而乙的混合策略除了可以重新建立一个类似图 12.1 中的规划模型来计算外,还可以根据对偶的性质,直接从甲的模型的影子价格中得到。

因此,在计算局中人甲的混合策略模型中,在求解结果对话时,首先在选项中确认"采用线性模型",并选择打印"敏感性报告",确认后在新电子表格中生成如图 12.3 的报告。文件在 12-1. xls 中的"敏感性报告 1"上。在该报告中,显示了局中人甲三条约束的阴影价格是:(−0.4, 0, −0.6)。由于在零和博弈中,存在 $A_{甲} = -A_{乙}$ 的关系,因此易知:局中人乙的混合策略是(0.4, 0, 0.6),最优期望收益是(−3.2)。也可以通俗地说,只要局中人乙分别以 40%的概率采取第一策略,以 60%的概率采取第三策略,同时避免采取第二策略,则在这场博弈中遭受的损失期望不会多于 3.2。

| | A | B | C | D | E | F | G | H |
|---|---|---|---|---|---|---|---|---|
| 13 | | | | 终 | 阴影 | 约束 | 允许的 | 允许的 |
| 14 | | 单元格 | 名字 | 值 | 价格 | 限制值 | 增量 | 减量 |
| 15 | | $H$9 | 约束1 | -3.19966E-12 | -0.4 | 0 | 3 | 0.333333333 |
| 16 | | $H$10 | 约束2 | 0.2 | 0 | 0 | 0.2 | 1E+30 |
| 17 | | $H$11 | 约束3 | 5.68168E-12 | -0.6 | 0 | 2 | 0.5 |
| 18 | | $H$7 | ∑X | 1 | 3.2 | 1 | 1E+30 | 1 |

**图 12.3　局中人甲的影子价格与局中人乙的最优策略的关系**

3. 局中人乙的最优策略求解(利用规划模型得到)

也可以根据前文分析得到的修正模型,直接规划求解。根据矩阵对策的基本定理,混合对策的结果是：局中人甲最大的“期望收益”，等于局中人乙最小的“期望损失”。因此，局中人乙的博弈行为规划模型如下：

$$\min W(Y) = U$$

$$\text{s. t.}\begin{cases} 3y_1 + 2y_2 + 3y_3 - U \leqslant 0 \\ 2y_1 + 3y_2 + 4y_3 - U \leqslant 0 \\ 5y_1 + 4y_2 + 2y_3 - U \leqslant 0 \\ y_1 + y_2 + y_3 = 1 \\ y_1,\ y_2,\ y_3,\ U \geqslant 0 \end{cases}$$

在电子表格上建立常规的线性规划模型，模型计算文件在 12-1. xls 中的 Sheet3 上，规划模型表格和规划参数结果参考图 12.4 和图 12.5。

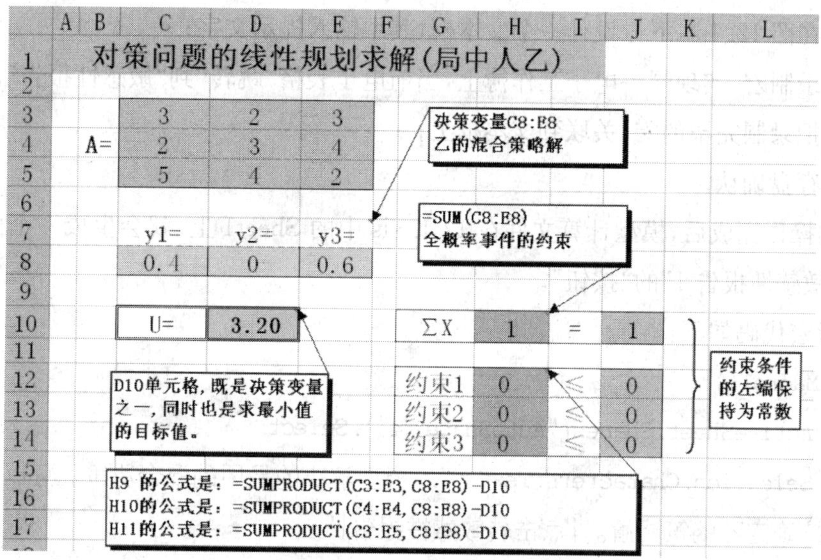


**图 12.4　案例 19 的电子表格模型**(局中人乙)

4. 录制一个简单的“宏”

由用户录制宏的详细操作介绍，本书将在第 13 章专门介绍。本例中简单设计并录制一个宏，读者可以借此对宏的知识进行一个“初步认识”。图 12.1 中的模型是专门计算局中人甲的最优策略的。上文已述，可以利用对偶问题来求取局中人乙的最优策略。在图 12.1 的模型中，作者录制了一个“跳转”到局中人甲规划求解结果的“敏感性报告”上的简单功能。

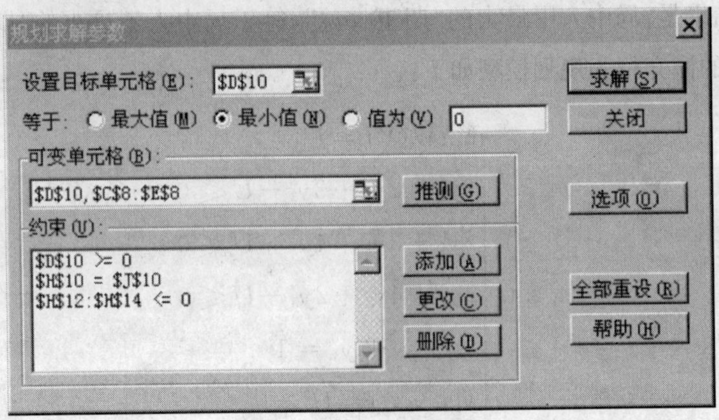


**图 12.5 案例 19 的规划求解参数**(局中人乙)

操作步骤如下:

(1) 运行常规的“规划求解”,生成“敏感性报告 1”;

(2) 在图 12.1 右下方设计一个文本框,其中输入提示文字;

(3) 录制宏,实现同一电子工作簿上,当前电子表格“跳转”到“敏感性报告”;

(4) 把录制完毕的宏,关联到文本框上;

(5) 存盘确认。

上述操作完成后,模型计算文件在 12-1. xls 中的 Sheet1 上,就会生成一个由 Sheet1 跳转到“敏感性报告 1”的“按钮”。

参考宏代码如下:

```
Sub Macro1()
    ActiveSheet.Shapes("AutoShape 14").Select
    Selection.Characters.Text = "本模型解决的是甲的混合决策。可以根据对偶
问题,直接确定乙的策略解。{点击转敏感性报告}"
    With Selection.Characters(Start: = 1, Length: = 37).Font
        .Name = "宋体"
        .FontStyle = "加粗"
        .Size = 8
        .Strikethrough = False
        .Superscript = False
        .Subscript = False
```

```
            .OutlineFont = False
            .Shadow = False
            .Underline = xlUnderlineStyleNone
            .ColorIndex = 1
        End With
        Sheets("敏感性报告 1").Select
        Range("E15:E17").Select
    End Sub
```

## 12.2 重心法选址

### 案例 20 牧区医院的选址问题

某牧场有 7 个牧民定居点，分布见图 12.6，长期以来牧民的医疗服务依靠流动卫生院提

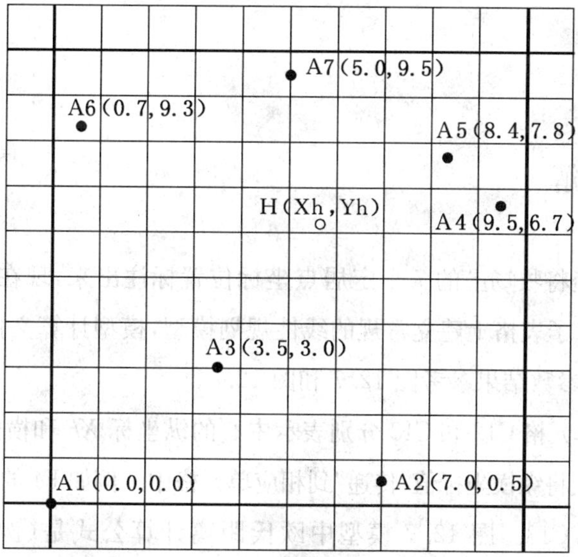


图 12.6 牧场上定居点与医院的坐标图

供,条件较差。现在区政府决定拨专款成立一个固定的牧区医院。经过调研,初步查定上述7个定居点的每年就医人数比例是1.7∶2.3∶2.1∶3.7∶1.4∶2.4∶3.1。由于牧场的特殊地理条件,假设点与点之间可以直线往返。请帮助相关部门确定牧区医院的位置方案,最大限度减少牧民的整体就医距离。

## 12.2.1 重心法定位简介

选址(或者定位)是规划工作中的一个重要门类。选址决策包括确定设施的数量、位置和规模,这些工作从一开始就决定了整个系统的效益、成本等问题,因此选址的科学性十分重要。选址工作按照安排对象可以分成多设施选址和单设施选址。在涉及选址因素较少的情况下,重心法是选址工作中常用的一种简洁方法。重心法亦称网格法或精确重心法,是利用物理学中对一个二维封闭图形求解重心的原理来解决设施的选址问题。

本节介绍的重心法采用欧几里得距离计算公式计算两点间的距离,其公式是:

$$d_i = \sqrt{(X_i - Xh)^2 + (Y_i - Yh)^2}$$

加权求和后的总距离是:$D = \sum_{i=}^{n} w_i d_i$。利用“规划求解”,得到 min $D$ 时的 $Xh$ 和 $Yh$ 便是最优选址坐标。

## 12.2.2 模型求解

案例20中已经将牧场上的7个定居点坐标位置标注出来,现在设牧区医院的坐标是($Xh$, $Yh$)。在电子表格上建立常规的线性规划模型,模型计算文件在12-2.xls中,规划模型表格和规划参数结果参考图12.7和图12.8。

电子表格中,单元格C12和C13分别表示中心的纵坐标 $Xh$ 和横坐标 $Yh$ 的变量。区域E4:F10利用公式将纵横坐标值“传递”到相应单元格中。例如F4的公式是:=C12,再例如G9的公式是:=C13。图12.7模型中欧氏距离计算公式是(例如G4单元格)“=SQRT(SUMXMY2(C4:D4,E4:F4))”。其中“SQRT”是求平方根函数,“SUMXMY2”

| | A | B | C | D | E | F | G | H | I |
|---|---|---|---|---|---|---|---|---|---|
| 1 | | 利用重心法规划单设施选址问题 | | | | | | | |
| 2 | | | | | | | | | |
| 3 | | 序号 | Xi坐标 | Yi坐标 | Xh坐标 | Yh坐标 | 欧氏距离 | 权重 | 加权距离 |
| 4 | | A1 | 0.00 | 0.00 | 5.80 | 6.18 | 8.4712 | 1.7 | 14.4011 |
| 5 | | A2 | 7.00 | 0.50 | 5.80 | 6.18 | 5.8052 | 2.3 | 13.3519 |
| 6 | | A3 | 3.50 | 3.00 | 5.80 | 6.18 | 3.9208 | 2.1 | 8.2337 |
| 7 | | A4 | 9.50 | 6.70 | 5.80 | 6.18 | 3.7413 | 3.7 | 13.8427 |
| 8 | | A5 | 8.40 | 7.80 | 5.80 | 6.18 | 3.0681 | 1.4 | 4.2953 |
| 9 | | A6 | 0.70 | 8.30 | 5.80 | 6.18 | 5.5191 | 2.4 | 13.2459 |
| 10 | | A7 | 5.00 | 9.50 | 5.80 | 6.18 | 3.4151 | 3.1 | 10.5868 |
| 11 | | | | | | | | | |
| 12 | | Xh坐标 | 5.80 | | 加权距离和 | 77.957 | | 目标单元格，公式是：=SUM(I4:I10) | |
| 13 | | Yh坐标 | 6.18 | | | | | | |

图 12.7　案例 20 的电子表格模型

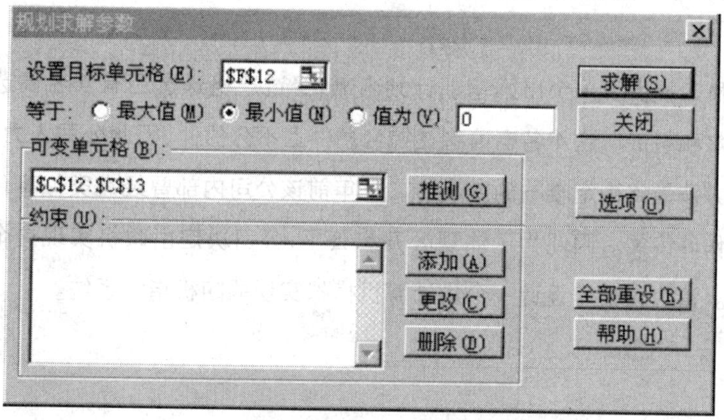


图 12.8　案例 20 的规划求解参数

返回两数组中对应数值之差的平方和。加权距离是欧氏距离乘以相应的权重，例如单元格 I4 的公式是：＝H4＊G4。模型最终求加权距离和的最小值。目标单元格中的公式是：＝SUM(I4:I10)。

提示：由于模型中多处使用了平方和开方，因此必须在"选项"中取消"采用线性模型"复选框，否则 Excel 的"规划求解"将会给出"未满足线性模型"的报错信息。另外，这个模型是一个没有任何约束的"规划求解"模型，图 12.8 中的"约束"对话信息窗口是空白的。另外规划模型没有对变量进行非负约束。请读者在运行本例"规划求解"之后，仔细阅读"规划求解结果"信息。对于非线形模型的最优解，"规划求解"往往给出的是"规划模型收敛于当前的解，可满足所有约束"，而对于线性模型的最优解情况，结果信息是"规划求解找到一解，可满足所有约束"。

本例规划结果是：最小加权距离为 77.957。但是这个值并不是建模者所关心的，真正指导决策者的却是坐标变量(5.80，6.18)，这是牧区医院的最优选址位置。医院建立在这个位置上，可以使整个牧区的居民就医的综合路程最小。

## 12.3 计算机仿真

### 案例21 设计公平的随机指派程序

某公司为员工提供了一个出国培训计划名额，经过严格遴选后有4名候选人脱颖而出：张山、李司、王尔和赵武。这4名申请者在综合条件上不分伯仲，因此公司人力资源部决定采取随机抓阄的方法最终确定唯一的胜出者。几年前该公司内部曾经在类似事件上，出现过在抽签过程中的作弊传闻。因此为了体现公开和公平，公司决定由微机实现这个工作，规避人为因素的风险。请为该公司设计一个由计算机模拟实现的随机指派系统。

### 12.3.1 计算机仿真简介

本例企图让计算机代替人工抓阄，实际上是一个计算机仿真问题。管理实践中需要仿真的场合很多。比如一个企业对设备故障发生率的研究，通过破坏性实验的方法会带来巨大的成本问题。一个金融机构对融资项目风险的评估，显然不允许其等到真正的风险发生的时刻。再比如一个商业服务窗口打算统计客户到达情况的排队问题，开展实地统计调查将是既费时费力，又会带来诸多人为误差。上述种种例子，体现了现实中的某个系统的研究工作可能会遇到成本、时间、实现甚至法律法规上的种种障碍，此时计算机仿真技术就可以大显身手了。

从计算机诞生起，人们始终在努力利用计算机工具对现实系统进行模拟。随着这项技术的发展，计算机仿真已经成为当前管理实践中常用的技术之一，并在各个行业中被广泛应用。生产运作系统、排队服务系统、财务管理系统、风险控制系统、预测决策系统、规划评价系统等，均有计算机仿真的成功应用。现在很多成熟的专业商用计算机仿真软件可以完成上述工作，当然 Excel 等通用软件也可以实现某些简单的仿真问题。

与其说计算机仿真是一种工具，不如说它是“逾越模型而研究问题”的一种思路。必须明确的是，无论是怎样复杂的数学模型，对于管理实践中很多复杂问题仍旧相对简化和抽象，甚至某些管理问题可能根本上就无法建立比较显性化的数学模型。这种情况下，计算机仿真可能是相对实际而且有效的解决手段。

计算机仿真的核心工作是建立仿真模型。通常，仿真模型模拟的系统大多是涉及随机现象的系统。建立一个典型的随机系统仿真模型主要包括以下步骤：

(1) 分析实际系统构成，确定仿真系统与实际系统的对应关系和运行方法；

(2) 设计仿真时钟和定义仿真系统状态；

(3) 设计产生随机事件的计算机程序；

(4) 系统运行状态的记录和显示；

(5) 准确性和可靠性分析。

## 12.3.2 模型求解

1. 问题分析

案例 21 的计算机随机指派虽然简单，但仍旧是一个计算机仿真问题。实际上是利用计算机实现随机抽签工作。这个问题的核心是公平实现 4 个候选人均得到 25%的选中概率。因此，本例中利用了 Excel 中产生随机数的“RAND()”函数。RAND()函数返回大于等于 0 及小于 1 的均匀分布随机数，每次计算工作表时都将返回一个新的数值。其后的括号中置空，语法是 RAND()。若要生成 a 与 b(b > a)之间的随机实数，可以使用：=RAND() * (b−a)+a。这个式子计算结果是区间[a, b)内的任意实数。若要生成 a 与b(a, b是整数，且 b > a)之间的随机整数，可以使用：=INT(RAND() * (b−a+1)+a)。这个式子的计算结果是区间[a, b]内的任意整数。请读者仔细区别上述两个式子的差异。

2. 模型实现

首先应当构建一个“随机数触发器”。为了实现公平的指派结果，可以利用 RAND()函数分别以等概率产生 1、2、3、4 这四个数，分别对应表示张山、李司、王尔和赵武的被选中的状态。公式是：=INT(RAND() * 4+1)，其中 INT()是取整函数，实现将括号内的数字向下舍入到最接近的整数。图 12.9 中的 I6 单元格,实现了该功能。如果 Excel 加载了“分析工具库”,则利用函数 RANDBETWEEN()生成两个整数之间随机整数更为简便。

然后设计显示“抽签结果”的显示区域。在 D4 单元格中,编辑输入“=IF(I6=1,"张山(1 号)",IF(I6=2,"李司(2 号)",IF(I6=3,"王尔(3 号)",IF(I6=4,"赵武(4 号)","缺失值"))))”。这个公式实质上是 4 个 IF 函数的套用。在随机数触发器产生了一个随机数(1、2、3 或 4)后,由该公式从 I6 单元格读取,随后逐一判断并最终显示对应 4 个候选人的结果状态。注意在最内层的一个 IF 函数中,专门设计了“缺失值”变量,以验证是否存在没有考虑到的情况。

注意:Excel 工作表上,如果利用单元格属性进行了“合并”操作,则这个合并后的区域以该区域的左上角的对应单元格的应用位置为准。例如图 12.9 中显示抽签结果的区域,由于已经由作者建模时为显示醒目进行了(D4:F7)合并,因此这个区域的引用位置是 D4,并不是 D4:F7。

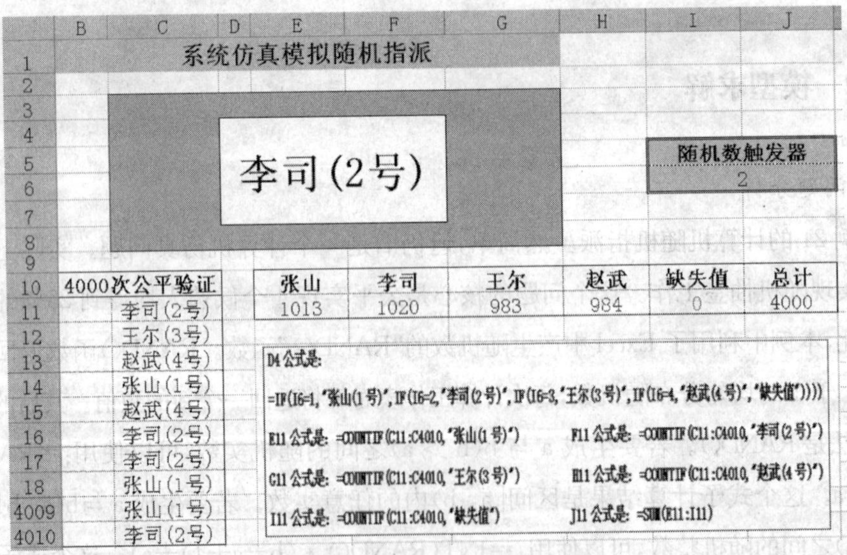


**图 12.9　案例 21 的电子表格模型**

3. 模型操作

将光标选择在该电子表格上任一空白单元格,按下“Delete”键,模型激活并不断刷新中间显示结果。松开“Delete”键,模型停止刷新,最终指派结果确定。事实上,由于随机函数的存在,其他任何改动当前表格状态的操作,均会激活模型并更新。模型文件在

12-3-right.xls 中，模型表格参考图 12.9。

4. 模型公平性验证

为了验证仿真结果的公平性和可靠性，模型设计了验证区域。图 12.9 中，B10：C4010 区域，利用前文介绍的“模拟运算表”功能，模拟计算了 4 000 次抽签的结果。操作方法是：首先 D11 输入“＝D4”，然后选取电子表格上 B11：C4010 区域，再打开“数据”—“模拟运算表”对话窗口，“输入引用行单元格”留空白，而“输入引用列单元格”可以任选一个空白的单元格引用位置，比如 A1。因显示篇幅原因，电子表格的第 19 行到 4 008 行进行了显示隐藏。

E11：J11 区域是“模拟运算表”的 4 000 次计算结果的汇总统计。其中，E11 公式是：＝COUNTIF(C11：C4010,"张山(1 号)")；F11 公式是：＝COUNTIF(C11：C4010,"李司(2 号)")；G11 公式是：＝COUNTIF(C11：C4010,"王尔(3 号)")；H11 公式是：＝COUNTIF(C11：C4010,"赵武(4 号)")；I11 公式是：＝COUNTIF(C11：C4010,"缺失值")；J11 公式是：＝SUM(E11：I11)。COUNTIF 函数在本书讨论网络规划等处出现多次，其功能是计算区域中满足给定条件的单元格的个数。语法是 COUNTIF(range,criteria)，其中：range 为需要计算其中满足条件的单元格数目的单元格区域，criteria 为确定哪些单元格将被计算在内的条件，其形式可以为数字、表达式或文本。

理论上，单元格 E11、F11、G11 和 H11 应当均近似等于 1 000(＝4 000 * 25%)，但是由于随机数的微扰，这些数值在 1 000 上下波动。按照小概率事件小于 5%的标准，这些单元格数字在 950 到 1 050 区间均属正常。如果程序正确，I11 显示的“缺失值”数一定为 0，J11 的汇总数一定为 4 000。

### 12.3.3 本例启示

利用 Excel 进行随机系统的计算机仿真，建模者首先要熟悉各种随机概率函数的性质和应用技巧。Excel 提供了丰富的与概率相关的函数功能，基本上能满足常见的概率问题的系统模拟或者仿真。

对于研究确定型系统的数学模型，由于运算结果的可重复再现性，模型验证不难实现。对于随机系统，每次运算模型期间所涉及的随机数均不相同，任何一次运算过程都不会完全相同。以本例的图 12.9 为例,基本上不可能在计算机上再现相同的模拟结果。这就带来了仿真模型的验证问题。通常需要根据实际问题的概率特性,专门设计一个验证模块。

以下在以上述例子的基础上进行改动,分析验证工作的重要性。

现在将图 12.9 中单独的随机数触发器整合到 D4 中,即公式中的"I6"由"RAND()＊4＋1"替换。于是整合过后,单元格 D4 中的新公式成为了:＝IF(RAND()＊4＋1＝1,"张山(1 号)",IF(RAND()＊4＋1＝2,"李司(2 号)",IF(RAND()＊4＋1＝3,"王尔(3 号)",IF(RAND()＊4＋1＝4,"赵武(4 号)","缺失值"))))。上述公式虽然在数学上等价于"＝IF(I6＝1,"张山(1 号)",IF(I6＝2,"李司(2 号)",IF(I6＝3,"王尔(3 号)",IF(I6＝4,"赵武(4 号)","缺失值"))))",但是在交付给软件计算后,由于计算机运行上的原因,这两个公式的运算结果就不再"等价"了。为了下文表述清楚,不妨把新公式简化标记为:＝IF(RAND(①)＝1,"张山",IF(RAND(②)＝2,"李司",IF(RAND(③)＝3,"王尔",IF(RAND(④)＝4,"赵武","缺失值"))))。

该修改后的模型文件在 12-3-wrong. xls 中,进行某次运算后验证区域的结果参考图 12.10。

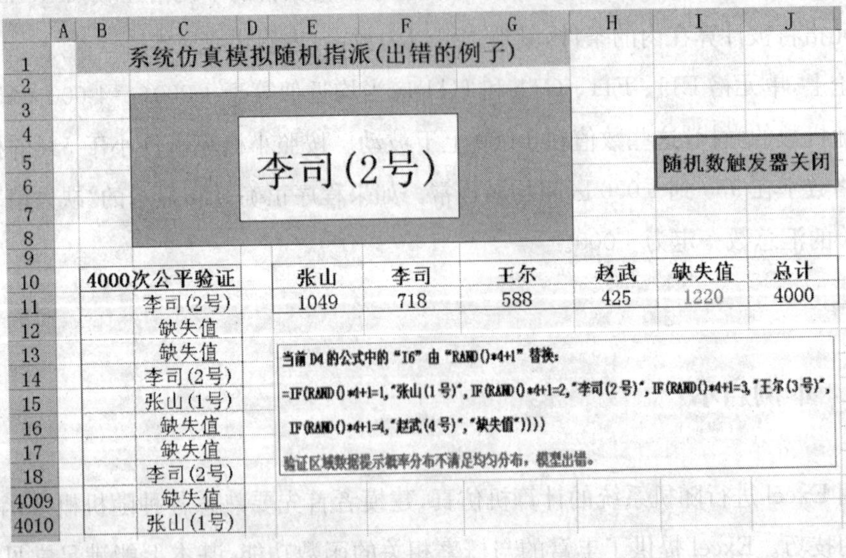


**图 12.10　案例 21 的电子表格模型**(错误示例)

验证区域数据提示:4 人的中签概率函数不满足均匀分布,而且缺失值多达近 1 300,显然整合改造后的新模型出错。利用这个模型实现"抽签"的仿真,必然有失公允。

12-3-wrong. xls 这个模型的错误是非常隐蔽的。如果没有验证模块，模型的“设计失误”很容易蒙混过关。原则错误存在于单元格 D4 公式中的 4 个先后出现的 RAND() 函数。计算机在每次遇到 RAND() 函数，均会重新计算一次随机值。因此，D4 公式中的 4 个 RAND()并不是同一个值！这便是出错的原因。而原始的正确模型中，首先利用随机数触发器产生了一个唯一的随机数，再以 I6 的形式统一由 D4 计算，避免了上述错误。

我们按照 D4 单元格上的公式，分析 4 个先后不同的 RAND()的路径，甚至可以计算出错误模型的大致验证结果：

(1) 计算机遇到第一个 RAND(①)后，分配给张山 1/4 的概率机会，剩下 3/4 的机会由李司、王尔和赵武平分。

(2) 但是随后的第二个 RAND(②)由于重新计算，因此并没有排除等于 1 的可能。因此李司得到的概率机会是 1/4×3/4，而不是建模者“计划”的 1/3×3/4＝1/4。还剩余的概率机会是 3/4×3/4。

(3) 同理，再随后的第三个 RAND(③)，造成了王尔得到了剩余机会中 3/4×3/4 中的 1/4，而不是“理论上”的 1/2。王尔的实际概率机会是 3/4×3/4×1/4。

(4) 同理，赵武经过第四个 RAND(④)得到剩余 3/4×3/4×3/4 的 1/4，即 3/4×3/4×3/4×1/4。

(5) 上述 4 人并未包括所有的概率可能，因此会出现 4 人均无法得到的概率“缺失值”，其概率机会是：3/4×3/4×3/4×3/4。

综合考虑，上述五种概率事件组成了“不公平”的全概率事件集合，理论上的精确比例关系是：64∶48∶36∶27∶81。图 12.10 的报错结果恰恰验证了这个比例，十分接近预测出来的理论值。

## 12.4 盈亏平衡分析

### 案例 22 出版商的保本点

某出版商打算重新印刷一批教材，制版的费用是 5 800 元，每本的单位变动成本 40 元，并以44元价格出售。请为出版商制定一个动态的电子分析表格，预测生产计划在1 000本到1 500本、售价在43元到47元以及单位成本从38元到42元变化时的收益情况。

### 12.4.1 盈亏平衡分析简介

盈亏平衡点又称保本点(break-even point)，是指在某个销售量下，企业的总销售收入等于总成本的临界点。盈亏平衡分析的核心是寻找保本点，主要涉及利润、成本和销量三个方面的数据，因此，盈亏平衡分析又称“利本量”分析。

盈亏平衡分析涉及以下关系：

总销售收入＝总销量×售价；

总成本＝固定成本＋总可变成本；

总可变成本＝总销量×单位可变成本。

在保本点处，总成本＝总销售收入；

利润＝总销售收入－总成本。

虽然盈亏平衡分析的逻辑关系相对简单，但是由于其涉及的变量比较多，深入分析这个问题往往为企业决策提供很多有益的信息。

### 12.4.2 模型求解

案例22的电子表格模型文件在12-4.xls中，利用快捷键“Ctrl＋～”可以展开这个简单模型的逻辑关系，参考图12.11。

保本点是1 160本，此时实际收益为0，销售收入刚好平抵总成本。

生产计划在1 000本到1 500本、单位售价在43元到47元以及单位成本从38元到42元变化时的收益情况，可以通过“模拟运算表”进行二维变动的模拟预测。

生产计划与单位售价的共同变动对保本点的影响结果见图12.12。操作方法如下：首先选取I4:T25区域，分别在J4:T4单元格和I5:I25单元格上准备需要试算的生产计

| | B | C | D | E | F | G |
|---|---|---|---|---|---|---|
| 1 | | | | | | |
| 2 | 盈亏平衡点分析 | | | | | |
| 3 | | | | | | |
| 4 | 固定成本 | 5800 | | | 实际销售额 | =G9*C6 |
| 5 | 单位变动成本 | 40 | | | 实际可变成本 | =C5*G9 |
| 6 | 单位售价 | 45 | | | 总成本 | =G5+C4 |
| 7 | | | | | 实际收益 | =G4-G6 |
| 8 | | | | | | |
| 9 | 盈亏平衡点 | =C4/(C6-C5) | | | 生产计划 | 1160 |

**图 12.11 案例 22 的电子表格模型**

划和单位售价数据，然后在 I4 单元格上输入公式：＝G7，即将来在 J5：T25 区域中显示实际收益的计算结果，最后用鼠标拖拽的方式选中 I4：T25 区域，然后打开“数据”—“模拟运算表”。随后，在“模拟运算表”对话窗口中，“输入引用行单元格”和“输入引用列单元格”中分别输入“G9”和“C6”，点击“确认”完成计算。为了清晰显示本案例的盈亏平衡点的走势，图中实线下划线为后来所加。“生产计划与单位成本”与“单位成本和单位售价”的共同变动对保本点的影响结果分别见图 12.13 和图 12.14。操作方法类似，从略。

| | I | J | K | L | M | N | O | P | Q | R | S | T |
|---|---|---|---|---|---|---|---|---|---|---|---|---|
| 3 | 生产计划与单位售价 | | | | | | | | | | | |
| 4 | 0 | 1000 | 1050 | 1100 | 1150 | 1200 | 1250 | 1300 | 1350 | 1400 | 1450 | 1500 |
| 5 | 43 | -2800 | -2650 | -2500 | -2350 | -2200 | -2050 | -1900 | -1750 | -1600 | -1450 | -1300 |
| 6 | 43.2 | -2600 | -2440 | -2280 | -2120 | -1960 | -1800 | -1640 | -1480 | -1320 | -1160 | -1000 |
| 7 | 43.4 | -2400 | -2230 | -2060 | -1890 | -1720 | -1550 | -1380 | -1210 | -1040 | -870 | -700 |
| 8 | 43.6 | -2200 | -2020 | -1840 | -1660 | -1480 | -1300 | -1120 | -940 | -760 | -580 | -400 |
| 9 | 43.8 | -2000 | -1810 | -1620 | -1430 | -1240 | -1050 | -860 | -670 | -480 | -290 | -100 |
| 10 | 44 | -1800 | -1600 | -1400 | -1200 | -1000 | -800 | -600 | -400 | -200 | 0 | 200 |
| 11 | 44.2 | -1600 | -1390 | -1180 | -970 | -760 | -550 | -340 | -130 | 80 | 290 | 500 |
| 12 | 44.4 | -1400 | -1180 | -960 | -740 | -520 | -300 | -80 | 140 | 360 | 580 | 800 |
| 13 | 44.6 | -1200 | -970 | -740 | -510 | -280 | -50 | 180 | 410 | 640 | 870 | 1100 |
| 14 | 44.8 | -1000 | -760 | -520 | -280 | -40 | 200 | 440 | 680 | 920 | 1160 | 1400 |
| 15 | 45 | -800 | -550 | -300 | -50 | 200 | 450 | 700 | 950 | 1200 | 1450 | 1700 |
| 16 | 45.2 | -600 | -340 | -80 | 180 | 440 | 700 | 960 | 1220 | 1480 | 1740 | 2000 |
| 17 | 45.4 | -400 | -130 | 140 | 410 | 680 | 950 | 1220 | 1490 | 1760 | 2030 | 2300 |
| 18 | 45.6 | -200 | 80 | 360 | 640 | 920 | 1200 | 1480 | 1760 | 2040 | 2320 | 2600 |
| 19 | 45.8 | 0 | 290 | 580 | 870 | 1160 | 1450 | 1740 | 2030 | 2320 | 2610 | 2900 |
| 20 | 46 | 200 | 500 | 800 | 1100 | 1400 | 1700 | 2000 | 2300 | 2600 | 2900 | 3200 |
| 21 | 46.2 | 400 | 710 | 1020 | 1330 | 1640 | 1950 | 2260 | 2570 | 2880 | 3190 | 3500 |
| 22 | 46.4 | 600 | 920 | 1240 | 1560 | 1880 | 2200 | 2520 | 2840 | 3160 | 3480 | 3800 |
| 23 | 46.6 | 800 | 1130 | 1460 | 1790 | 2120 | 2450 | 2780 | 3110 | 3440 | 3770 | 4100 |
| 24 | 46.8 | 1000 | 1340 | 1680 | 2020 | 2360 | 2700 | 3040 | 3380 | 3720 | 4060 | 4400 |
| 25 | 47 | 1200 | 1550 | 1900 | 2250 | 2600 | 2950 | 3300 | 3650 | 4000 | 4350 | 4700 |

**图 12.12 生产计划和单位售价对盈亏平衡的影响**

| | I | J | K | L | M | N | O | P | Q | R | S | T |
|---|---|---|---|---|---|---|---|---|---|---|---|---|
| 27 | 生产计划与单位成本 | | | | | | | | | | | |
| 28 | 0 | 1000 | 1050 | 1100 | 1150 | 1200 | 1250 | 1300 | 1350 | 1400 | 1450 | 1500 |
| 29 | 38 | 1200 | 1550 | 1900 | 2250 | 2600 | 2950 | 3300 | 3650 | 4000 | 4350 | 4700 |
| 30 | 38.2 | 1000 | 1340 | 1680 | 2020 | 2360 | 2700 | 3040 | 3380 | 3720 | 4060 | 4400 |
| 31 | 38.4 | 800 | 1130 | 1460 | 1790 | 2120 | 2450 | 2780 | 3110 | 3440 | 3770 | 4100 |
| 32 | 38.6 | 600 | 920 | 1240 | 1560 | 1880 | 2200 | 2520 | 2840 | 3160 | 3480 | 3800 |
| 33 | 38.8 | 400 | 710 | 1020 | 1330 | 1640 | 1950 | 2260 | 2570 | 2880 | 3190 | 3500 |
| 34 | 39 | 200 | 500 | 800 | 1100 | 1400 | 1700 | 2000 | 2300 | 2600 | 2900 | 3200 |
| 35 | 39.2 | 0 | 290 | 580 | 870 | 1160 | 1450 | 1740 | 2030 | 2320 | 2610 | 2900 |
| 36 | 39.4 | -200 | 80 | 360 | 640 | 920 | 1200 | 1480 | 1760 | 2040 | 2320 | 2600 |
| 37 | 39.6 | -400 | -130 | 140 | 410 | 680 | 950 | 1220 | 1490 | 1760 | 2030 | 2300 |
| 38 | 39.8 | -600 | -340 | -80 | 180 | 440 | 700 | 960 | 1220 | 1480 | 1740 | 2000 |
| 39 | 40 | -800 | -550 | -300 | -50 | 200 | 450 | 700 | 950 | 1200 | 1450 | 1700 |
| 40 | 40.2 | -1000 | -760 | -520 | -280 | -40 | 200 | 440 | 680 | 920 | 1160 | 1400 |
| 41 | 40.4 | -1200 | -970 | -740 | -510 | -280 | -50 | 180 | 410 | 640 | 870 | 1100 |
| 42 | 40.6 | -1400 | -1180 | -960 | -740 | -520 | -300 | -80 | 140 | 360 | 580 | 800 |
| 43 | 40.8 | -1600 | -1390 | -1180 | -970 | -760 | -550 | -340 | -130 | 80 | 290 | 500 |
| 44 | 41 | -1800 | -1600 | -1400 | -1200 | -1000 | -800 | -600 | -400 | -200 | -5.8E-11 | 200 |
| 45 | 41.2 | -2000 | -1810 | -1620 | -1430 | -1240 | -1050 | -860 | -670 | -480 | -290 | -100 |
| 46 | 41.4 | -2200 | -2020 | -1840 | -1660 | -1480 | -1300 | -1120 | -940 | -760 | -580 | -400 |
| 47 | 41.6 | -2400 | -2230 | -2060 | -1890 | -1720 | -1550 | -1380 | -1210 | -1040 | -870 | -700 |
| 48 | 41.8 | -2600 | -2440 | -2280 | -2120 | -1960 | -1800 | -1640 | -1480 | -1320 | -1160 | -1000 |
| 49 | 42 | -2800 | -2650 | -2500 | -2350 | -2200 | -2050 | -1900 | -1750 | -1600 | -1450 | -1300 |

**图 12.13　生产计划和单位成本对盈亏平衡的影响**

| | I | J | K | L | M | N | O | P | Q | R | S | T |
|---|---|---|---|---|---|---|---|---|---|---|---|---|
| 51 | 单位售价与单位成本 | | | | | | | | | | | |
| 52 | 0 | 43 | 43.4 | 43.8 | 44.2 | 44.6 | 45 | 45.4 | 45.8 | 46.2 | 46.6 | 47 |
| 53 | 38 | 0 | 464 | 928 | 1392 | 1856 | 2320 | 2784 | 3248 | 3712 | 4176 | 4640 |
| 54 | 38.2 | -232 | 232 | 696 | 1160 | 1624 | 2088 | 2552 | 3016 | 3480 | 3944 | 4408 |
| 55 | 38.4 | -464 | 0 | 464 | 928 | 1392 | 1856 | 2320 | 2784 | 3248 | 3712 | 4176 |
| 56 | 38.6 | -696 | -232 | 232 | 696 | 1160 | 1624 | 2088 | 2552 | 3016 | 3480 | 3944 |
| 57 | 38.8 | -928 | -464 | 0 | 464 | 928 | 1392 | 1856 | 2320 | 2784 | 3248 | 3712 |
| 58 | 39 | -1160 | -696 | -232 | 232 | 696 | 1160 | 1624 | 2088 | 2552 | 3016 | 3480 |
| 59 | 39.2 | -1392 | -928 | -464 | 0 | 464 | 928 | 1392 | 1856 | 2320 | 2784 | 3248 |
| 60 | 39.4 | -1624 | -1160 | -696 | -232 | 232 | 696 | 1160 | 1624 | 2088 | 2552 | 3016 |
| 61 | 39.6 | -1856 | -1392 | -928 | -464 | 0 | 464 | 928 | 1392 | 1856 | 2320 | 2784 |
| 62 | 39.8 | -2088 | -1624 | -1160 | -696 | -232 | 232 | 696 | 1160 | 1624 | 2088 | 2552 |
| 63 | 40 | -2320 | -1856 | -1392 | -928 | -464 | 0 | 464 | 928 | 1392 | 1856 | 2320 |
| 64 | 40.2 | -2552 | -2088 | -1624 | -1160 | -696 | -232 | 232 | 696 | 1160 | 1624 | 2088 |
| 65 | 40.4 | -2784 | -2320 | -1856 | -1392 | -928 | -464 | 0 | 464 | 928 | 1392 | 1856 |
| 66 | 40.6 | -3016 | -2552 | -2088 | -1624 | -1160 | -696 | -232 | 232 | 696 | 1160 | 1624 |
| 67 | 40.8 | -3248 | -2784 | -2320 | -1856 | -1392 | -928 | -464 | -5.8E-11 | 464 | 928 | 1392 |
| 68 | 41 | -3480 | -3016 | -2552 | -2088 | -1624 | -1160 | -696 | -232 | 232 | 696 | 1160 |
| 69 | 41.2 | -3712 | -3248 | -2784 | -2320 | -1856 | -1392 | -928 | -464 | -6.5E-11 | 464 | 928 |
| 70 | 41.4 | -3944 | -3480 | -3016 | -2552 | -2088 | -1624 | -1160 | -696 | -232 | 232 | 696 |
| 71 | 41.6 | -4176 | -3712 | -3248 | -2784 | -2320 | -1856 | -1392 | -928 | -464 | -7.3E-11 | 464 |
| 72 | 41.8 | -4408 | -3944 | -3480 | -3016 | -2552 | -2088 | -1624 | -1160 | -696 | -232 | 232 |
| 73 | 42 | -4640 | -4176 | -3712 | -3248 | -2784 | -2320 | -1856 | -1392 | -928 | -464 | -8E-11 |

**图 12.14　单位售价和单位成本对盈亏平衡的影响**

## 12.5 单周期随机库存分析

### 案例 23 圣诞节前的订货会

某商店在圣诞节前夕决定进一批圣诞树。每棵圣诞树的进价是 50 元，售价是 70 元。因为是季节性商品，在节日后只能减价销售，售价是 40 元，而且假设能处理完。按照往年的经验，该商店销售的圣诞树销量服从泊松分布 ($\lambda = 70$)。在订货会上，签订多大额度的订单可以使该商店获得最大的期望收益?

### 12.5.1 库存模型简介

库存是所谓的"进销存"(进货—销售—库存)这一流通过程中的重要环节之一。对于企业而言，"库存"是既影响成本又可以带来收益的一个重要因素。因此，库存问题直接决定了企业的盈亏状况。库存过多，将会造成商品(或者中间环节的产品)积压甚至低于进价处理，这样会带来直接的成本增加；而库存不足，虽然不会产生实际成本，但却失去了应有的销售利润(或者最佳生产时机)，也是一种机会成本的增加。因此，规划合理的库存量，是企业"库存"管理中的核心问题。对于一个存贮系统模型，按照对库存需求的随机与否可以分成确定型存贮模型和随机存贮模型；按照存贮业务的周期可以分成多周期存贮模型和单周期存贮模型；按照需求变量的离散性可以分成连续型存贮模型和离散型存贮模型。

在生产经营实践中，库存需求很多都是以随机形式出现的，但是经过长期的实验观察和经验分析，这些随机需求如果符合某种特定的概率分布，仍旧可以对这些存贮系统进行规划定量分析。通常而言，一个企业的存贮系统是周而复始的循环过程，但是对单周期的存贮问题分析，则是研究复杂存贮系统的突破口。另外，离散型模型要比连续型模型简单明了。本节的案例是一个最简单的“单周期—随机—离散型”的存贮系统的建模问题。

## 12.5.2 单周期随机离散库存分析

以下是一个单周期随机离散存贮问题的一般性分析：

假设某存贮系统在该单一周期内的库存量是 $Q$。实际需求量是 $r$，且为一个随机变量，概率密度是 $P(r)(0 \leqslant P \leqslant 1)$。如果库存过多，即 $(Q \geqslant r)$，则会带来 $h$ 件的超贮损失；如果库存不足，即 $(Q < r)$，则每一件库存缺额将带来机会损失。这个机会损失可以由库存充足时，单位库存带来的利益 $k$ 来衡量。那么如何确定最佳库存水平，使得系统取得最大的效益？

(1) 当库存过多时 $(Q \geqslant r)$，超贮损失的期望是：

$$\sum_{r=0}^{Q} h(Q-r)P(r)q$$

当库存不足时 $(Q < r)$，机会损失的期望是：

$$\sum_{r=Q+1}^{\infty} k(r-Q)P(r)q$$

存贮量为 $Q$ 时的总体期望损失是：

$$E(C(Q)) = \sum_{r=0}^{Q} h(Q-r)P(r)q + \sum_{r=Q+1}^{\infty} k(r-Q)P(r)q$$

(2) 一个存贮系统必然存在一个最佳的存贮水平，假设为 $Q^*$。$Q^*$ 是一个离散变量，那么按照边际理论的性质，这个最佳水平存在以下状态：

$$E(C(Q^*)) \leqslant E(C(Q^*+1)) \text{ 且 } E(C(Q^*)) \leqslant E(C(Q^*-1))$$

上式可以通俗地理解为：某存贮系统处于最佳存贮水平 $Q^*$ 时，无论增加 1 单位还是减少 1 单位，均会给该系统带来期望成本的增加。

(3) 利用 $E(C(Q))$ 展开公式并化简，得到以下重要结论：

$$\sum_{r=0}^{Q^*-1} P(r) \leqslant \frac{k}{k+h} \leqslant \sum_{r=0}^{Q^*} P(r)$$

利用上述公式确定的库存量 $Q^*$ 便是最佳库存水平。

### 12.5.3 单周期随机离散库存模型求解

1. 问题分析

在实际事例中，当一个随机事件，例如某电话交换台收到的呼叫、来到某公共汽车站的乘客、某放射性物质发射出的粒子、显微镜下某区域中的白血球、一天中某设备的故障次数、一段时期内火山喷发次数等等，以固定的平均瞬时速率 $\lambda$(或称密度)随机且独立地出现时，那么这个事件在单位时间(面积或体积)内出现的次数或个数就近似地服从泊松分布。因此泊松分布在研究随机问题中占有重要的地位。泊松分布通常用于预测一段时间内离散事件发生的次数，比如案例 23 中的商店圣诞树销量服从泊松分布。在 Excel 中，有专门的泊松分布函数即 POISSON()函数。其语法是：POISSON(x，mean，cumulative)，其中 x 代表事件数，mean 代表期望值，cumulative 为一逻辑值，确定所返回的泊松概率分布形式。如果 cumulative 为 TRUE，函数 POISSON()返回泊松累积分布概率，即：随机事件发生的次数在 0 到 x 之间(包含 0 和 1)的累积概率；如果为 FALSE，则返回泊松概率密度函数，即：随机事件发生的次数恰好为 x 次的事件概率。

案例中的 $k=20$、$h=10$。按照前面的分析，存在：

$$\sum_{r=0}^{Q} \frac{e^{-Q}70^r}{r!} \leqslant \frac{20}{10+20} \leqslant \sum \frac{e^{-(Q+1)}70^r}{r!}$$

可以通过查统计表的方法确定 $Q^*=73$。然而查表方法效率不高，而且容易出错。建议读者在涉及概率分布问题时，逐渐习惯使用 Excel 自带的各种概率统计函数，利用计算机代替手工查表的方法。我们现在使用“规划求解”功能，全面分析这个案例。

2. 模型实现

案例 23 的电子表格模型文件在 12-5. xls 中，见图 12.15(因篇幅显示原因，隐藏了该电子表格的第 13～72 行以及第 88～145 行)。整个模型仅仅涉及了唯一的一个变量，即

最终的进货量 $Q$，在电子表格模型中为单元格 H3。B7:E147 区域计算了从 0 到 140 的实际需求的各种概率和事件(点)期望值。各单元格的计算公式可以参考该区域第 1 行(表格上的第 7 行)的公式，见图中注释。需要说明的是，按照泊松分布，模型对于需求量 140 以上的概率已经非常接近 0，可以忽略不计。

单周期随机离散库存分析(泊松分布)

本模型唯一的变量，进货量即单周期内的库存

说明：(B7:E147)是模型概率计算区域
(G7:H147)是“模拟运算表”辅助运算

=SUMPRODUCT(C7:C147,D7:D147)，表示整体的期望损失

| | B | C | D | E | F | G | H |
|---|---|---|---|---|---|---|---|
| 3 | 如果缺货，则损失机会成本： | | 20 | 重要数据：k和h值 | | 最佳进货量 | 73.00 |
| 4 | 如果滞销，则产生滞销赔损： | | 10 | | | 整体损失期望 | 92.0572 |
| 5 | =POISSON(B7,70,FALSE) | | =IF(B7>=$H$3,(B7-$H$3)*20,($H$3-B7)*10) | | | =POISSON(B7,70,TRUE) | |

| 行 | 实际需求 | 出现该需求量的可能性 | 该点损失期望 | 累积概率 | 实际进货 | 整体损失期望 |
|---|---|---|---|---|---|---|
| 7 | 0 | 0.0000 | 730.00 | 0.0000 | | 92.0572 |
| 8 | 1 | 0.0000 | 720.00 | 0.0000 | 1 | 1380.0000 |
| 9 | 2 | 0.0000 | 710.00 | 0.0000 | 2 | 1360.0000 |
| 10 | 3 | 0.0000 | 700.00 | 0.0000 | 3 | 1340.0000 |
| 11 | 4 | 0.0000 | 690.00 | 0.0000 | 4 | 1320.0000 |
| 12 | 5 | 0.0000 | 680.00 | 0.0000 | 5 | 1300.0000 |
| 72 | 65 | 0.0412 | 80.00 | 0.3003 | 65 | 141.3849 |
| 73 | 66 | 0.0436 | 70.00 | 0.3439 | 66 | 130.3932 |
| 74 | 67 | 0.0456 | 60.00 | 0.3895 | 67 | 120.7111 |
| 75 | 68 | 0.0469 | 50.00 | 0.4365 | 68 | 112.3971 |
| 76 | 69 | 0.0476 | 40.00 | 0.4841 | 69 | 105.4914 |
| 77 | 70 | 0.0476 | 30.00 | 0.5317 | 70 | 100.0146 |
| 78 | 71 | 0.0470 | 20.00 | 0.5787 | 71 | 95.9665 |
| 79 | 72 | 0.0457 | 10.00 | 0.6243 | 72 | 93.3271 |
| 80 | 73 | 0.0438 | 0.00 | 0.6681 | 73 | 92.0572 |
| 81 | 74 | 0.0414 | 20.00 | 0.7095 | 74 | 92.1005 |
| 82 | 75 | 0.0386 | 40.00 | 0.7482 | 75 | 93.3861 |
| 83 | 76 | 0.0356 | 60.00 | 0.7838 | 76 | 95.8312 |
| 84 | 77 | 0.0324 | 80.00 | 0.8161 | 77 | 99.3441 |
| 85 | 78 | 0.0290 | 100.00 | 0.8452 | 78 | 103.8279 |
| 86 | 79 | 0.0257 | 120.00 | 0.8709 | 79 | 109.1829 |
| 87 | 80 | 0.0225 | 140.00 | 0.8934 | 80 | 115.3099 |
| 146 | 139 | 0.0000 | 1320.00 | 1.0000 | 139 | 690.0000 |
| 147 | 140 | 0.0000 | 1340.00 | 1.0000 | 140 | 700.0000 |

**图 12.15　案例 23 的电子表格模型**

C7 的公式是：＝POISSON(B7，70，FALSE)，计算了以 B7 为事件次数的概率密度。E7 的公式是：＝POISSON(B7，70，TRUE)，计算了小于等于 B7 为事件次数的累积概率。D7 的公式“＝IF(B7＞＝$H$3，(B7－$H$3)＊20，($H$3－B7)＊10)”，则利用 IF()函数，在区别了“$Q \geqslant r$”和“$Q < r$”两种情况下，分别计算了各自的期望损失。请读者注意 H3 的行列标号前均加上了“$”符号，表示绝对位置的含义。

作为目标单元格的 H4,公式是:=SUMPRODUCT(C8:C117, D8:D117),计算了整体期望损失。作为损失,显然需要规划出 H4 的最小值。

3. 规划结果

利用"规划求解",得到最佳进货量是 73 棵圣诞树。在这个库存水平下,最小的期望损失是 92 元左右的损失。如果从收益的角度上考虑,规划的结果不变。期望收益模型类同本电子表格模型,不再赘述,请读者作为另外的练习。

"规划求解参数"对话框参考图 12.16。注意:这是一个变量为正整数的规划问题,因此在"约束"中必须加以体现。另外,与本章第 2 节的中心法选址的规划模型一致,本例的规划模型中多次使用了非线性的逻辑关系(比如 POISSON 函数和 IF 函数等),因此也必须在"选项"中取消"采用线性模型"复选框,否则 Excel 的"规划求解"将会给出"未满足线性模型"的报错信息。

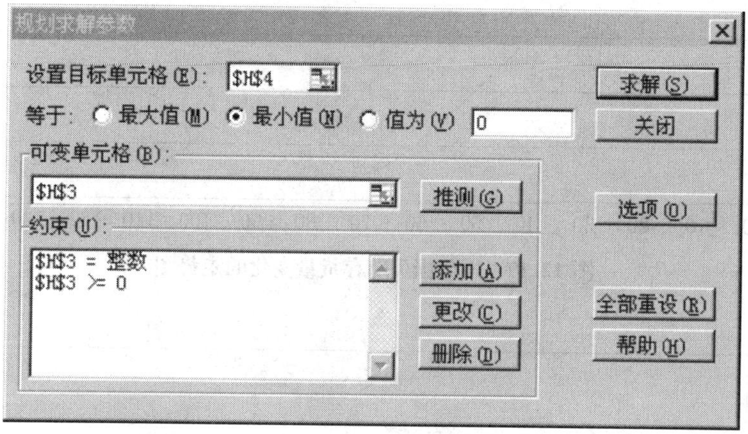


**图 12.16　案例 23 的规划求解参数**

4. 进一步使用"模拟运算表"进行验证

图 12.15 中的电子表格模型中,G7:H147 区域利用"模拟运算表"批量计算出了实际进货量从 0 到 140 的不同期望损失。事实上,从这个处理方向入手,也是寻求最佳库存的切入点,只不过需要人工的干预判断,不如"规划求解"的一步到位的解决方案简洁快捷。从这个区域的计算结果可以直观看出,最佳进货量仍旧是 73,最小期望损失是 92 元。

5. 关于泊松分布的进一步理解

不妨在这个案例计算结果数据的基础上,对泊松分布单周期离散库存问题作进一步的感性认识。对于从0到140的进货量离散区间，图12.17是进货量逐渐增加的期望损失走势，在73棵处达到最低点。图12.18和图12.19分别是泊松分布（$\lambda=70$）的密度函数和概率累积函数图。泊松分布的主要参数$\lambda$，是这个分布的数学期望，也是方差。而事件发生几率最高的地方恰恰是等于70棵的位置(图12.18的峰值)，为4.76%。作为离散情况的泊松分布，无论是概率密度图还是概率累积图，均不是对称图形。请读者仔细观察这些图形。

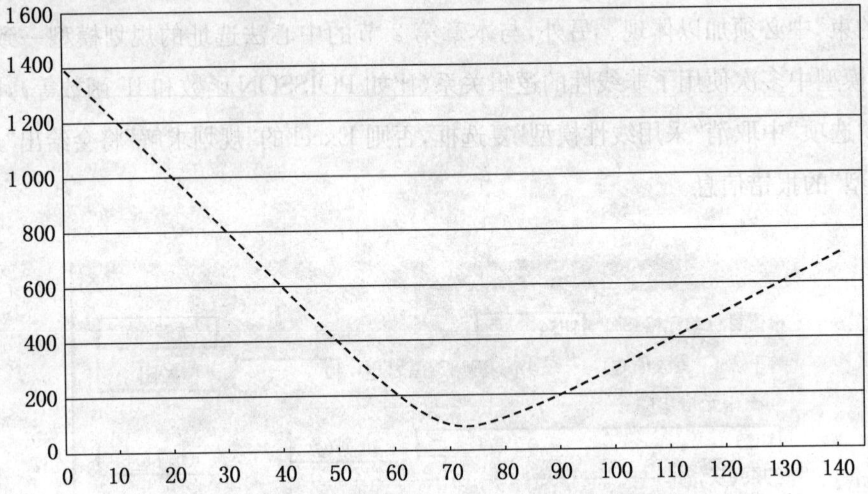


**图12.17　期望损失随存货量变化的走势图**

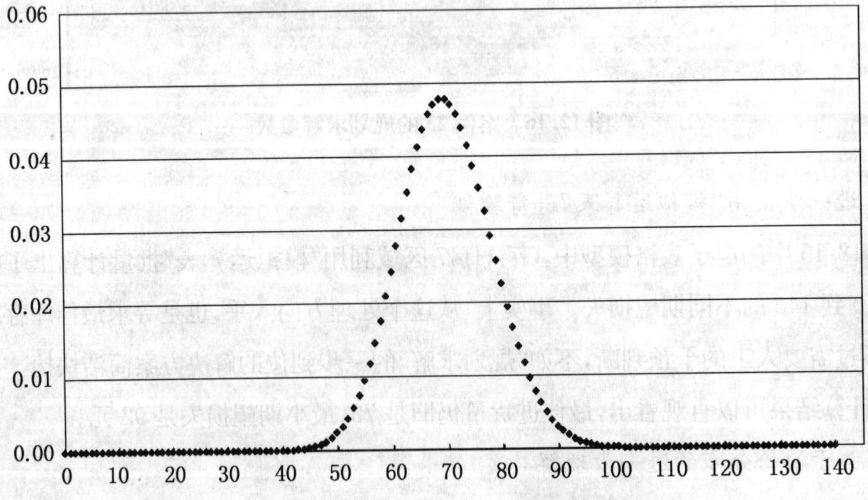


**图12.18　泊松分布($\lambda=70$)的概率密度函数图**

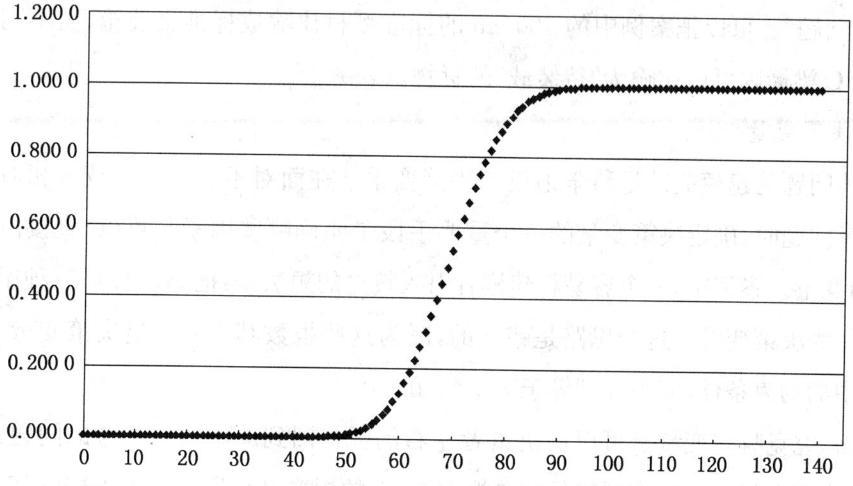


**图 12.19 泊松分布($\lambda=70$)的概率累积函数图**

## 12.6 装载/下料安排

### 案例 24 门窗公司的下料单

某铝合金门窗公司现有一批加工业务，需要三种长度的梁椽。其中 24 cm 长的 A 梁椽 75 根、40 cm 长的 B 梁椽 50 根、32 cm 长的 C 梁椽 110 根。这些梁椽需要从 100 cm 的标准单根型材上下料。现在请制定一个合理的下料切割方案，使得加工切余的边角料最少。

### 12.6.1 问题分析

在生产过程中，会遇到将不同规格的产品装载到标准一致的装载容器中的事件。比如货运部门在标准集装箱运输的条件下运输货物，如果科学安排装载情况，将会最大限度地利用现有的集装箱空间，使用最少的集装箱来装载最多的货物。下料问题属于典型的“装载问题”。可以把案例中的 100 cm 的标准型材比喻成标准集装箱，而不同规格的 A、B 和 C 梁椽则可以比喻为“待装载”的货物。

1. 决策变量

上述问题的建模关键是科学地设计决策变量。在面对不容易分析或者相对隐蔽的决策变量问题时，确定决策变量的一个重要手段是明确哪些因素是可以“直接由决策者决定”的变量。案例中，一个容易将建模者引入歧途的想法是：把 A、B、C 三种梁椽的最终根数作为决策变量。这个思路是错误的，因为这些根数其实并不是决策变量，而是规划过程中的约束条件，应当分别等于 75、50 和 110。

那么，究竟哪些变量是可以由决策者左右的呢？回到原始问题来考虑问题，在下料业务中，决策者可以直接控制的是对单根 100 cm 的标准型材所采取有不同的切割方法。比如：在一根标准型材上切割出 4 根 A 梁椽，产生边角料（100－4×24＝）4 cm。假设这种切割方法使用了 $x_1$ 根标准型材，表 12.1 穷举出了所有可能的切割方法。

**表 12.1　下料切割方案清单**　　单位：cm

| 单根下料可能方案 | 该方案用料 | 该方案边角料 | 该方案单根数 | 该方案下料细节描述 | | |
|---|---|---|---|---|---|---|
| | | | | A | B | C |
| 4 段 A | 96 | 4 | $x_1$ | 4 | 0 | 0 |
| 3 段 A | 72 | 28 | $x_2$ | 3 | 0 | 0 |
| 2 段 A | 48 | 52 | $x_3$ | 2 | 0 | 0 |
| 1 段 A | 24 | 76 | $x_4$ | 1 | 0 | 0 |
| 2 段 B | 80 | 20 | $x_5$ | 0 | 2 | 0 |
| 1 段 B | 40 | 60 | $x_6$ | 0 | 1 | 0 |
| 3 段 C | 96 | 4 | $x_7$ | 0 | 0 | 3 |
| 2 段 C | 64 | 36 | $x_8$ | 0 | 0 | 2 |
| 1 段 C | 32 | 68 | $x_9$ | 0 | 0 | 1 |
| 1 段 A 和 1 段 B | 64 | 36 | $x_{10}$ | 1 | 1 | 0 |
| 2 段 A 和 1 段 B | 88 | 12 | $x_{11}$ | 2 | 1 | 0 |
| 1 段 A 和 1 段 C | 56 | 44 | $x_{12}$ | 1 | 0 | 1 |
| 2 段 A 和 1 段 C | 80 | 20 | $x_{13}$ | 2 | 0 | 1 |
| 1 段 A 和 2 段 C | 88 | 12 | $x_{14}$ | 1 | 0 | 2 |
| 1 段 B 和 1 段 C | 72 | 28 | $x_{15}$ | 0 | 1 | 1 |
| 1 段 A、1 段 B 和 1 段 C | 96 | 4 | $x_{16}$ | 1 | 1 | 1 |

需要注意的是，表 12.1 中变量 $x_2 \sim x_4$、$x_6$、$x_8 \sim x_{10}$、$x_{12}$ 以及 $x_{15}$"似乎"产生了浪费，但是这些变量并不能缺少，而且在某种最优方案中，甚至是必不可少的组成。

2. 决策目标

按照原问题的目标，要求所有的边角料最小。因此有以下目标函数：

$$\min Z(x_1, \cdots, x_{16}) = 4x_1 + 28x_2 + 52x_3 + 76x_4 + 20x_5 + 60x_6 + 4x_7 + 36x_8 + 68x_9 + 36x_{10} + 12x_{11} + 44x_{12} + 20x_3 + 12x_4 + 28x_{15} + 4x_{16}$$

如果从另外一个角度上考虑，"总的边角料最少"等价于在一定的产量下"使用的标准型材的总卷数最少"，因此更加简化的目标函数可以是：

$$\min Z(x_1, \cdots, x_{16}) = \sum_{i=1}^{16} x_i$$

3. 约束条件

对于每一个单根下料方案的变量 $x_i$ 乘以该方案能产生的 A、B 和 C 的个数，汇总后应当分别等于计划产量 75、50 和 110 卷。当然，所有的决策变量应当是非负的整数。

## 12.6.2 模型求解

1. 电子表格模型

案例 24 的电子表格模型文件在 12-6. xls 的 Sheet1 中，参考图 12.20。规划求解参数对话框见图 12.21。

模型中，设计了两个等价的目标单元格。在规划求解时，可以在"规划求解参数"对话框中任选其一。D28 单元格的公式是：=SUM(D11:D26)；C29 单元格的公式是：=SUMPRODUCT(E11:E26, D11:D26)。约束条件单元格 F5、F6、F7 分别计算出三种梁椽的实际数量，计算公式分别是：=SUMPRODUCT(E11:E26, D11:D26)，=SUMPRODUCT(F11:F26, D11:D26)，=SUMPRODUCT(G11:G26, D11:D26)。

各种可行的单根下料方案的数据(C11:C26)可以事先计算得到后填入数字，也可以利用间接计算方法得到。比如 C11 单元格值"4"，计算公式是：=100−MMULT(E11:G11, \$C\$5:\$C\$7)。再如 C18 单元格值"36"，计算公式是：=100−MMULT(E18:G18,

| | A | B | C | D | E | F | G |
|---|---|---|---|---|---|---|---|
| 4 | | 梁椽规格 | 下料规格（cm） | 计划产量(卷) | | 实际产量 | |
| 5 | | A板材 | 24 | 75 | = | 75 | |
| 6 | | B板材 | 40 | 50 | = | 50 | |
| 7 | | C板材 | 32 | 110 | = | 110 | |
| 8 | | | | | | | |
| 9 | | 本模型要求实际产量等于计划产量 | | | 该方案下料细节描述 | | |
| 10 | | 单根下料可能方案 | 该方案边角料 | 该方案单卷数 | A | B | C |
| 11 | | 4段A | 4 | 6 | 4 | 0 | 0 |
| 12 | | 3段A | 28 | 0 | 3 | 0 | 0 |
| 13 | | 2段A | 52 | 0 | 2 | 0 | 0 |
| 14 | | 1段A | 76 | 0 | 1 | 0 | 0 |
| 15 | | 2段B | 20 | 2 | 0 | 2 | 0 |
| 16 | | 1段B | 60 | 0 | 0 | 1 | 0 |
| 17 | | 3段C | 4 | 19 | 0 | 0 | 3 |
| 18 | | 2段C | 36 | 0 | 0 | 0 | 2 |
| 19 | | 1段C | 68 | 0 | 0 | 0 | 1 |
| 20 | | 1段A和1段B | 36 | 0 | 1 | 1 | 0 |
| 21 | | 2段A和1段B | 12 | 1 | 2 | 1 | 0 |
| 22 | | 1段A和1段C | 44 | 0 | 1 | 0 | 1 |
| 23 | | 2段A和1段C | 20 | 0 | 2 | 0 | 1 |
| 24 | | 1段A和2段C | 12 | 4 | 1 | 0 | 2 |
| 25 | | 1段B和1段C | 28 | 0 | 0 | 1 | 1 |
| 26 | | 1段A、1段B、1段C | 4 | 45 | 1 | 1 | 1 |
| 27 | | | | | | | |
| 28 | | 目标1：整卷原材最少 | | 77 | 两个等价目标在规划求解时，可以任选其一。 | | |
| 29 | | 目标2：边角废料最少 | 380 | | | | |

图 12.20　案例 24 的电子表格模型

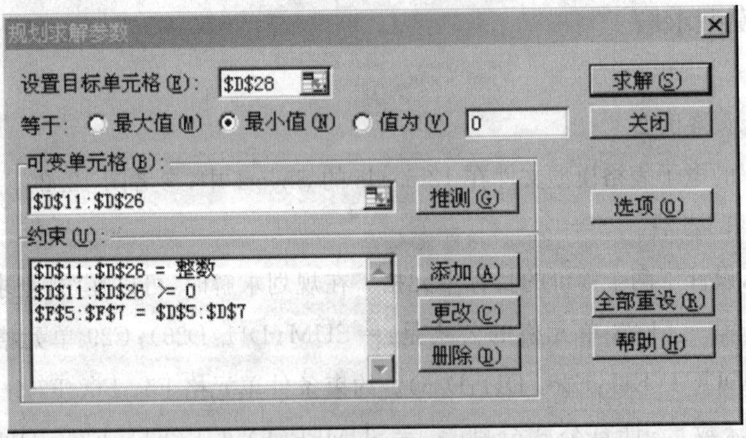


图 12.21　案例 24 的规划求解参数

\$C\$5:\$C\$7)。请读者体会绝对位置符号“\$”的作用。MMULT()函数语法是：MMULT(array1, array2)，其中 array1 和 array2 是要进行矩阵乘法运算的两个数组。返回两数组的矩阵乘积，结果矩阵的行数与 array1 的行数相同，列数与 array2 的列数相同。SUMPRODUCT()函数的用法，参考前文。

2. 规划结果

规划结果是：最少的总边角料为380 cm，至少需要77卷标准型材。该问题同时存在多个最优解，见表12.2（参考12-6. xls的Sheet3）。表中的①～⑦，均是模型的最优解。

**表12.2 最优下料方案（部分）**

| 单根下料可能方案 | ① | ② | ③ | ④ | ⑤ | ⑥ | ⑦ | ⑧ | ⑨ | ⑩ |
|---|---|---|---|---|---|---|---|---|---|---|
| 4段A | 6 | 7 | 4 | 6 | 6 | 6 | 7 | 7 | 6 | 6 |
| 3段A | 0 | 0 | 0 | 1 | 0 | 0 | 1 | 0 | 0 | 0 |
| 2段A | 0 | 0 | 0 | 0 | 0 | 0 | 0 | 0 | 1 | 0 |
| 1段A | 1 | 0 | 0 | 0 | 0 | 0 | 0 | 0 | 0 | 0 |
| 2段B | 0 | 3 | 0 | 2 | 0 | 0 | 3 | 0 | 0 | 0 |
| 1段B | 0 | 0 | 0 | 0 | 0 | 1 | 0 | 0 | 0 | 0 |
| 3段C | 20 | 22 | 18 | 21 | 18 | 19 | 22 | 20 | 20 | 20 |
| 2段C | 0 | 0 | 0 | 0 | 2 | 0 | 0 | 0 | 0 | 0 |
| 1段C | 0 | 0 | 0 | 0 | 0 | 0 | 0 | 0 | 0 | 0 |
| 1段A和1段B | 0 | 0 | 0 | 0 | 0 | 0 | 0 | 0 | 0 | 0 |
| 2段A和1段B | 0 | 2 | 0 | 0 | 0 | 0 | 0 | 0 | 0 | 0 |
| 1段A和1段C | 0 | 0 | 0 | 0 | 0 | 0 | 0 | 0 | 0 | 0 |
| 2段A和1段C | 0 | 0 | 4 | 1 | 0 | 0 | 0 | 0 | 0 | 0 |
| 1段A和2段C | 0 | 1 | 1 | 0 | 1 | 2 | 0 | 0 | 0 | 1 |
| 1段B和1段C | 0 | 0 | 0 | 0 | 0 | 0 | 0 | 0 | 0 | 0 |
| 1段A 1段B 1段C | 50 | 42 | 50 | 46 | 50 | 49 | 44 | 50 | 50 | 50 |
| 最少的总边角料 | 380 | 380 | 380 | 380 | 380 | 380 | 380 | 308 | 356 | 316 |
| 最少的标准型材 | 77 | 77 | 77 | 77 | 77 | 77 | 77 | 77 | 77 | 77 |

3. 进一步分析

事实上，严格要求A、B、C三种梁椽必须等于各自计划产量是没有必要的。如果不考虑剩余边角料的再利用价值的话，可以将约束条件放宽，让实际产量"大于等于计划"产量，这样得到的目标结果最优值不变，但是最优解可能会更加有利于门窗公司。请读者参考12-6. xls的Sheet2中修改后的模型，结果是表12.2中的⑧，最小的总边角料是308，最少的标准型材数是77根。需要注意的是，修改后的模型目标单元格必须是C29，而且单元格C29不再与单元格D28等价。请读者思考为何不再等价的原因。如果仍旧以单元格 D28 为规划目标，虽然能得出同样最少的标准型材数 77 根，但是总边角料可能不会是最优情况，参考⑨～⑩。

## 12.7 复合系统可靠性问题

### 案例 25 某仪器的可靠性研究

某机床上安装了一部监控温度的仪器。该仪器由三个单元组成，任何一个单元出现故障，仪器都将中断工作。为了保障仪器的可靠性，设计人员对每个单元设计了多路元件自动切换的机制，即当某单元的当前元件出现故障，则该单元的备用元件组中的一个自动投入使用。显然，每个单元包含的备用元件越多，则可靠性越强。但是由于受到成本限制，备用元件的数量必须是有限的。经过长期实验，设计人员掌握了如表 12.3 的数据。

表 12.3 元件单价和故障率

| 单元名称 | 该单元备用元件单价(元) | 该单元单一元件故障率 |
|---|---|---|
| N1 | 30 | 0.1 |
| N2 | 15 | 0.2 |
| N3 | 20 | 0.5 |

i. 如果计划将仪器的元件总成本控制在 105 元以内，则怎样设计能达到该成本下的最大可靠性?

ii. 如果要求可靠性必须在 80% 以上，则怎样设计使元件总成本最少?

### 12.7.1 复合系统可靠性简介

1. 复合系统的构造和概率性质

对于一个复合系统，其整体可以由 $n$ 个单元串联构成，其中的单元 $i$ 由 $x_i$ 个元件并联构成。图 12.22 展示了一个一般化的复合系统。

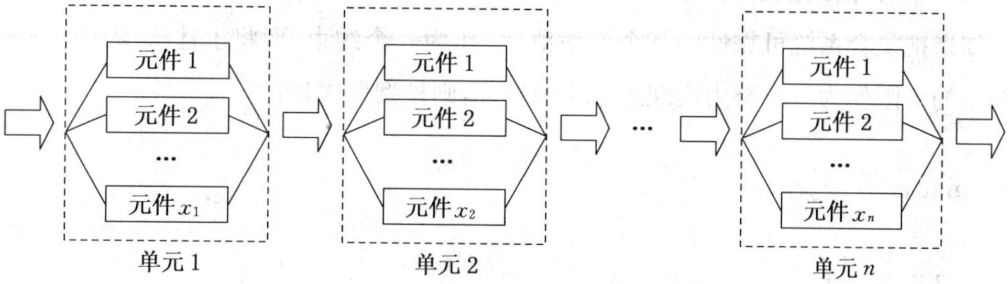


**图 12.22 复合系统的一般化结构**

图 12.22 中的系统，各个单元内部是并联结构，只有所有的元件出现故障，该单元才出现整体故障；单元之间是串联结构，只要某单元出现故障，系统就会出现整体故障。$p_{ij}$ 表示第 $i$ 个单元的第 $j$ 个元件的故障率。如果元件故障率 $p_{ij}$ 已知，则可以根据概率统计的性质，这个系统的整体可靠性公式是：

$$P=\prod_{i=1}^{n}\left[1-\prod_{j=1}^{x_i}p_{ij}\right]\quad(i=1,\ 2,\ \cdots,\ n;\ j=1,\ 2,\ \cdots,\ x_i)$$

如果一个单元中仅仅使用同一种元件，则上述公式可以简化为：

$$P=\prod_{i=1}^{n}\left[1-p_i^{x_i}\right]\quad(i=1,\ 2,\ \cdots,\ n)$$

2. 复合系统的两种规划模型(单元中使用同一种元件)

(1) 可靠性最大化模型：

如果对元件进行某些约束(比如所有元件的体积、重量、成本等)，那么在这些约束条件下去实现这个复合系统的最大可靠性的规划模型是：

$$\max P=\prod_{i=1}^{n}\left[1-\prod_{j=1}^{x_i}p_{ij}\right]$$

$$\text{s. t.}\begin{cases}\sum_{i=1}^{n}c_{si}x_i\leqslant c_s \\ x_i\ \text{为正整数}\end{cases}\quad(i=1,\ 2,\ \cdots,\ n;\ s=1,\ 2,\ \cdots,\ k)$$

其中：$i$ 是单元数，共有 $n$ 个单元；各个单元的并联元件数是 $x_i$ 个；模型受到 $k$ 个不同的约束。

(2) 特定约束上限最小化模型：

如果把复合系统可靠性的某个概率值 $p^*$ 作为一个约束，而将上述模型中的某一特定约束的上限作为一个努力实现最小化的目标，则模型形式是：

$$\min c_l = \sum_{i=1}^{n} c_{li} x_i$$

$$\text{s.t.}\begin{cases}\prod_{i=1}^{n}\left[1-\prod_{j=1}^{x_i} p_{ij}\right] \geqslant p^* \\ \sum_{i=1}^{n} c_{si} x_i \leqslant c_s \qquad (i=1,\ 2,\ \cdots,\ n;\quad s=1,\ 2,\ \cdots,\ l-1,\ l+1,\ \cdots,\ k) \\ x_i \text{ 为正整数}\end{cases}$$

其中：$i$ 是单元数，共有 $n$ 个单元；各个单元的并联元件数是 $x_i$ 个；模型受到 $k-1$ 个不同的约束，以及系统可靠性大于 $P^*$ 的约束；系统的第 $l$ 个条件作为规划的最小值目标。

## 12.7.2 模型求解

对于问题 i，按照上述最大化模型，电子表格模型文件在 12-7. xls 的 Sheet1 中，参考图 12.23。

本例的变量是三个单元各自的元件数，在电子表格的 E5：E7。依照系统的整体可靠性公式，各个单元的可靠性可以计算出来，在电子表格的 F5：F7。例如单元格 F5 的公式是：＝1－POWER((1－D5)，E5)。POWER()是乘幂函数，语法是 POWER(number，power)。其中 number 是底数，可为任意实数。power 是指数，底数按该指数次幂乘方。当然，也可以用“^”运算符代替函数 POWER 来表示对底数乘方的幂次。

单元格 C9 是实际总支出值，公式是：＝SUMPRODUCT(C5：C7，E5：E7)。

单元格 F11 表示了这个系统综合的实际可靠性，当作本例规划最大的目标，该单元格的公式是：＝PRODUCT(F5：F7)。PRODUCT()是连乘函数，如果括号内是一个行

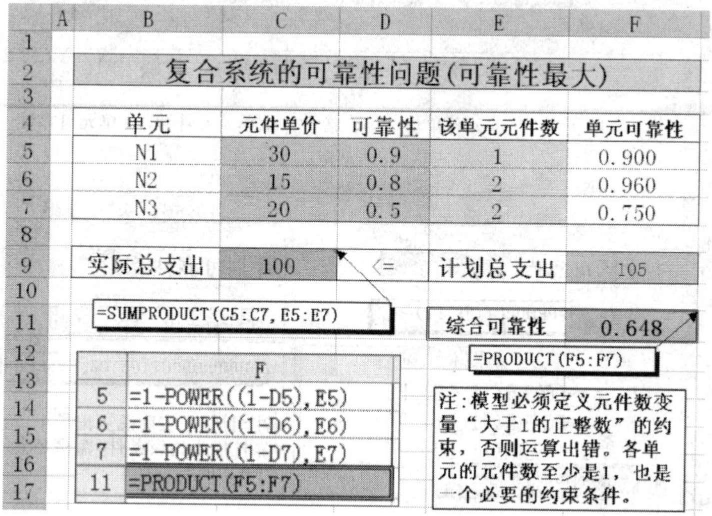


**图 12.23 案例 25 的电子表格模型**(可靠性最大)

(列)矩阵,则求出所有元素的乘积。

"规划求解参数"对话框,参考图 12.24。

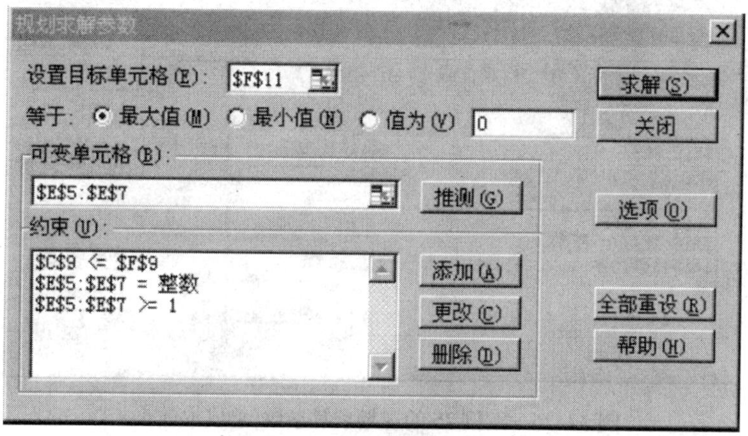


**图 12.24 案例 25 的规划求解参数**(可靠性最大)

规划结果是该仪器三个单元分别使用 1、2、2 个元件,在总元件成本在 100(≤105)的前提下,达到了最大的可靠性 64.8%。

对于问题 ii,在上述模型的基础上,将实际可靠性改为约束,而实际总支出当作了目标。电子表格模型文件在 12-7.xls 的 Sheet2 中,参考图 12.25。

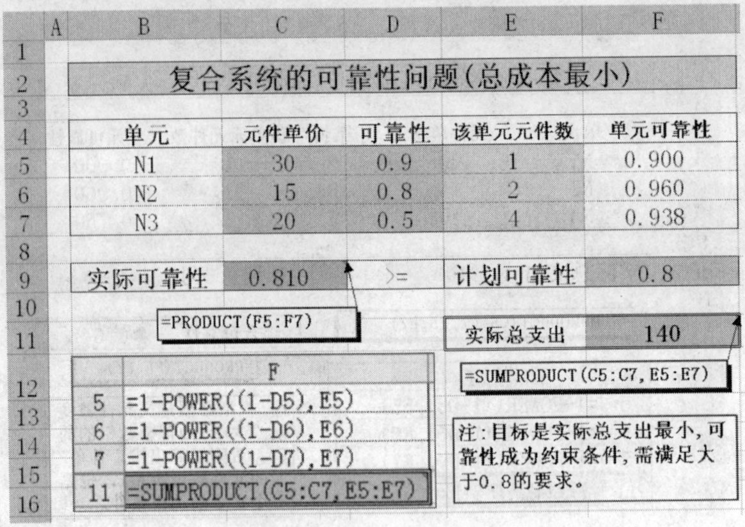


**图 12.25　案例 25 的电子表格模型**(总成本最小)

“规划求解参数”对话框,参考图 12.26。

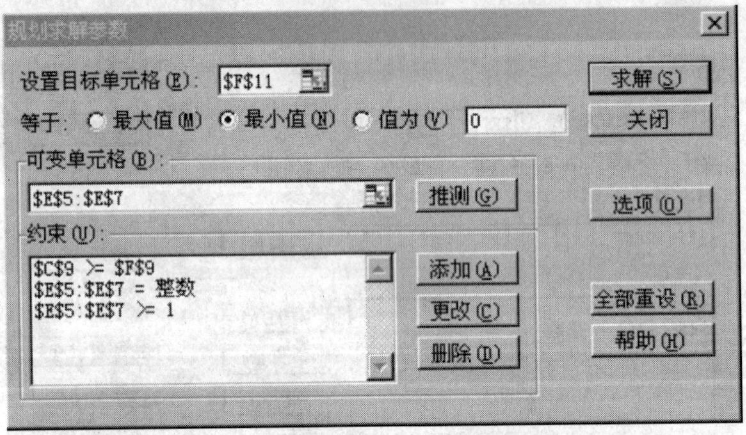


**图 12.26　案例 25 的规划求解参数**(总成本最小)

规划结果是该仪器三个单元分别使用 1、2、4 个元件,在最大的可靠性 80%的前提下,总元件成本实现最少的 140。进一步思考这个结果:由于构成系统的 N3 单元的单个元件的可靠性最低,但是价格并不高。因此,以最小投入获得可靠性的最大提升,显然应当在相对薄弱的 N3 单元花些工夫。最后的规划结果(N3 单元增加了 2 个元件)也验证了这个逻辑判断。

### 12.7.3 本例误差分析

通常情况下,“规划求解”的选项中的“精度”、“允许误差”或“收敛度”的默认值可以满足本教程中绝大部分规划模型的计算要求。但是在本例中,这些选项要求过低,可能会带来不可忽视的误差甚至错误。请读者验算电子表格模型文件在12-7. xls的Sheet3,见图12.27。如果“精度 = 0.000 1”、“允许误差 = 5%”、“收敛度 = 0.000 1”,则运算结果为0.63,小于Sheet1中精度较高的模型规划出的0.648。因此,0.63仅仅是近优解,不是最终结果。

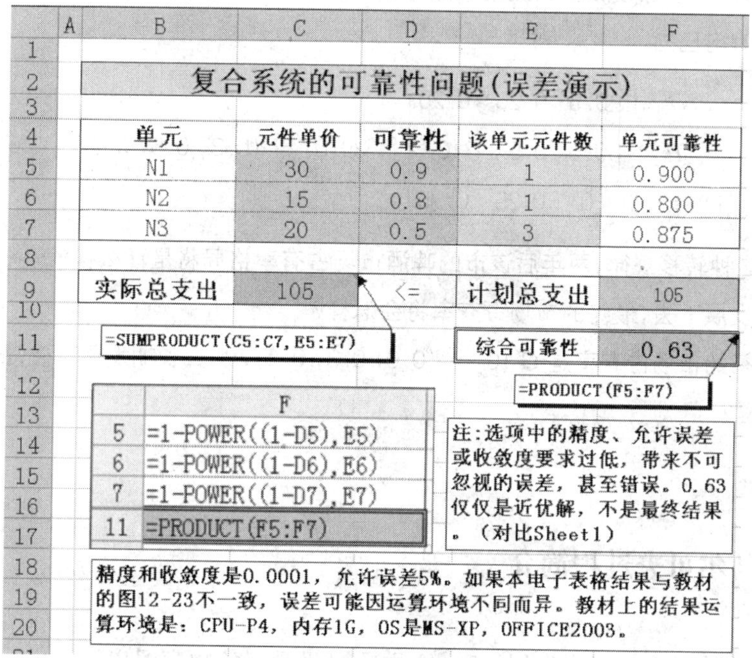


图12.27 规划参数设置中的误差演示

本例是一个特殊非线性的整数规划问题,变量以幂的形式出现,计算误差累积的效果相对线性模型明显。同时,整数规划的结果对于以1为单位的步进方式,非常敏感。因此,精度高低对规划结果的影响,在这个例子上体现出来。

## 12.8 马尔可夫过程应用

### 案例 26 某城市啤酒消费群体转移行为研究

某城市的啤酒市场基本上被甲、乙和丙三种品牌所瓜分。由于生产这三种品牌的三家啤酒厂采取了相对稳定的长期市场营销战略，每年该城市啤酒消费群体会在不同的品牌之间发生持续的转移行为。假设顾客的流动服从马尔可夫过程，而且经过调研，转移矩阵 $P$ 和初始市场份额 $G(0)$ 均已知：

$$P=\begin{bmatrix}0.5 & 0.25 & 0.25\\ 0.5 & 0.5 & 0\\ 0 & 0.25 & 0.75\end{bmatrix},\quad G(0)=(0.3,\ 0.5,\ 0.2)$$

i. 按照这种转移规律，两年后该市的啤酒市场占有率格局将是什么样子?

ii. 长期发展下去，最终的市场占有率将会怎样?

ii. 如果初始市场占有率是 $G'(0)=(0.6,\ 0.3,\ 0.1)$，那么长期发展下去，最终的市场占有率将会怎样?

### 12.8.1 马尔可夫过程简介

对于经济管理中的很多发展过程，往往是按照时间的顺序予以记录的。这种按照时间顺序进行观测的量(或者状态)的排列称之为时间序列。如果某阶段状态给定后，这个阶段以后过程的发展不受这个阶段以前各阶段状态的影响，我们称这个序列具有马尔可夫(Marcov)性质，或者无后效性。换句话说，具有该性质的过程，其过去的历史只能通过当前的状态去影响未来的发展。

对于比较常用的马尔可夫链 $\{X(m),\ m=1,\ 2,\ \cdots\}$ 而言，此时的时间序列为离散型的，而且相互转移的状态也是有限的 $n$ 个。转移概率矩阵 $P$ 定义为：

$$P=\begin{bmatrix} p_{11} & p_{12} & \cdots & p_{1n} \\ p_{21} & p_{22} & \cdots & p_{2n} \\ \cdots & \cdots & \cdots & \cdots \\ p_{n1} & p_{n2} & \cdots & p_{nn} \end{bmatrix}$$

其中的 $p_{ij}$ 表示：系统由时刻 $m$ 时的状态 $i$，转移到时刻 $m+1$ 时的状态 $j$，这个转移事件的概率。如果 $p_{ij}$ 仅仅依赖状态 $i$ 和状态 $j$，不依赖具体哪个时刻 $m$，则称为平稳的马尔可夫链。转移概率矩阵 $P$ 首先应当是一个方阵，而且这个矩阵的任意一行的元素满足：

$$\sum_{j=1}^{n} p_{ij}=1 \quad (i=1,\ 2,\ \cdots,\ n)$$

如果定义一个记录随机状态的行向量 $G(m)$，其分量为 $g_j(m)$。则有 $G(m)=[g_1(m),\ g_2(m),\ \cdots,\ g_n(m)]$。可以证明得：

$$G(m+1)=G(m)P$$

递推可得：$G(m)=G(m-1)P=G(m-2)P^2=\cdots=G(0)P^m$

如果一个齐次的马尔可夫链 $\{X(m),\ m=1,\ 2,\ \cdots\}$ 的第 $m$ 步的转移概率为 $P_{ij}(m)$，对于一切状态 $i$ 和状态 $j$，存在着不依赖于初始状态 $i$ 的常数 $P_j$，使得下式成立：

$$\lim_{m\to\infty} P_{ij}(m)=P_j$$

则称此马尔可夫链具有遍历性。也就是说，一个具有遍历性的马尔可夫链，当转移次数很大(甚至接近无穷大)时，此系统转移到状态 $j$ 的概率趋于一个常数 $P_j$，而与初始状态无关。

### 12.8.2 模型求解

1. 电子表格模型

对于案例中的状态转移矩阵，可以利用图 12.28 来理解。例如转移概率矩阵 $P$ 第一行的元素表示消费者留在甲产品(从甲转移到甲)、从甲转移到乙、从甲转移到丙的概率分别是

0.5、0.25、0.25，这三个概率组成一个全概率事件，因此行方向求和为1。其他行分析同理。

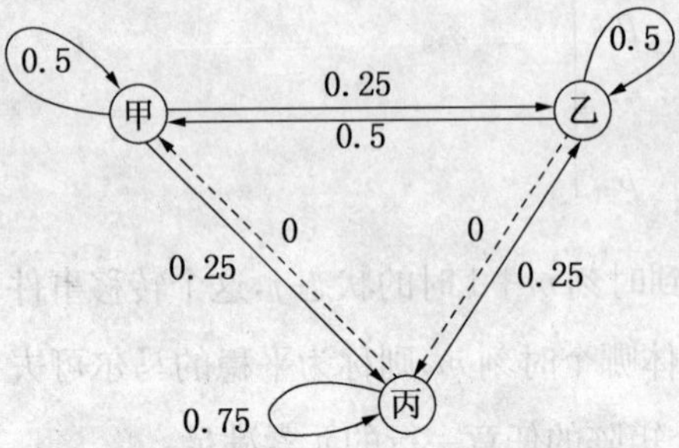


图 12.28　三种产品的转移关系示意图

对于问题 i，在已知初始市场份额 $G(0)$ 和转移矩阵 $P$ 的情况下，经过两期的发展：

$$G(2) = G(0)P^2$$

对于问题 ii，欲求长期发展后的市场份额表现，实际上是求：

$$\lim_{m\to\infty} G(0)P^m = G(m)$$

对于问题 iii，实际上是验证这个马尔可夫链是否具有遍历性，计算时仅需把问题 ii 的计算式进行修改就可以实现了：

$$\lim_{m\to\infty} G'(0)P^m = G'(m)$$

电子表格模型文件在 12-8.xls 的 Sheet1，参考图 12.29。

| | A | B | C | D | E | F |
|---|---|---|---|---|---|---|
| 1 | 啤酒消费者市场转移问题（马尔可夫过程） | | | | | |
| 2 | | | | | | |
| 3 | | 0.5 | 0.25 | 0.25 | B3:D5，转移概率矩阵 | |
| 4 | P= | 0.5 | 0.5 | 0 | | |
| 5 | | 0 | 0.25 | 0.75 | | |
| 6 | | | | | | |
| 7 | 0 | 0.30000 | 0.50000 | 0.20000 | B7:D7，初始市场占有率 | |
| 8 | 1 | 0.40000 | 0.37500 | 0.22500 | | |
| 9 | 2 | 0.38750 | 0.34375 | 0.26875 | B9:D9，第2期市场占有率。以下顺延。 | |
| 10 | 3 | 0.36563 | 0.33594 | 0.29844 | | |
| 11 | 4 | 0.35078 | 0.33398 | 0.31523 | | |
| 12 | 5 | 0.34238 | 0.33350 | 0.32412 | | |
| 13 | 6 | 0.33794 | 0.33337 | 0.32869 | | |
| 14 | 7 | 0.33566 | 0.33334 | 0.33100 | 注意观察进入稳态的临界期数。可以分别修改初试市场占有率，或转移概率矩阵，观察对稳态的影响。 | |
| 15 | 8 | 0.33450 | 0.33334 | 0.33216 | | |
| 16 | 9 | 0.33392 | 0.33333 | 0.33275 | | |
| 17 | 10 | 0.33363 | 0.33333 | 0.33304 | | |
| 18 | 11 | 0.33348 | 0.33333 | 0.33319 | | |
| 19 | 12 | 0.33341 | 0.33333 | 0.33326 | | |
| 20 | 13 | 0.33337 | 0.33333 | 0.33330 | | |
| 21 | 14 | 0.33335 | 0.33333 | 0.33332 | | |
| 22 | 15 | 0.33334 | 0.33333 | 0.33332 | | |
| 23 | 16 | 0.33334 | 0.33333 | 0.33333 | | |
| 24 | 17 | 0.33334 | 0.33333 | 0.33333 | 第18期以后，进入稳定态。 | |
| 25 | 18 | 0.33333 | 0.33333 | 0.33333 | | |
| 26 | 19 | 0.33333 | 0.33333 | 0.33333 | | |
| 27 | 20 | 0.33333 | 0.33333 | 0.33333 | | |

图 12.29　案例 26 的电子表格模型

图 12.29 中，单元格 B3:D5 和 B7:D7 分别录入了状态转移矩阵和初始市场份额向量。

第一期转移后，甲、乙、丙产品的份额状态在 B8:D8 上显示出来，其中 B8 的公式是：=INDEX(MMULT(B7:D7, $B$3: $D$5),1,1)。MMULT()函数实现了 $G(1)=G(0)P$，而 INDEX()函数则在得到的矩阵中，检索需要显示的元素，返回列表或数组中的元素值，此元素由行序号和列序号的索引值给定。

C8 的公式是：=INDEX(MMULT(B7:D7, $B$3: $D$5),1,2)。

D8 的公式是：=INDEX(MMULT(B7:D7, $B$3: $D$5),1,3)。

INDEX()返回列表或数组中的元素值，此元素由行序号和列序号的索引值给定，语法是：INDEX(array, row_num, column_num)，array 为单元格区域或数组常量。如果数组只包含一行或一列，则相对应的参数 row_num 或 column_num 为可选。如果数组有多行和多列，但只使用 row_num 或 column_num，函数返回数组中的整行或整列，且返回值也为数组。row_num 是行序号，函数从该行返回数值。如果省略 row_num，则必须有 column_num。column_num 是列序号，函数从该列返回数值。如果省略 column_num，则必须有 row_num。

图 12.29 中的第 2 期(单元格是 B9:D9)以及以后诸期的单元格，可以用复制 B8:D8 并粘贴在 B9:D20 的方法，将递推逻辑关系实现在这些指定区域。注意：B8:D8 的三个公式中，函数 MMULT()涉及的两个矩阵，其中一个是相对位置引用，一个是绝对位置引用。以 B8 为例，MMULT(B7:D7, $B$3: $D$5)中，“B7:D7”是 $G(0)$，“ $B$3: $D$5”是 $P$。当把 B8 复制粘贴到 B9 后，Excel 自行生成 MMULT(B8:D8, $B$3: $D$5)，“B8:D8”是 $G(1)$，“ $B$3: $D$5”仍旧是 $P$。可见，这样安排，让转移阶数的递增在粘贴过程中自行实现了。事实上，另外一种实现绝对引用的方法是本书前面介绍的区域命名的方法，读者不妨在本例上尝试一下。

2. 模型计算结果

从图 12.29，可以得到：

问题 i：两期的发展后，甲产品占 0.387 50，乙产品占 0.343 75，丙产品占 0.268 75。

问题 ii：长期发展下去，最终的市场占有率将会稳定在三种产品各占 1/3 的状态。从 $G(0)$发展出来，大约在第 17 期或第 18 期进入稳定态。利用 Excel 将电子表格上的第 1 期到第 17 期三种产品的市场占有率的趋势做成折线图，发展过程见图 12.30 的示意。

问题 iii：如果初始市场份额是 $G'(0)$，经过一个较长时期的转移活动，市场最终仍旧会达到三分天下的同样格局。这个结果的电子表格模型文件在 12-8. xls 的 Sheet2 上，可以观察到，大约在第16期或第17期进入稳定态。这个结果也验证了这个马尔可夫链的确具有遍历性。发展过程见图12.31的示意。

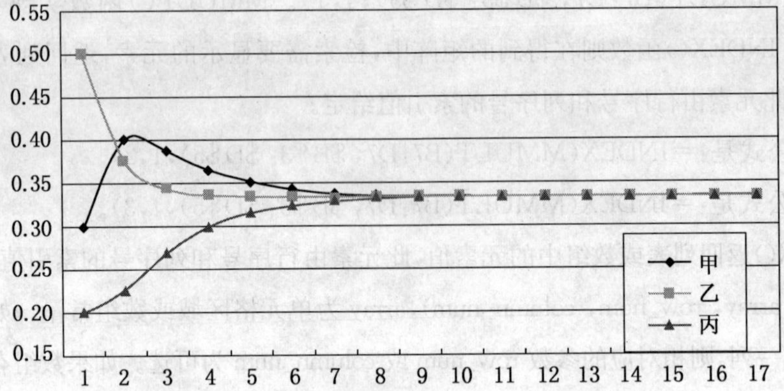


图12.30 初始状态为3∶5∶2的转移稳定过程

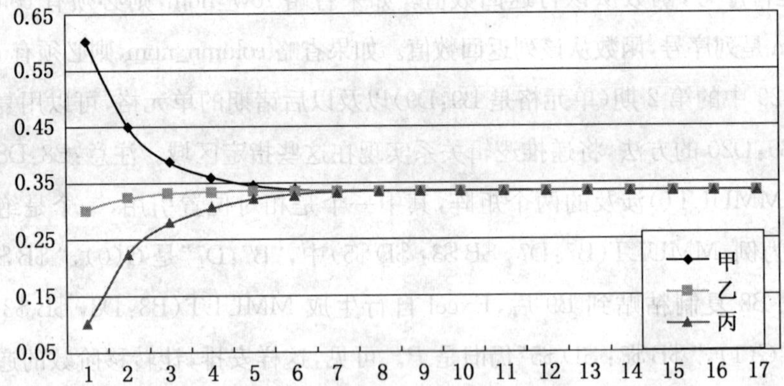


图12.31 初始状态为6∶3∶1的转移稳定过程

## 12.9 生产排班问题

### 案例27 某医院护理部24小时护士排班计划优化研究

某医院决策层正在开会研究制定急诊病区的一昼夜护士值班安排计划。在会议上，护理部主任提交了一份该病区24小时各时段内需要在岗护士的数量报告，见表12.4。

表12.4 各时段在岗护士数量要求

| 时段(小班) | 护士数量(人) |
|---|---|
| 2:00—6:00 | 10 |
| 6:00—10:00 | 15 |
| 10:00—14:00 | 25 |
| 14:00—18:00 | 20 |
| 18:00—22:00 | 18 |
| 22:00—2:00 | 12 |

如果按照每天两小班轮换，需要三个班且每班中间间隔休息时间8小时，这样安排岗位不但会造成人员冗余，同时护理人员上下班不是很方便。由于医院护理工作的特殊性，又要求尽量保证护理人员工作的连续性，最终确定每名护士连续工作两个小班次，即24小时内完成一个大班8小时。为了压缩编制，护理部提出一个合理化建议：允许不同护士的大班之间可以合理相互重叠小班，即分成六组轮班开展全天的护理值班（每一个小班时段实际上由两个交替的大班的前段和后段共同承担）。

现在医院决策层面临的问题是：

i. 在不考虑定编和工资的前提下，如何合理安排岗位，才能满足值班的需要？

ii. 在会议作出安排之前，护理部又提出一个问题：目前全院在编的正式护士只有50人，工资定额为10元/小时；如果人力部门提供的定编超过50人，那么必须以15元/小时的较高薪酬外聘合同护士。另外，对于22:00—6:00的夜班，医院提供夜间加餐补贴。定编人员是10元每人每班，外聘人员是12元每人每班。出现这种情况又如何安排班次？医院最小工资支出是多少？

iii. 护理部后来又提出，最好在深夜2点的时候避免交班，这样又如何安排班次？医院在这方面的成本变化是多少？

## 12.9.1 排班问题分析

1. 甘特图的应用

生产实践中，对工作时间内的班组安排是运作管理中作业计划的一项基本内容。本例的目的是让读者体会到，生产实际中的描述性信息，如果进一步由建模者提炼成图形，可以使工作更加明晰和简洁。本例的规划要求信息来自一份会议记录。如果仅仅从这些繁杂的叙述中，很难找到建模的切入点。我们不妨借用图形，来进一步剖析这个问题。

对于周期性生产类型的排班问题，甘特图（Gantt chart）是经常用到的有效管理工具。甘特图又叫横道图，基本结构是一条线条图，横轴表示时间，纵轴表示活动（或者项目），线条表示在整个期间上计划和实际的活动完成情况。甘特图以图示的方式通过活动列表和时间刻度形象地表示出任何特定活动顺序与持续时间，直观地表明任务计划在什么时候进行，及实际进展与计划要求的对比。由于甘特图形象简单，在很多简单、短期的项目管理中，甘特图都得到了广泛的运用。图 12.32 便是该医院改进前的 24 小时内“三班倒换”的甘特图。

**图 12.32　三个小班的人员安排方案**

图 12.32 中，可以直观地发现，第 1 班的在班护士人数必须是 max（10，20）＝20，第 2 班人数是 max（15，18）＝18，第 3 班人数是 max（25，12）＝25。三个班总人数为 63 人。显然，这种排班方式不但没有减少护士的交接班频率，而且产生了很大的人员冗余浪费。

如果按照分成 8 小时的 6 班交错轮班的方式，24 小时的一个周期内的甘特图见图 12.33。在 24 小时中的任何时刻，当班人员均由一个班的前半班和另一个班的后半班

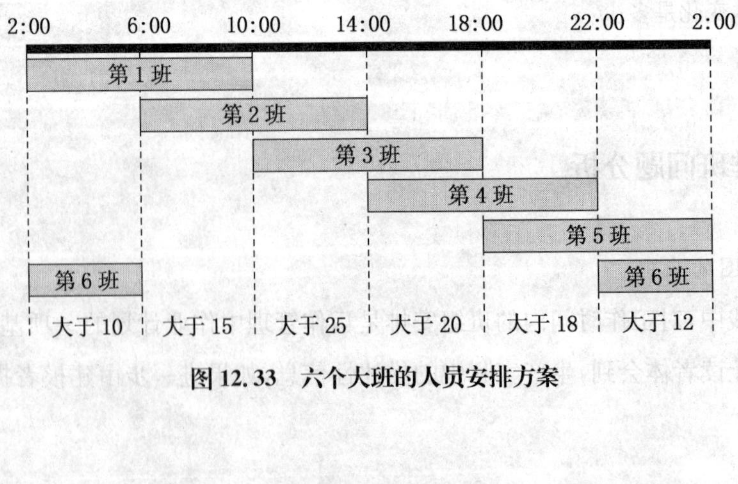


**图 12.33　六个大班的人员安排方案**

构成。可以利用“规划求解”进行电子表格建模，研究这种排班方式下的种种结果。

2. 模型分析

变量 对于该病区经过改进后的6班交错轮班的方式，不妨设各班的实际在岗人数 $x_i(i=1, 2, \cdots, 6)$ 为决策变量。

目标 6班人数总和最小，或者在考虑到工资支出的情况下，综合工资支出最少。

约束 本例如果正确地确定了决策变量，则约束条件是非常简洁的。事实上，只要满足24小时内的6个时段中，在岗护士人数不小于相应的规定人数即可。另外，这个问题显然还需要增加对决策变量的整数约束规定。

对于问题i，规划模型如下：

$$\min W(Y)=\sum_{i=1}^{6}x_i$$

$$\text{s. t.}\begin{cases}x_1+x_2\geqslant 15\\x_2+x_3\geqslant 25\\x_3+x_4\geqslant 20\\x_4+x_5\geqslant 18\\x_5+x_6\geqslant 12\\x_6+x_1\geqslant 10\\x_i\geqslant 0\text{ 且为整数}, i=1, 2, \cdots, 6\end{cases}$$

对于问题ii和iii，规划模型在上述模型的基础上进行修正，随后进行解释。

### 12.9.2 模型求解

1. 问题i的解决方案

电子表格模型文件在12-9. xls的Sheet1中，参考图12.34。电子表格上，D4:D9定义为6个大班的护士人数。D12:D17分别是各个时段的在班人数，每个时段均是由两个交迭的大班的前半班和后半班构成。例如单元格D12的公式是：=SUM(D9,D4)。F12:F17是本例要求的各时段的最少人数。注意，本例的约束条件是D12:D17的对应单元格的值要“大于等于”F12:F17 的对应单元格值，不能是“等于”形式的约束关系。如果采用“等于”的较强约束关系，反而违反了实际的规划要求，甚至将会给规划结果带来“无解”的后果，读者可以在这个模型上采用“等于”的关系后，观察规划结果变化。目标单元格 D19 汇总了 6 个班的总人数，公式是：=SUM(D4:D9)。

| | A | B | C | D | E | F |
|---|---|---|---|---|---|---|
| 1 | | 医院排班问题（6班轮换） | | | | |
| 2 | | | | | | |
| 3 | | 8小时时段 | 大班人数变量名 | 实际大班人数 | | |
| 4 | | 2—6—10 | X1 | 5 | | |
| 5 | | 6—10—14 | X2 | 13 | | |
| 6 | | 10—14—18 | X3 | 12 | | |
| 7 | | 14—18—22 | X4 | 9 | | |
| 8 | | 18—22—2 | X5 | 9 | | |
| 9 | | 22—2—6 | X6 | 5 | | |
| 10 | | | | | | |
| 11 | | 4小时小班约束 | | 实际在岗人数 | | 规定值 |
| 12 | | 2：00——6：00 | | 10 | >= | 10 |
| 13 | | 6：00——10：00 | | 18 | >= | 15 |
| 14 | | 10：00——14：00 | | 25 | >= | 25 |
| 15 | | 14：00——18：00 | | 21 | >= | 20 |
| 16 | | 18：00——22：00 | | 18 | >= | 18 |
| 17 | | 22：00——2：00 | | 14 | >= | 12 |
| 18 | | | | | | |
| 19 | | 最小定编六个大班总和是 | | 53 | | |

D12:D17是约束条件，参考甘特图给出的两组相加满足规定值的逻辑关系

**图 12.34　案例 27 问题 i 的电子表格模型**

“规划求解参数”参考图 12.35。请读者注意约束条件中“>=”的用法。

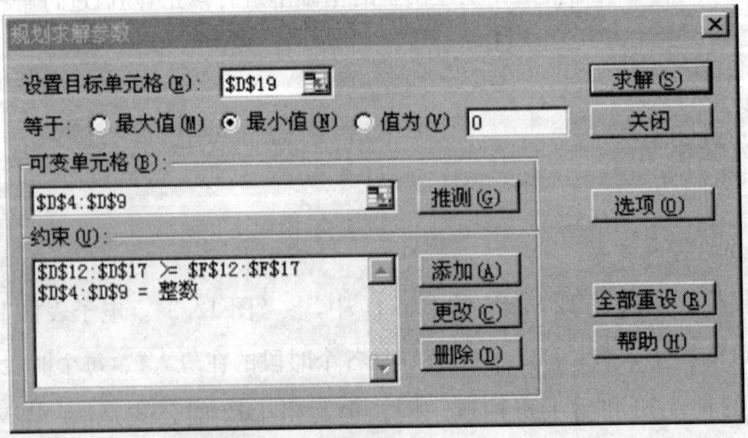


**图 12.35　案例 27 问题 i 的规划求解参数**

问题 i 的规划结果表明，医院在 6 组轮班的新排班方式下，需要最少 53 名护士。虽然从原来的 3 组，增加为现在的 6 组，但是总体人数从 63 人下降到了 53 人，减员提效的成果非常明显。

2. 问题 ii 的解决方案

由于医院的正式定编护士是 50 人，而本例问题 i 的规划结果是 53 人。显然，必须进行外聘护士，才能满足要求。因此，相应增加与正式定编的实际在岗人数 $x_i(i=1, 2, \cdots, 6)$ 一一对应的 6 个决策变量 $y_i(i=1, 2, \cdots, 6)$，为各班外聘护士的变量。于是，电子表格上的 D16:D21 区域所表示的每个时间段的在班人数，将分别由 4 个变量累加而成。例如 D16 的公式是：=SUM(D10, D5, F10, F5)。

约束方面，由于正式定编护士最多是 50 人，因此必须增加一个 $\sum x_i \leqslant 50$ 的约束上限。由于工资的差异，目标函数不能再是简单的人数汇总，而是一个表示两类护士的综合工资成本(包括夜班补贴)的函数，目标单元格 D23 在电子表格中的逻辑公式是：=D11 * D12+F11 * F12+D10 * D13+F10 * F13。

模型修正如下：

$$\min W(Y) = 80\sum_{i=1}^{6} x_i + 10x_6 + 120\sum_{i=1}^{6} y_i + 12y_6$$

$$\text{s. t.}\begin{cases} x_1 + x_2 + y_1 + y_2 \geqslant 15 \\ x_2 + x_3 + y_2 + y_3 \geqslant 25 \\ x_3 + x_4 + y_3 + y_4 \geqslant 20 \\ x_4 + x_5 + y_4 + y_5 \geqslant 18 \\ x_5 + x_6 + y_5 + y_6 \geqslant 12 \\ x_6 + x_1 + y_6 + y_1 \geqslant 10 \\ \sum_{i=1}^{6} \leqslant 50 \\ x_i,\ y_i \geqslant 0 \text{ 且为整数}, i = 1, 2, \cdots, 6 \end{cases}$$

电子表格模型文件在 12-9. xls 的 Sheet2 中，参考图 12. 36。

“规划求解参数”参考图 12. 37。

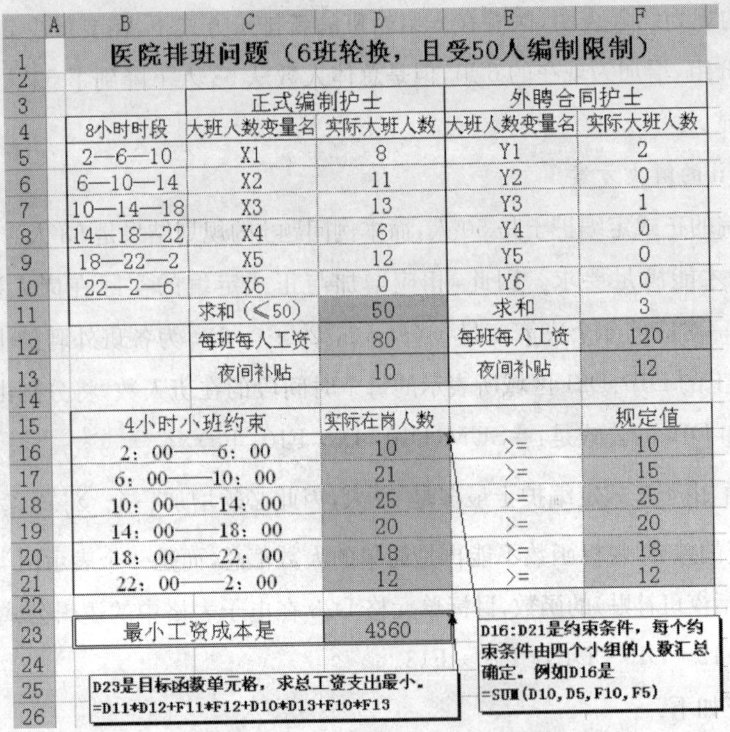

| | A | B | C | D | E | F |
|---|---|---|---|---|---|---|
| 1 | | 医院排班问题（6班轮换，且受50人编制限制） | | | | |
| 2 | | | | | | |
| 3 | | | 正式编制护士 | | 外聘合同护士 | |
| 4 | | 8小时时段 | 大班人数变量名 | 实际大班人数 | 大班人数变量名 | 实际大班人数 |
| 5 | | 2—6—10 | X1 | 8 | Y1 | 2 |
| 6 | | 6—10—14 | X2 | 11 | Y2 | 0 |
| 7 | | 10—14—18 | X3 | 13 | Y3 | 1 |
| 8 | | 14—18—22 | X4 | 6 | Y4 | 0 |
| 9 | | 18—22—2 | X5 | 12 | Y5 | 0 |
| 10 | | 22—2—6 | X6 | 0 | Y6 | 0 |
| 11 | | | 求和（≤50） | 50 | 求和 | 3 |
| 12 | | | 每班每人工资 | 80 | 每班每人工资 | 120 |
| 13 | | | 夜间补贴 | 10 | 夜间补贴 | 12 |
| 14 | | | | | | |
| 15 | | 4小时小班约束 | | 实际在岗人数 | | 规定值 |
| 16 | | 2：00——6：00 | | 10 | >= | 10 |
| 17 | | 6：00——10：00 | | 21 | >= | 15 |
| 18 | | 10：00——14：00 | | 25 | >= | 25 |
| 19 | | 14：00——18：00 | | 20 | >= | 20 |
| 20 | | 18：00——22：00 | | 18 | >= | 18 |
| 21 | | 22：00——2：00 | | 12 | >= | 12 |
| 22 | | | | | | |
| 23 | | 最小工资成本是 | | 4360 | | |
| 24 | | | | | | |
| 25 | | | | | | |
| 26 | | | | | | |



图 12.36　案例 27 问题 ii 的电子表格模型

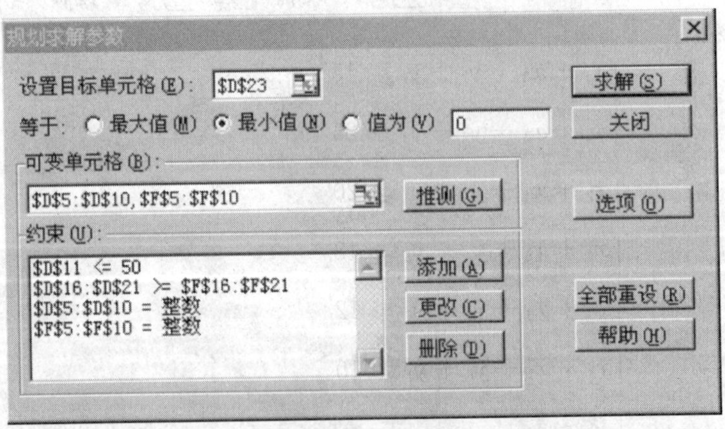



图 12.37　案例 27 问题 ii 的规划求解参数

问题 ii 的规划结果表明，医院在 6 组轮班的新排班方式下，需要 50 名定编护士和 3 名外聘护士。这个规划存在多组最优方案，读者可以在电子表格上尝试验证。但是这些最优方案的共同特点是：第 6 班(22 点到次日 6 点)均未安排人员值班，这个结果显然是由于这个时段存在夜班补贴，而规划过程极力避免在这个时段排班。不论是哪种最优解的排班方案，最优值不变，是最小的 4 360 元/昼夜。

3. 问题 iii 的解决方案

在问题 ii 的基础上，要求避免在深夜 2 点的时候交班，这等价于在 2 点的时刻，既不存在上班的班组，也不存在下班的班组，因此，可以强制定义问题 ii 中的第 1 班组和第 5 班组的相关变量为 0，即增加约束条件：$x_1 = x_5 = y_1 = y_5 = 0$。

电子表格模型文件在 12-9. xls 的 Sheet3 中，参考图 12. 38。

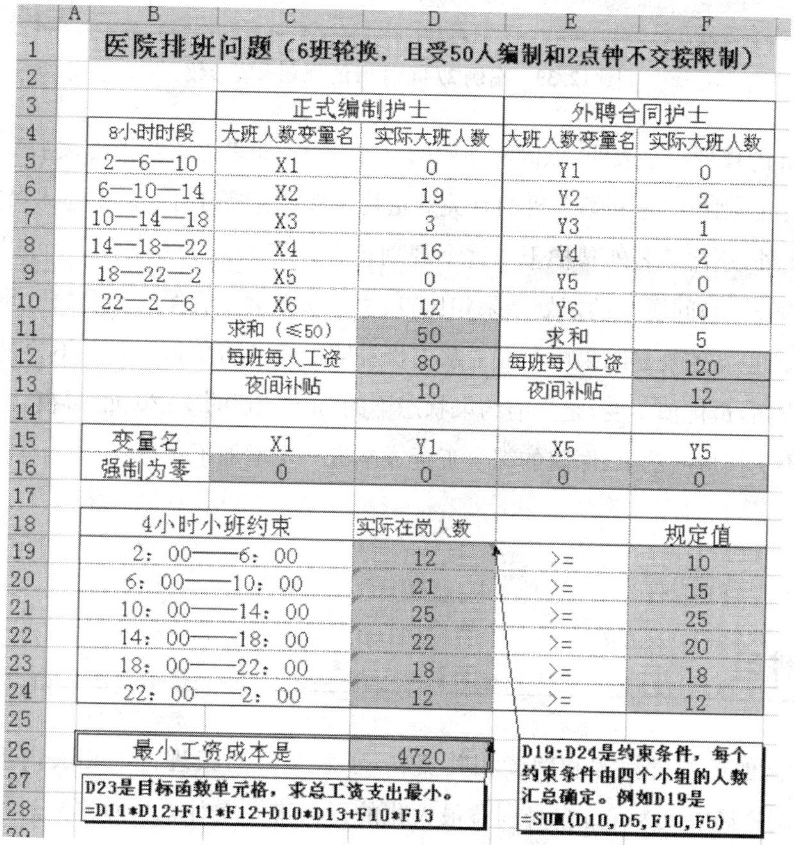

| | A | B | C | D | E | F |
|---|---|---|---|---|---|---|
| 1 | | 医院排班问题（6班轮换，且受50人编制和2点钟不交接限制） | | | | |
| 2 | | | | | | |
| 3 | | | 正式编制护士 | | 外聘合同护士 | |
| 4 | | 8小时时段 | 大班人数变量名 | 实际大班人数 | 大班人数变量名 | 实际大班人数 |
| 5 | | 2—6—10 | X1 | 0 | Y1 | 0 |
| 6 | | 6—10—14 | X2 | 19 | Y2 | 2 |
| 7 | | 10—14—18 | X3 | 3 | Y3 | 1 |
| 8 | | 14—18—22 | X4 | 16 | Y4 | 2 |
| 9 | | 18—22—2 | X5 | 0 | Y5 | 0 |
| 10 | | 22—2—6 | X6 | 12 | Y6 | 0 |
| 11 | | | 求和（≤50） | 50 | 求和 | 5 |
| 12 | | | 每班每人工资 | 80 | 每班每人工资 | 120 |
| 13 | | | 夜间补贴 | 10 | 夜间补贴 | 12 |
| 14 | | | | | | |
| 15 | | 变量名 | X1 | Y1 | X5 | Y5 |
| 16 | | 强制为零 | 0 | 0 | 0 | 0 |
| 17 | | | | | | |
| 18 | | 4小时小班约束 | | 实际在岗人数 | | 规定值 |
| 19 | | 2：00——6：00 | | 12 | >= | 10 |
| 20 | | 6：00——10：00 | | 21 | >= | 15 |
| 21 | | 10：00——14：00 | | 25 | >= | 25 |
| 22 | | 14：00——18：00 | | 22 | >= | 20 |
| 23 | | 18：00——22：00 | | 18 | >= | 18 |
| 24 | | 22：00——2：00 | | 12 | >= | 12 |
| 25 | | | | | | |
| 26 | | 最小工资成本是 | | 4720 | | |

D23是目标函数单元格，求总工资支出最小。=D11*D12+F11*F12+D10*D13+F10*F13

D19:D24是约束条件，每个约束条件由四个小组的人数汇总确定。例如D19是 =SUM(D10,D5,F10,F5)

**图 12. 38　案例 27 问题 iii 的电子表格模型**

为了模型的清晰，将 $x_1 = x_5 = y_1 = y_5 = 0$ 集中在 C16：F16 区域一并在“规划求解参数”对话框中实现。问题 iii 的“规划求解参数”见图 12. 39，仅在原有的“约束”中增加了“$C$16：$F$16=0”。

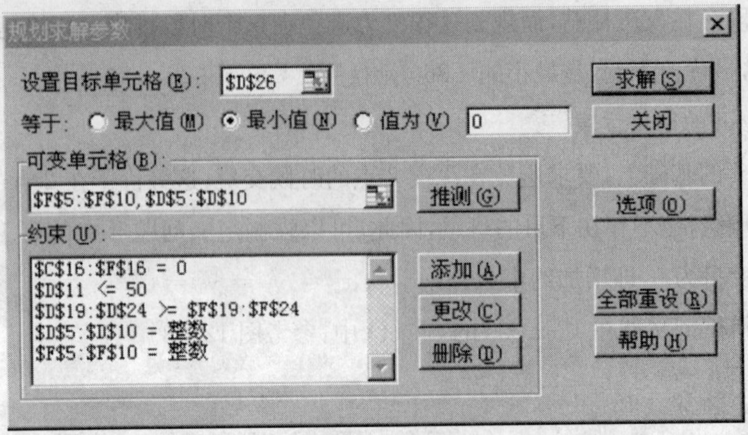


**图 12.39　案例 27 问题 iii 的规划求解参数**

问题 iii 的规划结果表明,该医院在问题 ii 基础上,如果进一步考虑凌晨 2 点不进行交接班的情况,则第 1 班和第 5 班的有关变量均遵照约束等于了 0。整体人员数除了 50 名定编护士外,还需 5 名外聘护士。这个规划仍存在多组最优方案,读者可以在电子表格上尝试验证。与问题 ii 的规划结果相比较:由于按照要求在第 1 班和第 5 班均未安排人员值班,所以新的规划结果中存在了拿夜班补贴的第 6 班值班人员。不论是哪种最优解的排班方案,最优值不变,是当前约束状态下的“最小值”的 4 720 元/昼夜。显然,由于顾及 2 点不交接班的约束,医院的综合工资成本进一步增加了。

## 思考与练习

1. 请参考其他运筹学教程和阅读相关资料,了解矩阵对策理论的相关内容。结合案例 19,阐述局中人为保证自身利益最大化的行为准则是什么?对博弈过程的影响又是什么?请独立完成案例 19 的建模求解过程。
2. 结合案例 20,阐述重心法选址原理的步骤。除了欧几里得距离以外,请查阅相关资料,尝试使用其他“距离”对该案例进行建模求解,并对比不同“距离”下确定的地址差异。
3. 举出一个你所知道的计算机仿真的例子,阐述建立计算机仿真模型的步骤。运行案例

21 的电子表格模型，观察每次运行得到随机结果的差异，并进行合理解释。请讨论本例给出的错误解法的深层次原因和解决措施。

4. 盈亏平衡分析的定义是什么？保本点是如何计算出来的？请独立完成案例 22，在建模求解过程中，进一步熟悉“模拟运算表”的用法。

5. 请参考其他运筹学教程和阅读相关资料，了解存储理论的相关内容。结合案例 23，掌握单周期随机离散库存模型的求解步骤和方法。

6. 请独立完成案例 24，进一步熟悉在电子表格上“变量—目标—约束”建立模型的规范步骤。请参考对本案例的进一步讨论，体会灵活安排模型结构给规划求解带来的影响。

7. 结合概率知识，学习复合系统可靠性方面的规划建模技巧。请参考对案例 25 误差分析的内容，自行调整“规划求解”选项参数组合，验证和观察案例规划结果。

8. 请说出案例 26 的公式中，相对引用和绝对引用的作用和区别。

9. 请结合案例 27 中的问题 ii，画出相应的甘特图。

10. 请在 Excel 电子表格上练习以下函数的功能和特点：SQRT()、SUMXMY()、RAND()、POISSON()、MMULT()、PRODUCT()、INT()、POWER()、INDEX()。

11. 生成[a, b)之间的随机实数的公式是：=RAND() * (b-a)+a，那么生成[a, b]之间所有随机整数的公式是：=INT(RAND() * (b-a)+a)吗？如果不是，为什么？请在一个电子表格上设计一个由 1 到 9 数字构成的 10 行和 10 列的随机数表格。

# 第13章 编辑和使用 Excel 的“宏”：以“不确定型决策”为例

Excel 是一个强大的软件工具，广泛应用于经济管理实践领域。然而实际问题的多样性和复杂性，Excel 并不一定能满足使用者的某些特殊需要。当使用者遇到以下情况之一时，可以考虑利用宏功能来实现：

(1) 需要多次重复进行某一个或者一个系列的操作或处理；

(2) 某一系列的操作或处理在日后还会使用到；

(3) 需要 Excel 实现循环、中断、对话、判断等编程语言功能；

(4) 需要实现 Excel 常规操作不能达到的特殊功能；

(5) 使用者希望 Excel 更加个性化，比如增加菜单、输入窗口、按钮、滚动条等等。

本章的第 1 节主要为初学者介绍 Excel 宏的初步知识；第 2 节概要介绍运筹学所研究的“不确定型决策”问题的诸条基本原则；在第 3 节，将利用宏功能，通过简单的宏命令编程操作，实现一个“不确定型决策”全面解决方案的案例，加深读者对 Excel 宏功能的理解。第 4 节是本章案例的宏命令代码，供读者参考。

## 13.1 Excel“宏”的基础知识

### 13.1.1 什么是“宏”

本书以前章节详细介绍的“规划求解”加载宏，是众多 Excel 的宏的一种。加载宏有点类似某种软件，来辅助 Excel 实现扩展的更多功能。即便如此，Excel 内建宏和由其他作者开发的加载宏也不会完全满足不同使用者的要求，因此，读者不妨花点时间学习一些自行开发宏的知识。

所谓的“宏”，其实是存放在 Visual Basic(VB)模块中的一连串命令和函数。事实上，Excel 软件的工具按钮或选项，也是由宏命令组成的。有了宏的拓展功能，Excel 等 Office工具具备了强大的可编程性。学会使用宏，是进一步掌握和灵活使用 Excel 的重要标志。

用户通常有两种方法生成宏。如果读者熟悉 Visual Basic，则可以通过 VB 界面进行程序和代码的编写。如果读者对 VB 不甚了解，也并不影响绝大部分宏的编写和应用。这部分用户完全可以通过“录制宏”的手段，由 Excel“自动”编写生成 Visual Basic 代码。当然，如果操作者掌握了 VB 的编程能力，对于编辑和使用 Excel 的宏将会带来极大的帮助。

### 13.1.2 录制宏

Excel 利用宏录制器来创建宏。录制宏过程非常类似录音或者录制影像，宏录制器可以通过以下路径打开：“工具”菜单—“宏”—“录制新宏”，见图 13.1。

“录制新宏”确认后，会出现一个对话窗口，见图 13.2。用户可以对即将录制的宏的名称、快捷键以及相关说明进行输入。宏名的首字符必须是字母，其他字符可以是字母、

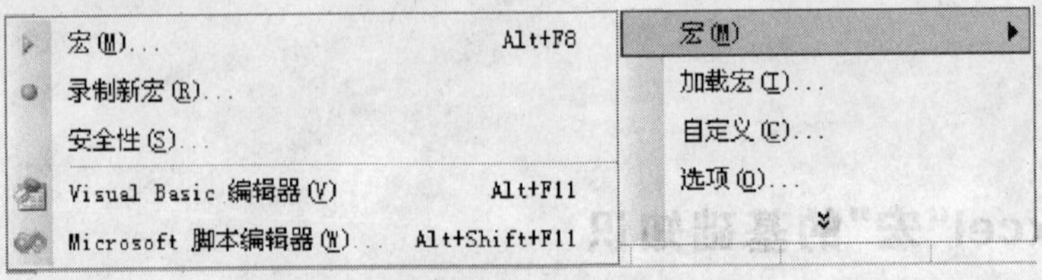


**图 13.1 创建一个宏**

数字或下划线。宏名中不允许有空格，但可用下划线作为分词符。宏名不允许与单元格引用重名，否则会出现错误信息显示宏名无效。如果要通过按键盘上的快捷键来运行宏，可以在"快捷键"框中，输入一个字母。可用 Ctrl＋字母(小写字母)或 Ctrl＋Shift＋字母(大写字母)，其中字母可以是键盘上的任意字母键。快捷键字母不允许是数字或特殊字符(如@或#)。当包含宏的工作簿打开时，宏快捷键优先于任何相当的 Microsoft Excel 的默认快捷键。

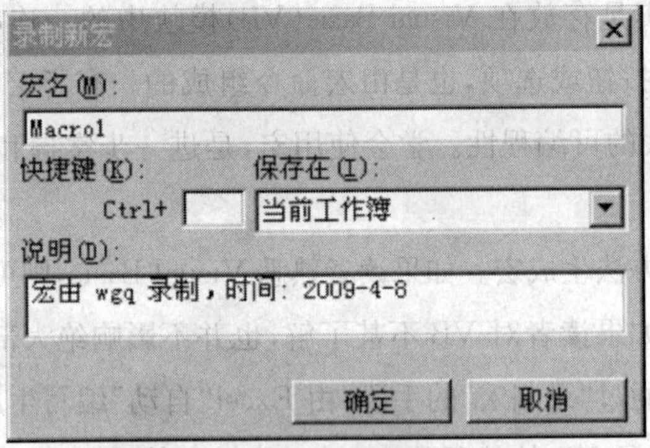


**图 13.2 录制新宏的对话框**

在"保存在"框中，单击要存放宏的地址。录制者可以根据需要选择将宏存储在"当前工作簿"、"个人宏工作簿"和"新工作簿"中。如果要使宏在使用 Excel 的任何时候都可用，需要选中"个人宏工作簿"。如果录制的宏存储在"个人工作簿"中，系统生成一个隐藏的"PERSONAL. XLS"文件，该隐藏文件可以通过工具栏中的"窗口"—"取消隐藏"来编辑修改。通常，Excel 将包含未签署的宏的工作簿放在 XLStart 文件夹中，并且应当将宏安全级别设置为"高"，则该工作簿将在使用者首次启动 Excel 时自动打开，而且能够运行该宏。但是当通过单击"文件"菜单上的"打开"在 Excel 中打开工作簿时，该宏无法运行。XLStart 文件夹是在安装 Excel 时创建的，通常位于下列位置之一：C:\Documents and Settings\user name\Application Data\Microsoft\Excel 或者 C:\Program Files\Microsoft Office\Office11。

如果选择了存储在“新工作簿”中，则点击确认后自行打开一个新的工作簿文件。存储在“当前工作簿”中的宏，不影响其他打开的工作簿文件，通常这种存储方式是默认的选择。如果要添加有关宏的说明，请在“说明”框中键入该说明。

宏的存储位置决定了以后将怎样访问和运行它：如果选中了当前文档，宏将只能在这个文档中有效；如果要在其他地方使用此宏，则需要复制或者重新创建。在个人宏工作簿中保存一个宏，可以创建一个共用的宏，这种方式虽然方便，但是缺点是每次启动Excel都将加载共用宏，可能会无端地占用存储空间。如果用户录制的宏仅仅是特定的用途，建议把这种宏保存在当前文档中。

点击该对话框的“确认”后，随后的操作会被依次录制下来。Excel的左下角出现“就绪录音”的信息提示。宏录制器录制每一个动作，无论是文本操作还是菜单命令，均可以像一般操作一样进行，但是不包括动作之间的停顿，因此用户不需要担心各个操作步骤之间的停顿。如果要使录制的宏命令相对于活动单元格位置运行，请用相对单元格引用来录制该宏。方法是：在“停止录制”工具栏上，单击“相对引用”以将其选中。Excel将继续用“相对引用”录制宏，直至退出Excel或再次单击“相对引用”以将其取消录制。

若要取消宏中不需要的操作，可在“Visual Basic 编辑器”中打开该宏，并删除不想要的步骤。当然对于不熟悉VB的操作者来说，如果不想使用“Visual Basic 编辑器”来取消操作，请再次录制宏，并只包含所需的操作。

由用户录制的宏可能在某种情况下出错。如果宏不能正确运行，Microsoft Excel将显示一条错误消息。某些宏的运行将取决于Excel中的某些选项或设置。例如，如果没有显示加粗文本，则搜索加粗文本的宏将不能正确运行。如果已录制的宏出现错误消息，请注意错误代码。建议初学者在Visual Basic的“帮助”中搜索“错误消息”，以了解所收到的错误消息的原因。因此，了解和掌握必要的VB命令和语法，对于应用宏非常有帮助。

当在宏内完成所有操作步骤之后，单击“停止录制”工作栏上的“停止”按钮。工作栏自动关闭，在保存文档之前，Excel自动保存共用宏。在宏录制完成后，可以将该宏制作成Excel工具栏里面的一个命令条按钮，具体方法请读者上机时大胆尝试，在操作中熟悉和掌握这方面的技能。

### 13.1.3 运行宏

因为宏可能包含病毒，所以在运行它们时一定要小心。运行宏时，需要明确该宏来源的可靠性和运行的安全性，并建议在计算机上运行最新的防病毒软件。请读者注意，包含宏的工作簿文件，如果 Excel 系统的宏安全级被设为“高”，则该工作簿无法打开。将安全级设置为“中”或“低”的操作方法是：在“工具”菜单上，单击“选项”，单击“安全性”选项卡，在“宏安全性”之下，单击“宏安全性”，单击“安全级”选项卡（图 13.3），再选择所要使用的安全级。

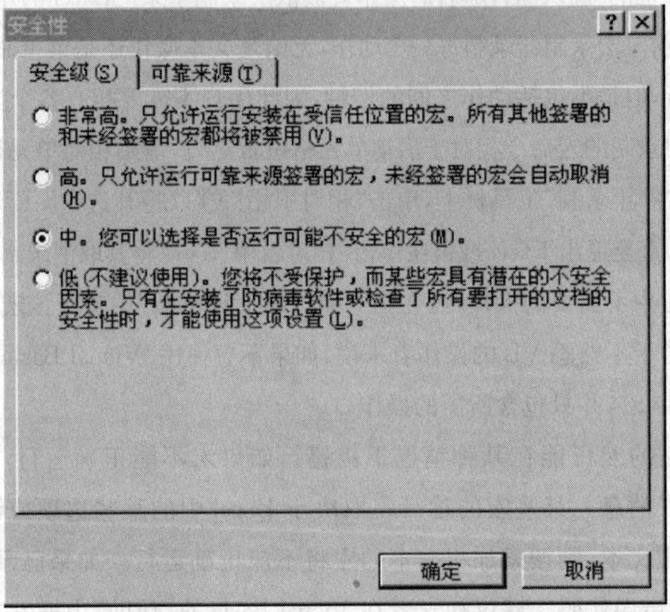


**图 13.3　选择宏安全性的对话框**

打开包含宏的工作簿，然后在“工具”菜单上，指向“宏”，再单击“宏”。在“宏名”框中，输入或者选择要运行的宏的名称。单击“执行”便在 Excel 工作簿中运行宏。如果要中断运行，可以按“Esc”实现。

从 Microsoft Visual Basic 模块中运行宏，可以单击“编辑”，选中待运行的宏后单击“运行子过程/用户窗体”▶。

### 13.1.4 删除宏

打开含有要删除的宏的工作簿。在“工具”菜单上，指向“宏”，再单击“宏”，在“位置”列表中，单击“当前工作簿”，在“宏名”框中，单击要删除的宏的名称，单击“删除”完成宏的删除。

## 13.2 “不确定型决策”的原则

### 案例 28 某公司在不确定的市场状况下的生产方案选择问题

某公司准备在市场上推出一种新型的家用净水设备，现在有三种备选方案。在均能实现自来水净化的基本功能前提下，方案 A1 是可加热并进行矿化，方案 A2 不提供矿化功能但可以加热，方案 A3 不提供加热但可以实现矿化功能。由于是新产品首次面市，该公司并不掌握确定的市场欢迎度数据，只能对产品在遇到顾客欢迎 S1 和顾客不太欢迎 S2 两种状态间进行大致判断。具体的市场收益预测见表 13.1。请参考不同的决策原则，帮助该公司进行方案选择。

**表 13.1 不同市场状态下产品的收益预测** 单位：千元

| 状态<br>方案 | 顾客欢迎(S1) | 顾客不太欢迎(S2) |
|---|---|---|
| 可加热并进行矿化(A1) | 200 | -20 |
| 可加热(A2) | 150 | 20 |
| 可进行矿化(A3) | 100 | 60 |

从决策者对待选方案的决策信息掌握程度上，可以把决策问题分成确定型、随机型和不确定型决策。事实上，本书前面章节中的诸多规划决策问题，由于决策者对各类信息完全掌握，均属于确定型决策问题。在第 12 章的决策树问题涉及的案例中，由于决策

者对问题实际的发展状态掌握了比较清晰的概率指标，属于随机决策问题，或者风险决策问题。而在本章案例中，由于决策者对问题出现的状态发展道路虽有部分了解，但往往由于资料不全，或因工作量大、时间长、成本高等原因，各个状态出现的具体概率并不知晓，在这种情况下的决策属于不确定型决策问题。

读者可能有过面对决策问题而“举棋不定”的经历。很多人认为，决策者的这种犹豫来自决策信息的掌握程度。其实不然——决策信息并不是真正影响决策者行为的原因，而是决策的 4 个要素的完备性。不论是何种决策问题，必须同时具有以下 4 个要素，否则任何决策原则都无法帮助决策者进行理性的选择：

(1) 决策问题的性质或者目标；

(2) 所有可能出现的状态；

(3) 所有行动方案；

(4) 每种行动方案在特定状态下的损益情况。

### 13.2.1 悲观原则

1. 悲观原则的原理

悲观原则也称“Wald 法”，基本思想是从各个方案中的最不利的情形中，选取一个最好的方案。按照比对的过程，悲观原则也被形象地称为“最小—最大”(Min-Max)原则。

2. 悲观原则的应用

对于本章案例，方案 A1 的判断值是 min(200，－20) ＝－20，方案 A2 的判断值是 min(150，20) ＝ 20，方案 A3 的判断值是 min(100，60) ＝ 60。在判断值中取最大：max(－20，20，60) ＝ 60，因此选择方案 A3。

### 13.2.2 乐观原则

1. 乐观原则的原理

乐观原则与悲观原则恰恰相反，基本思想是从各个方案中的最有利的情形中，选取一个最好的方案。按照比对的过程，乐观原则也被形象地称为“最大—最大”(Max-Max)原则。

2. 乐观原则的应用

对于本章案例，方案 A1 的判断值是 max(200，－20) ＝ 200，方案 A2 的判断值是 max(150，20) ＝ 150，方案 A3 的判断值是 max(100，60) ＝ 100。在判断值中取最大：max(200，150，100) ＝ 200，因此选择方案 A1。

### 13.2.3 折中原则

1. 折中原则的原理

折中原则也称“Hurwicz 法”，这种原则既克服了完全悲观的极端，也避免了完全乐观的极端，利用一个折中系数(或者倾向性系数、乐观系数等)，求出各个方案的最大值和最小值的折中值，最终在折中值之间选取最大的方案。这种原则在使用时，折中系数的选取直接影响决策的结果，因此需要谨慎地确定这个重要系数。该系数介于 0～1 之间。实际上，当系数取值两个极端时，分别对应了乐观原则或悲观原则。

2. 折中原则的应用

对于本章案例，假设折中系数 $\alpha = 0.7$。方案 A1 的折中判断值是 $0.7 \times 200 + 0.3 \times (-20) = 134$，方案 A2 的判断值是 111，方案 A3 的判断值是 88。在折中判断值中取最大：max (134，111，88) ＝ 134，因此选择方案 A1。

### 13.2.4 等可能原则

1. 等可能原则的原理

等可能原则也称“Laplace 法”，基本思想是将各个方案中的所有可能状态认为是以相等的可能性出现。如某方案有 $n$ 种状态，则每种状态的出现概率均为 $1/n$。利用这种概率分布计算所有的方案的期望值后，从中选取最大的方案。

2. 等可能原则的应用

对于本章案例，方案 A1 的判断值是 $(200-20)/2 = 90$，方案 A2 的判断值是 (150＋

20)/2 = 85，方案 A3 的判断值是 (100+60)/2 = 80。在判断值中取最大：max(90，85，80) = 90，因此选择方案 A1。

### 13.2.5 最小遗憾原则

1. 最小遗憾原则的原理

最小遗憾原则也称“Savage 法”，基本思想是以各个状态（注意：不是方案）的最大收益作为理想目标，然后将该状态下的其他收益与这个最佳收益的差值作为未达到理想目标的后悔值。经过价值转换后，损益矩阵变为后悔矩阵。在各自方案的后悔值中选取一个最大值，然后在这些最大的后悔值中选取最小后悔值的方案。按照比对的过程，最小遗憾原则也被形象地称为“最大—最小”(Max-Min)原则。

2. 悲观原则的应用

对于本章案例，决策问题的后悔值情况见表 13.2。

**表 13.2 悲观原则的后悔值表** 单位：千元

| 状态<br>方案 | S1 | S2 |
|---|---|---|
| A1 | 200 − 200 = 0 | 60 − (−20) = 80 |
| A2 | 200 − 150 = 50 | 60 − 20 = 40 |
| A3 | 200 − 100 = 100 | 60 − 60 = 0 |

方案 A1 的判断值是 max(0，80) = 80，方案 A2 的判断值是 max(50，40) = 50，方案 A3 的判断值是 max(100，0) = 100。在遗憾值的判断值中取最小 min(80，50，100) = 50，因此选择方案 A2。

## 13.3 用“宏”实现“不确定型决策”的全面解决方案

本节将编写一个含有 Excel 宏命令的电子表格模型，这个电子表格将全面完成上述

5种不确定型情况下的决策过程演示。请读者认真理解作者的设计意图，在了解不确定型决策知识的同时，进一步掌握宏的功能和技巧。

### 13.3.1 程序流程设计

不妨把录制宏的过程当作编写一个程序的工作，程序流程见图13.4。电子表格模型在13-1.xls中，这个电子工作簿文件包含了"main"和"sub"两个电子表格。"main"显示选择按钮、输入区和结果显示区，"sub"用于数据存储和计算。

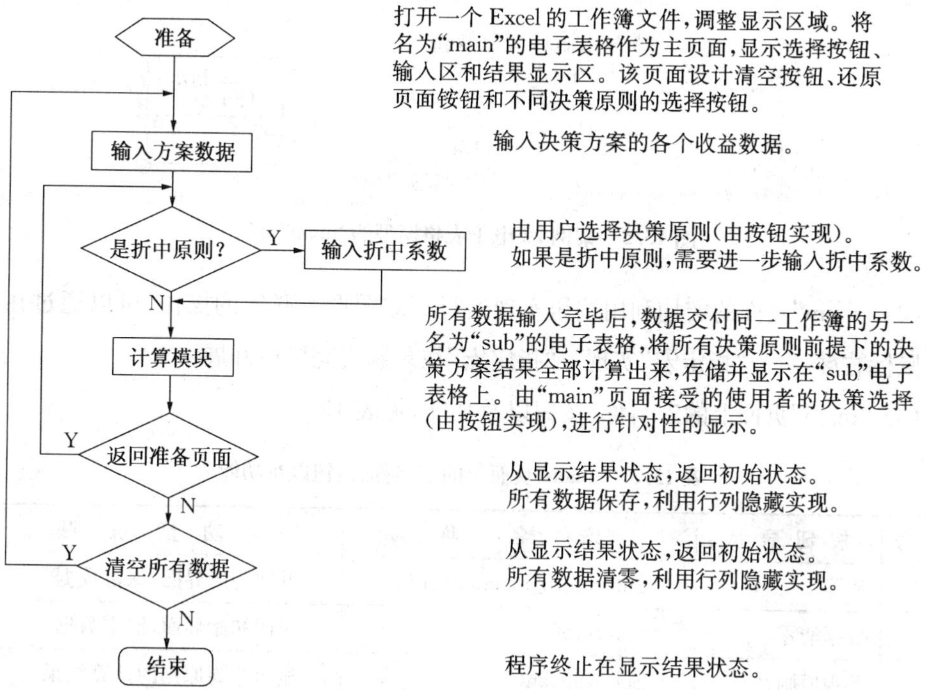


**图13.4 案例28的程序流程图**

### 13.3.2 "main"页面的设计

"main"页面风格见图13.5。其上包含9个独立的宏。这9个宏分别事先录制完成，并内嵌在“main”电子表格中。

(1) 原始状态的“main”页面利用宏操作事先隐藏了 H、I、J 列，这个区域实际上显示折中原则情况下的输入折中系数；隐藏了 14～20 行，这个区域实际上显示了计算结果。在模型使用者做出选择后，这些区域按照模型设计者的意图取消隐藏，实现显示。对于有经验的建模或者编程人员，“隐藏”功能可以做到对数据和显示的控制作用。

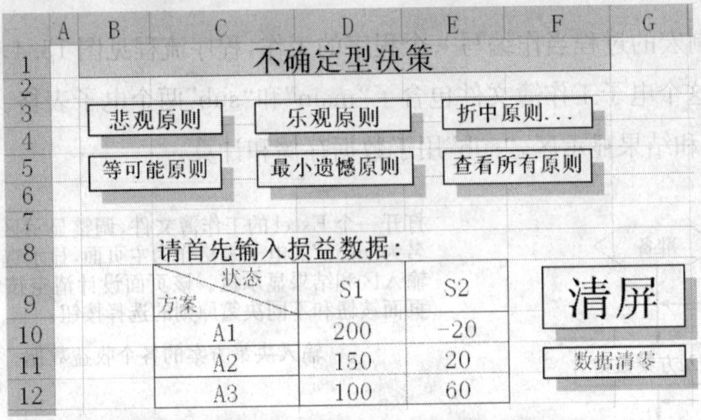


**图 13.5 案例 28 电子表格模型的“main”页面**

(2) “main”页面的宏均利用按钮实现运行。对图形关联宏的操作，可以通过在图形上按鼠标右键，点击“指定宏”实现。“指定宏”在录制宏完毕后开展。

(3) “main”页面上的宏名称、按钮以及功能，见表 13.3。

**表 13.3 “main”页面上的宏名称、按钮以及功能**

| 序 号 | 按钮显示 | 宏 名 称 | 功能说明 |
|---|---|---|---|
| 1 | 清屏 | Sub return_maintomain() | 返回初始界面，保留数据 |
| 2 | 数据清零 | Sub zero() | 返回初始界面，清零数据 |
| 3 | 悲观原则 | Sub beiguan() | 显示悲观原则的计算结果 |
| 4 | 乐观原则 | Sub leguan() | 显示乐观原则的计算结果 |
| 5 | 折中原则... | Sub zhezhong_1() | 取消列隐藏，要求输入折中系数 |
| 6 | 等可能原则 | Sub dengkeneng() | 显示等可能原则的计算结果 |
| 7 | 最小遗憾原则 | Sub zuixiaoyihan() | 显示最小遗憾原则的计算结果 |
| 8 | 显示所有原则 | Sub chakansuoyou() | 切换到“sub”电子表格界面 |
| 9 | 点击继续... | Sub zhezhong_2() | 取消行隐藏，显示折中计算结果 |

### 13.3.3 “sub”页面的设计

“sub”页面风格见图 13.6。其上包含 1 个独立的宏：Sub return_fromsubtomain()。这个宏实现返回“main”页面，可以由“返回主界面”按钮执行。

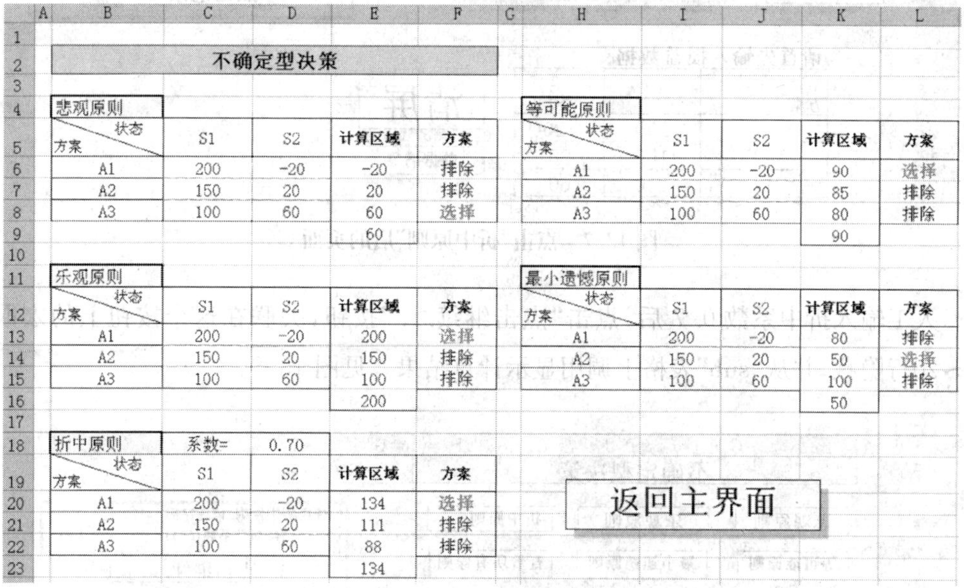


| 悲观原则<br>方案\状态 | S1 | S2 | 计算区域 | 方案 |
|---|---|---|---|---|
| A1 | 200 | -20 | -20 | 排除 |
| A2 | 150 | 20 | 20 | 排除 |
| A3 | 100 | 60 | 60 | 选择 |
| | | | 60 | |

| 等可能原则<br>方案\状态 | S1 | S2 | 计算区域 | 方案 |
|---|---|---|---|---|
| A1 | 200 | -20 | 90 | 选择 |
| A2 | 150 | 20 | 85 | 排除 |
| A3 | 100 | 60 | 80 | 排除 |
| | | | 90 | |

| 乐观原则<br>方案\状态 | S1 | S2 | 计算区域 | 方案 |
|---|---|---|---|---|
| A1 | 200 | -20 | 200 | 选择 |
| A2 | 150 | 20 | 150 | 排除 |
| A3 | 100 | 60 | 100 | 排除 |
| | | | 200 | |

| 最小遗憾原则<br>方案\状态 | S1 | S2 | 计算区域 | 方案 |
|---|---|---|---|---|
| A1 | 200 | -20 | 80 | 排除 |
| A2 | 150 | 20 | 50 | 选择 |
| A3 | 100 | 60 | 100 | 排除 |
| | | | 50 | |

| 折中原则<br>方案\状态 | S1（系数=） | S2（0.70） | 计算区域 | 方案 |
|---|---|---|---|---|
| A1 | 200 | -20 | 134 | 选择 |
| A2 | 150 | 20 | 111 | 排除 |
| A3 | 100 | 60 | 88 | 排除 |
| | | | 134 | |

**图 13.6 案例 28 电子表格模型的“sub”页面**

实际上，所有的计算均在这个“sub”表格上完成，“main”仅仅是通过打开隐藏区域，显示“sub”表格上的计算结果。“sub”表格上利用了多个函数实现各种原则下的决策计算。请读者在 13-1. xls 电子表格中，结合各种决策原则的原理，仔细理解作者的设计手段和方法。

### 13.3.4 各种原则下的计算结果

在主界面正确输入决策问题的损益数据后，使用者选择不同的按钮，执行相应的宏，显示计算结果。

以折中原则为例，点击“折中原则...”按钮，关联在这个按钮上的宏取消 H、I、J 列隐藏，提示输入折中系数。见图 13.7。

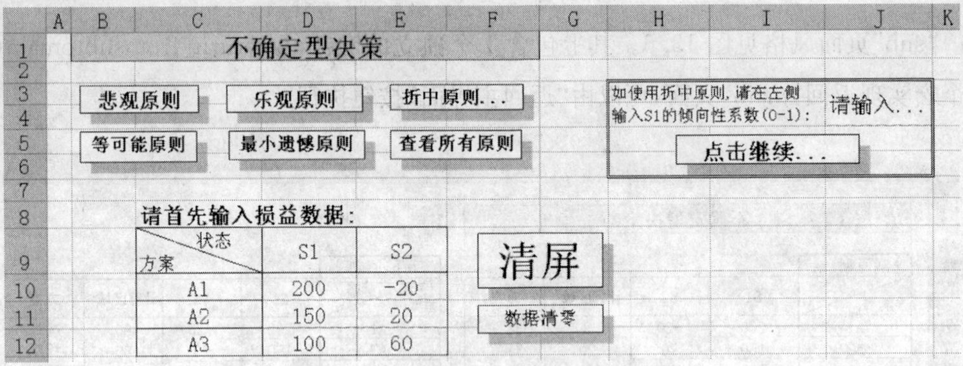


图 13.7　点击“折中原则”后的页面

人工输入折中系数 0.7 后，点击“点击继续...”按钮，关联在这个按钮上的宏取消 14～20行隐藏，并从“sub”表格上调用显示计算结果。见图 13.8。

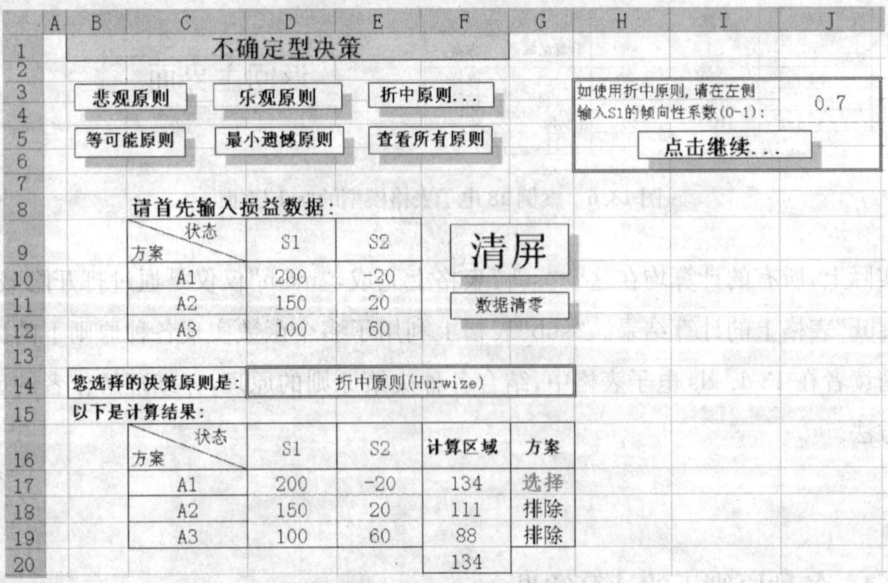


图 13.8　点击“点击继续...”后的页面

其他决策原则的计算结果略，可以直接参考图 13.6 的显示。

## 13.4 参考宏代码

以下是本章案例中的宏代码。请读者认真阅读命令尤其是以右单引号“'”开头的注释行的信息提示，学习宏的基本概念。

```
'------------------------------------------------------------

'该工作簿文件中包含10个宏。return_fromsubtomain()嵌在“sub”上，其余9个均嵌在“main”上。
'各自之间的流程关系以及编制细节，请阅读教材第13章。
'在荧屏分辨率800X600演示效果最佳。
'------------------------------------------------------------

Sub return_maintomain()
'return_maintomain Macro
'该宏功能：打开电子表格"main"。展示主界面，所有宏均已与电子表格上的矩形按钮指定关联。
'将显示比例调整到150％。
    ActiveWindow.Zoom = 150
'隐藏H:J列和隐藏14:20行。
    Columns("H:J").Select
    Selection.EntireColumn.Hidden = True
    Rows("14:20").Select
    Selection.EntireRow.Hidden = True
'光标定位在Excel工作区域的左上角A1，显示全部页面信息。
    Range("A1").Select
'光标定位在损益输入区域的左上角D10。
    Range("D10").Select
```

```
End Sub
'________________________________________________
Sub beiguan()
'该宏功能将依照"悲观原则"的决策信息,从"sub"复制并粘贴到"main"的相应位置。
'由于界面上可能留下"折中原则"计算而展开的内容,首先要隐藏 H:J 列。
'除了"折中原则"由于需要分步骤显示以外,14:20 行的格式相同,无须隐藏。
    Columns("H:J").Select
    Selection.EntireColumn.Hidden = True
'为了清晰显示运算信息,将主界面上的显示比例,由初始的 150% 缩小到 100%
    ActiveWindow.Zoom = 100
'展开显示决策信息的 14:20 行
    Rows("14:20").Select
    Selection.EntireRow.Hidden = False
'在 D14 显示决策原则
    Range("D14").Select
    Application.CutCopyMode = False
    ActiveCell.FormulaR1C1 = "悲观原则(min-max)"
'从"sub"对应位置复制计算后的决策信息,并将数值粘贴到"main"相应位置。注意:
使用"选择性粘贴"中的"数值",屏蔽格式、公式等干扰。
'复制粘贴损益数据
    Sheets("sub").Select
    Range("C6:D8").Select
    Selection.Copy
    Sheets("main").Select
    Range("D17:E19").Select
    Selection.PasteSpecial Paste:=xlPasteValues, Operation:=xlNone, SkipBlanks_
        :=False, Transpose:=False
'复制粘贴决策过程数据
    Sheets("sub").Select
```

```
    Range("E6:E9").Select
    Application.CutCopyMode = False
    Selection.Copy
    Sheets("main").Select
    Range("F17:F20").Select
    Selection.PasteSpecial Paste:=xlPasteValues, Operation:=xlNone, SkipBlanks_
        :=False, Transpose:=False
'复制粘贴决策结果选择数据
    Sheets("sub").Select
    Range("F6:F8").Select
    Application.CutCopyMode = False
    Selection.Copy
    Sheets("main").Select
    Range("G17:G19").Select
    Selection.PasteSpecial Paste:=xlPasteValues, Operation:=xlNone, SkipBlanks_
        :=False, Transpose:=False
'光标定位在决策信息标签 D14,突出决策原则信息。
    Range("D14").Select
End Sub
'-----------------------------------------------------------------------

Sub leguan()
'该宏功能将依照"乐观原则"的决策信息,从"sub"复制粘贴到"main"的相应位置。
'由于界面上可能留下"折中原则"计算而展开的内容,首先要隐藏 H:J 列。
    Columns("H:J").Select
    Selection.EntireColumn.Hidden = True
'为了方便显示运算信息,将主界面上的显示比例,由初始的 150% 缩小到 100%
    ActiveWindow.Zoom = 100
'展开显示决策信息的 14:20 行
    Rows("14:20").Select
```

```
        Selection.EntireRow.Hidden = False
    '在 D14 显示决策原则
        Range("D14").Select
        Application.CutCopyMode = False
        ActiveCell.FormulaR1C1 = "乐观原则(max-max)"
```

'从"sub"对应位置复制计算后的决策信息,并将数值粘贴到"main"相应位置。注意:使用"选择性粘贴"中的"数值",屏蔽格式、公式等干扰。

```
    '复制粘贴损益数据
        Sheets("sub").Select
        Range("C13:D15").Select
        Selection.Copy
        Sheets("main").Select
        Range("D17:E19").Select
        Selection.PasteSpecial Paste:=xlPasteValues, Operation:=xlNone, SkipBlanks_
            :=False, Transpose:=False
    '复制粘贴决策过程数据
        Sheets("sub").Select
        Range("E13:E16").Select
        Application.CutCopyMode = False
        Selection.Copy
        Sheets("main").Select
        Range("F17:F20").Select
        Selection.PasteSpecial Paste:=xlPasteValues, Operation:=xlNone, SkipBlanks_
            :=False, Transpose:=False
    '复制粘贴决策结果选择数据
        Sheets("sub").Select
        Range("F13:F15").Select
        Application.CutCopyMode = False
        Selection.Copy
```

```
    Sheets("main").Select
    Range("G17:G19").Select
    Selection.PasteSpecial Paste: = xlPasteValues, Operation: = xlNone, SkipBlanks_
        : = False, Transpose: = False
'光标定位在决策信息标签 D14,突出决策原则信息。
    Range("D14").Select
End Sub
'-----------------------------------------------------------------
Sub dengkeneng()
'该宏功能将依照"等可能原则"的决策信息,从"sub"复制粘贴到"main"的相应位置。
'由于界面上可能留下"折中原则"计算而展开的内容,首先要隐藏 H:J 列。
    Columns("H:J").Select
    Selection.EntireColumn.Hidden = True
'为了方便显示运算信息,将主界面上的显示比例,由初始的 150% 缩小到 100%
    ActiveWindow.Zoom = 100
'展开显示决策信息的 14:20 行
    Rows("14:20").Select
    Selection.EntireRow.Hidden = False
'在 D14 显示决策原则
    Range("D14").Select
    Application.CutCopyMode = False
    ActiveCell.FormulaR1C1 = "等可能原则(Laplace)"
'从"sub"对应位置复制计算后的决策信息,并将数值粘贴到"main"相应位置。注意:使用"选择性粘贴"中的"数值",屏蔽格式、公式等干扰。
'复制粘贴损益数据
    Sheets("sub").Select
    Range("I6:J8").Select
    Selection.Copy
    Sheets("main").Select
```

```
    Range("D17:E19").Select
    Selection.PasteSpecial Paste:=xlPasteValues, Operation:=xlNone, SkipBlanks_
        :=False, Transpose:=False
'复制粘贴决策过程数据
    Sheets("sub").Select
    Range("K6:K9").Select
    Application.CutCopyMode = False
    Selection.Copy
    Sheets("main").Select
    Range("F17:F20").Select
    Selection.PasteSpecial Paste:=xlPasteValues, Operation:=xlNone, SkipBlanks_
        :=False, Transpose:=False
'复制粘贴决策结果选择数据
    Sheets("sub").Select
    Range("L6:L8").Select
    Application.CutCopyMode = False
    Selection.Copy
    Sheets("main").Select
    Range("G17:G19").Select
    Selection.PasteSpecial Paste:=xlPasteValues, Operation:=xlNone, SkipBlanks_
        :=False, Transpose:=False
'光标定位在决策信息标签D14,突出决策原则信息
    Range("D14").Select
End Sub
'____________________________________________________________
Sub zuixiaoyihan()
'该宏功能将依照"最小遗憾原则"的决策信息,从"sub"复制粘贴到"main"的相应位置。
'由于界面上可能留下"折中原则"计算而展开的内容,首先要隐藏H:J列。
```

```
    Columns("H:J").Select
    Selection.EntireColumn.Hidden = True
'为了方便显示运算信息,将主界面上的显示比例,由初始的150%缩小到100%
    ActiveWindow.Zoom = 100
'展开显示决策信息的14:20行
    Rows("14:20").Select
    Selection.EntireRow.Hidden = False
'在D14显示决策原则
    Range("D14").Select
    Application.CutCopyMode = False
    ActiveCell.FormulaR1C1 = "最小遗憾原则(Savage)-(max-min)"
'从"sub"对应位置复制计算后的决策信息,并将数值粘贴到"main"相应位置。注意:使用"选择性粘贴"中的"数值",屏蔽格式、公式等干扰。
'复制粘贴损益数据
    Sheets("sub").Select
    Range("I13:J15").Select
    Selection.Copy
    Sheets("main").Select
    Range("D17:E19").Select
    Selection.PasteSpecial Paste:=xlPasteValues, Operation:=xlNone, SkipBlanks_
        :=False, Transpose:=False
'复制粘贴决策过程数据
    Sheets("sub").Select
    Range("K13:K16").Select
    Application.CutCopyMode = False
    Selection.Copy
    Sheets("main").Select
    Range("F17:F20").Select
    Selection.PasteSpecial Paste:=xlPasteValues, Operation:=xlNone, SkipBlanks_
```

```
    := False, Transpose:= False
'复制粘贴决策结果选择数据
  Sheets("sub").Select
  Range("L13:L15").Select
  Application.CutCopyMode = False
  Selection.Copy
  Sheets("main").Select
  Range("G17:G19").Select
  Selection.PasteSpecial Paste:= xlPasteValues, Operation:= xlNone, SkipBlanks_
    := False, Transpose:= False
'光标定位在决策信息标签D14,突出决策原则信息
  Range("D14").Select
End Sub
'________________________________________________________
```

'由于折中原则决策需要人工干预输入乐观系数,因此该宏功能 zhezhong_1()与随后的 zhezhong_2()共同实现折中决策

```
Sub zhezhong_1()
```

'宏 zhezhong_1()的功能是展开隐藏的 H:J 列,并要求决策者输入对第一个状态的倾向性或可能性

'由于界面上可能留下其他"决策原则"计算后而展开的14:20行的内容,为了防止干扰乐观系数的输入界面,因此首先要隐藏。

```
    Rows("14:20").Select
    Selection.EntireRow.Hidden = True
'为了方便显示运算信息,将主界面上的显示比例,由初始的150%缩小到100%
    ActiveWindow.Zoom = 100
'展开"输入乐观系数"对话功能的H:J列
    Columns("H:J").Select
    Selection.EntireColumn.Hidden = False
'在J3显示"请输入"提示,并将光标定位于此。
```

```
    J3 = "请输入"
    Range("J3").Select
    ActiveCell.FormulaR1C1 = "请输入..."
End Sub
'-------------------------------------------------------------------
Sub zhezhong_2()
'该宏功能将依照"折中原则"的决策信息,从"sub"复制粘贴到"main"的相应位置。
'展开显示决策信息的14:20行
    Rows("14:20").Select
    Selection.EntireRow.Hidden = False
'在D14显示决策原则
    Range("D14").Select
    ActiveCell.FormulaR1C1 = "折中原则(Hurwize)"
'从"sub"对应位置复制计算后的决策信息,并将数值粘贴到"main"相应位置。注意:
使用"选择性粘贴"中的"数值",屏蔽格式、公式等干扰。
'复制粘贴损益数据
    Sheets("sub").Select
    Range("C20:D22").Select
    Selection.Copy
    Sheets("main").Select
    Range("D17:E19").Select
    Selection.PasteSpecial Paste:=xlPasteValues, Operation:=xlNone, SkipBlanks_
        :=False, Transpose:=False
'复制粘贴决策过程数据
    Sheets("sub").Select
    Range("E20:E23").Select
    Application.CutCopyMode = False
    Selection.Copy
    Sheets("main").Select
```

```
        Range("F17:F20").Select
        Selection.PasteSpecial Paste:=xlPasteValues, Operation:=xlNone, SkipBlanks_
            :=False, Transpose:=False
    '复制粘贴决策结果选择数据
        Sheets("sub").Select
        Range("F20:F22").Select
        Application.CutCopyMode=False
        Selection.Copy
        Sheets("main").Select
        Range("G17:G19").Select
        ActiveSheet.Paste
        Range("G17:G19").Select
        Selection.PasteSpecial Paste:=xlPasteValues, Operation:=xlNone, SkipBlanks_
            :=False, Transpose:=False
    '光标定位在决策信息标签D14,突出决策原则信息
        Range("D14").Select
    End Sub
    '————————————————————————————————————————————
    Sub chakansuoyou()
    '该宏以及随后的return_fromsubtomain(),用于实现电子表格"main"和"sub"之间
的切换。
    '从"main"切换到"sub"
        Sheets("sub").Select
    '光标定位在标题处。
        Range("B2:F2").Select
    End Sub
    '————————————————————————————————————————————
    Sub return_fromsubtomain()
    '该宏嵌在"sub"上,功能是:实现从"sub"到"main"的切换。
```

```
'从"sub"切换到"main"
    Sheets("main").Select
'还原主界面的 150% 的显示比例。
'为了清除先前计算的痕迹,同时隐藏 H:J 列和 14:20 行
    ActiveWindow.Zoom = 150
    Columns("H:J").Select
    Selection.EntireColumn.Hidden = True
    Rows("14:20").Select
    Selection.EntireRow.Hidden = True
'光标定位在 EXCEL 工作区域的左上角 A1,显示全部页面信息。
    Range("A1").Select
'光标定位在损益输入区域的左上角 D10。
    Range("D10").Select
End Sub
'--------------------------------------------------------------------------
Sub zero()
'该宏功能是:清除损益数据区域 D10:E12 的值。
    Range("D10:E12").Select
    Selection.ClearContents
'光标定位在损益输入区域的左上角 D10。
    Range("D10").Select
End Sub
'--------------------------------------------------------------------------
```

## 思考与练习

1. 请结合本章介绍的"宏"的定义，讨论"宏"的适用场合。

2. 尝试改变 Excel 对宏安全级别的定义,观察设置不同的安全级别对打开带有宏的电子表格文件的提示和影响。
3. 请在一个空白 Excel 表格上录制一个宏,实现将 A1:J10 区域中的对角线上的单元格的背景色转换成红色。
4. 打开案例 28 的电子表格文件 13-1. xls,参照图 13.4 的流程路线,“运行”这个带有交互功能的“软件”,学习“不确定型决策”的各种决策原则。
5. 对照本章提供的参考宏代码,解读各个宏的宏命令,在运行电子表格文件 13-1. xls 上不同宏命令的同时,熟悉各种功能的 VB 实现过程。

# 参考文献

[1] 宋学锋主编.运筹学.东南大学出版社,2003.

[2] 魏晓平,宋学锋等.管理运筹学教程.中国矿业大学出版社,1995.

[3] [美]F. S. 希利尔.数据、模型与决策.中国财政经济出版社,2006.

[4] 教材编写组.运筹学.清华大学出版社,2005.

[5] 胡运权等.运筹学教程.清华大学出版社,2003.

[6] 熊伟.运筹学.机械工业出版社,2007.

[7] 王明明等.运筹与决策基础.中国林业出版社,2001.

**图书在版编目(CIP)数据**

运筹学上机指南与案例导航:用 Excel 工具/王桂强编著.—上海:格致出版社:上海人民出版社,2010
(工商管理实验教材系列)
ISBN 978-7-5432-1720-1

Ⅰ.运… Ⅱ.王… Ⅲ.电子表格系统,Excel-应用-运筹学 Ⅳ.O22-39

中国版本图书馆 CIP 数据核字(2010)第 006096 号

责任编辑 忻雁翔
美术编辑 路 静

---

工商管理实验教材系列
**运筹学上机指南与案例导航**
——用 Excel 工具
王桂强 编著

---

出 版 世纪出版集团 www.ewen.cc 格致出版社 www.hibooks.cn 上海人民出版社
(200001 上海福建中路193号24层)

编辑部热线 021-63914988
市场部热线 021-63914081

发 行 世纪出版集团发行中心
印 刷 上海商务联西印刷有限公司
开 本 787×1092 毫米 1/16
印 张 18
插 页 1
字 数 297,000
版 次 2010 年 4 月第 1 版
印 次 2010 年 4 月第 1 次印刷
ISBN 978-7-5432-1720-1/F·247
定 价 29.00 元